国家出版基金项目
NATIONAL PUBLICATION FOUNDATION

现代兽医基础研究经典著作

U0385212

水产动物组织学与胚胎学
彩色图谱

李 霞 等 著

中国农业出版社
北 京

内　容　简　介

　　本书共分两篇。第一篇为组织学，以花鲈、仿刺参、中国明对虾、虾夷扇贝为代表，描述了鱼类、棘皮动物、虾类和贝类主要器官的组织结构，配有图片 124 幅。第二篇为胚胎学，介绍了我国水产动物中重要经济种类的胚胎发育、幼虫或幼体发育过程，涉及环节动物、贝类、甲壳类、棘皮动物、鱼类、两栖类、爬行类等 7 大类动物，具体有双齿围沙蚕、单环刺螠、菲律宾蛤仔、太平洋牡蛎、魁蚶、海湾扇贝、中国明对虾、典型米虾、克氏原螯虾、中华绒螯蟹、中华虎头蟹、中间球海胆、仿刺参、半滑舌鳎、条斑星鲽、大黄鱼、尖吻鲈、鳙、鲢、塔里木裂腹鱼、新疆裸重唇鱼、翘嘴鲌、草鱼、大鲵、中华鳖共 25 个物种，配有典型图片 672 幅。

著 者 名 单

李　霞　大连海洋大学

秦艳杰　大连海洋大学

徐永江　中国水产科学研究院黄海水产研究所

霍忠明　大连海洋大学

姜玉声　大连海洋大学

聂竹兰　塔里木大学

梁宏伟　中国水产科学研究院长江水产研究所

杨大佐　大连海洋大学

刘贤德　集美大学

曹善茂　大连海洋大学

刘士力　浙江省淡水水产研究所

马振华　中国水产科学研究院南海水产研究所

王　姮　大连海洋大学

沙　航　中国水产科学研究院长江水产研究所

孟　彦　中国水产科学研究院长江水产研究所

张海琪　浙江省淡水水产研究所

顾泽茂　华中农业大学

丛玉婷　大连海洋大学

李晓雨　大连海洋大学

孙文山

程　顺　浙江省淡水水产研究所

林　锋　浙江省淡水水产研究所

刘永鑫　华中农业大学

前　言

　　水产动物是指利用各种水域或滩涂进行人工养殖的经济动物，也可称为水产养殖动物，主要有环节动物、贝类、甲壳类、棘皮动物、鱼类、两栖类、爬行类，共计上百种。从 20 世纪 60 年代至今，我国规模化水产养殖已有 50 多年的历史。养殖种类不断增多，人工繁育和养殖技术日渐成熟，形成了一整套的理论和技术体系。相关研究成果和技术规范以论文、专著、标准或教材等形式公开发表，为生产和相关教学、科研等活动提供了理论支持和实践指导。但是至今尚无一本以图谱形式系统介绍水产动物主要组织、器官结构以及发育过程的图书问世。为弥补这一遗憾，我们组织了许多在一线工作的技术人员和研究人员，将他们在生产、科研、教学过程中拍下的这些动物的组织结构、胚胎发生过程等大量的第一手影像资料进行归纳整理，并最终形成了本书。

　　组织学和胚胎学研究除用文字描述外，用图片来形象地说明一个组织结构或一个生动的发育过程更是重要而常见的手段。早期，前辈们手绘的图片线条细腻、结构精准，形成许多经典之作，如本书中选用的中国明对虾幼虫发育的 4 幅图片就仿自赵法箴先生的研究论文《中国对虾幼体发育》。如今随着显微摄影技术的发展和普及，我们可以方便地用相机来拍摄这些水生生物组织结构和发育变化，高效且直观。但个体发育过程是连续的，要想系统地拍下这些变化，不仅需要扎实的专业知识、丰富的工作经验和一定的摄影技巧，更要有耐心细致、连续作战、不辞辛苦、不分昼夜的工作态度。因此，每一张典型图片的获得都是非常不易的。

　　本书共分两篇，第一篇为组织学，选取了鱼类、棘皮动物、虾类和贝类中的 4 种代表动物花鲈（秦艳杰完成）、仿刺参（秦艳杰、丛玉婷完成）、中国明对虾（秦艳杰完成）和虾夷扇贝（秦艳杰完成），对其重要的器官和组织进行切片、观察并拍照，精选出 124 幅彩色图片用于书中，并配有文字说明。第二篇为胚胎学，介绍了我国南北方水产动物中重要经济种类的发育过程，内容包括每个种类的分类地位、形态结构、地理分布、生态学特点、繁殖习性以及发育。每一个发育阶段与特定温度等条件相关联，并给出了相应的时间节点。涉及的种类有环节动物、贝类、甲壳类、棘皮动物、鱼类、两栖类、爬行类等 7 大类动物，共计 25 种。这些种类有我国传统的水产养殖动物，也有近些年从国外引进的种类和新开发的土著种类，包括双齿围沙蚕（杨大佐完成）、单环刺螠（杨大佐完成）、菲律宾蛤仔（霍忠明完成）、太平洋牡蛎（霍忠明完成）、魁蚶（曹善茂、李晓雨、孙文山完成）、海湾扇贝（李晓雨、孙文山、曹善茂完成）、中国明对虾（李霞、孙文山完成）、典型米虾（姜玉声完成）、克氏原螯虾（顾泽茂、刘永鑫完成）、中华绒螯蟹（姜玉声完成）、中华虎头蟹（姜玉声完成）、中间球海胆（王姮完成）、仿刺参（李霞、孙文山完成）、半滑舌鳎（徐永江完成）、条斑星鲽（徐永江完成）、大黄鱼（刘贤德完成）、尖吻鲈（马振华完成）、鲟（沙航完成）、鲢（梁宏伟完成）、塔里木裂腹鱼（聂竹兰完成）、新疆裸重唇鱼（聂竹兰完成）、翘嘴鲌（刘士力、程顺完成）、草鱼（梁宏伟完成）、大鲵（孟彦完成）、中华鳖（张海琪、林锋完成）。

本书著者均具有多年从事水产养殖教学和生产实践的经验，书中图片除少数引用（已标注）外，其余全部为原创作品。本书图文并茂、应用性强，可作为水产养殖相关专业师生和科研院所研究人员的参考书，也可作为水产养殖技术人员从事苗种培育和养殖生产的工具书。

本书在完成过程中，得到许多同行的支持和帮助。大连海洋大学姜志强教授给予了专业上的指导，浙江省淡水水产研究所李飞副研究员帮助协调创作人员，大连海洋大学邬玉净老师和中国水产科学研究院黄海水产研究所万瑞景老师分别绘制了中国明对虾和半滑舌鳎中的图片。在此一并表示衷心感谢。同时也感谢中国农业出版社在本书出版过程中给予的支持和帮助。

本书在撰写过程中虽经多次修改，但限于著者水平，不足之处在所难免，请广大读者批评指正。

著　者

2021 年 5 月

目　　录

前言

第一篇　组织学 1

一、花鲈 2
二、仿刺参 30
三、中国明对虾 42
四、虾夷扇贝 54

第二篇　胚胎学 67

一、双齿围沙蚕 68
二、单环刺螠 75
三、菲律宾蛤仔 81
四、太平洋牡蛎 91
五、魁蚶 99
六、海湾扇贝 108
七、中国明对虾 116
八、典型米虾 126
九、克氏原螯虾 131
十、中华绒螯蟹 137
十一、中华虎头蟹 144
十二、中间球海胆 149
十三、仿刺参 157

十四、半滑舌鳎 ……………………………………………………………………………… 164

十五、条斑星鲽 ……………………………………………………………………………… 175

十六、大黄鱼 ………………………………………………………………………………… 184

十七、尖吻鲈 ………………………………………………………………………………… 194

十八、鳙 ……………………………………………………………………………………… 202

十九、鲢 ……………………………………………………………………………………… 209

二十、塔里木裂腹鱼 ………………………………………………………………………… 216

二十一、新疆裸重唇鱼 ……………………………………………………………………… 223

二十二、翘嘴鲌 ……………………………………………………………………………… 231

二十三、草鱼 ………………………………………………………………………………… 243

二十四、大鲵 ………………………………………………………………………………… 250

二十五、中华鳖 ……………………………………………………………………………… 258

参考文献 ……………………………………………………………………………………… 267

第一篇　组织学

一、花　鲈

花鲈 *Lateolabrax japonicus*（Cuvier，1828），属硬骨鱼纲、鲈形目、真鲈科、花鲈属。内部器官包括消化、免疫、排泄、呼吸、循环、神经、生殖等。其中消化器官由口、口咽腔、食道、胃、幽门盲囊、肠、肛门和肝组成。免疫器官为脾和头肾。排泄器官为体肾。呼吸器官为鳃。循环器官包括心脏、动脉和静脉等，心脏由后至前依次为静脉窦、心房、心室、动脉球。脑的分化明显，分为大脑、间脑、中脑、小脑和延脑。性腺一对，位于腹腔（图1-1-1）。

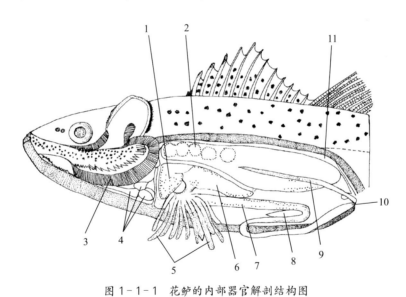

图1-1-1　花鲈的内部器官解剖结构图

（仿自叶富良，1993）

1. 肝　2. 鳔盲囊状突起　3. 鳃　4. 心脏　5. 幽门盲囊
6. 胃　7. 肠　8. 脾　9. 性腺　10. 肛门　11. 肾

（一）消化器官

1. 食道

花鲈食道宽短，由内腔面向外包括黏膜层、黏膜下层、肌层和外膜层（图1-1-2）。黏膜层表面为复层扁平上皮，夹杂着众多体积较大的黏液细胞；黏膜下层为致密结缔组织（图1-1-3）；肌层为骨骼肌，很厚，内环外纵排列；外膜层为纤维膜。

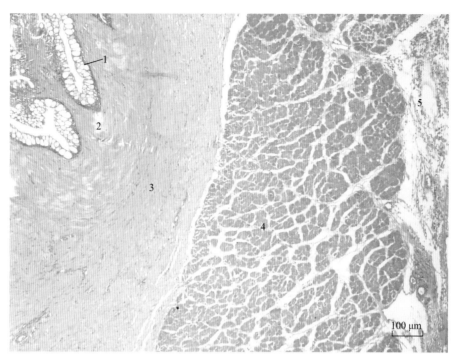

图 1-1-2 花鲈食道壁横切（×100）
1. 黏膜上皮 2. 黏膜下层（结缔组织） 3. 环肌（骨骼肌） 4. 纵肌（骨骼肌）
5. 外膜层（纤维膜）

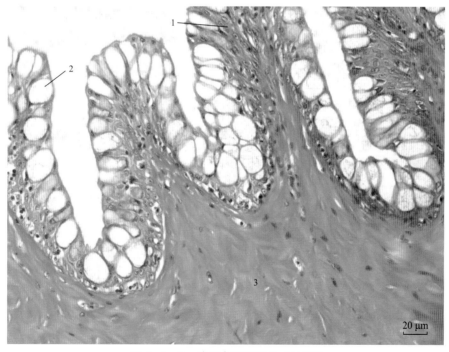

图 1-1-3 花鲈食道黏膜层（×400）
1. 复层扁平上皮 2. 杯状细胞 3. 结缔组织

2. 胃

胃分为贲门部和幽门部，贲门部很大，由内腔面向外包括黏膜层、黏膜下层、肌层和外膜层，黏膜层向腔内突起形成不规则皱壁（图1-1-4）。黏膜上皮为单层柱状上皮，黏膜上皮下胃腺发达，呈管状，开口处为胃小凹；胃的黏膜下层较厚，分为致密和疏松两层；肌层较厚，为平滑肌，内环外纵排列，有斜肌分布；外膜为浆膜层（图1-1-5）。

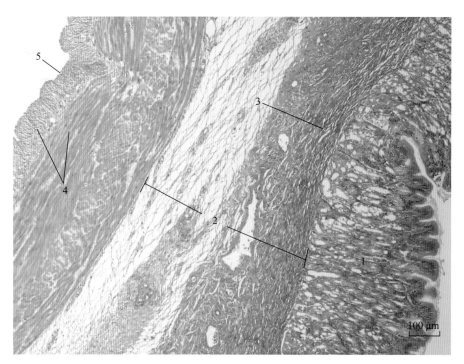

图1-1-4　花鲈胃壁横切（×100）

1. 黏膜层　2. 黏膜下层（结缔组织）　3. 胶原纤维　4. 肌层（平滑肌）　5. 浆膜层

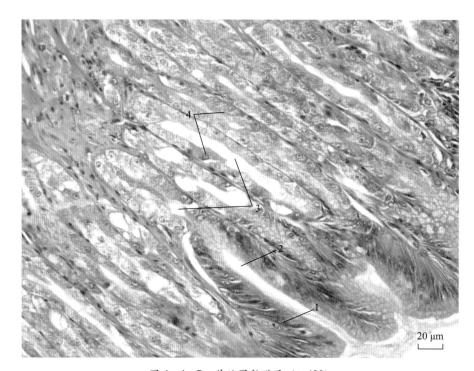

图1-1-5　花鲈胃黏膜层（×400）

1. 黏膜上皮（高柱状细胞）　2. 胃小凹　3. 胃腺　4. 胃腺细胞

3. 幽门盲囊

幽门盲囊位于肠起始端膨大处，呈环状排布，盲囊状，壁较薄，上皮和结缔组织向腔内突起形成褶皱（图1-1-6）。黏膜上皮为单层柱状上皮，夹有杯状细胞，纹状缘明显，黏膜下结缔组织较薄，肌层为平滑肌，内环外纵排列（图1-1-7）。

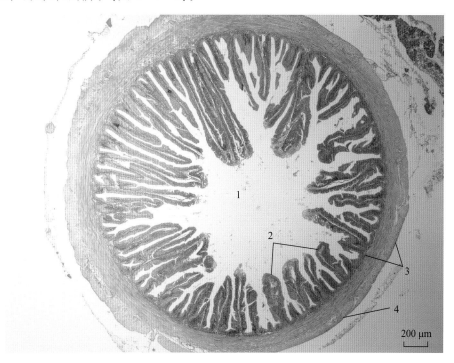

图1-1-6　花鲈幽门盲囊横切（×40）

1. 幽门盲囊腔　2. 黏膜褶皱　3. 肌层　4. 浆膜层

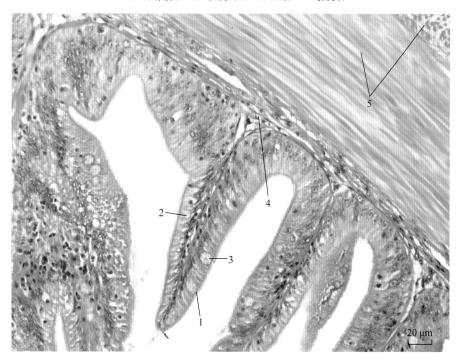

图1-1-7　花鲈幽门盲囊壁（×400）

1. 纹状缘　2. 柱状细胞　3. 杯状细胞　4. 黏膜下层（结缔组织）　5. 肌层（平滑肌）

4. 肠

肠较短，分为前肠、中肠和末肠，肠壁结构与幽门盲囊相似，具有黏膜层、黏膜下层、肌层和浆膜层。黏膜层向内腔面突出形成众多褶皱，由前肠到末肠绒毛高度逐渐下降（图 1−1−8 至图 1−1−10）。前肠、末肠壁肌层较厚，中肠肌层较薄。末肠肠腔较小，杯状细胞稍多（图 1−1−11 至图 1−1−13）。

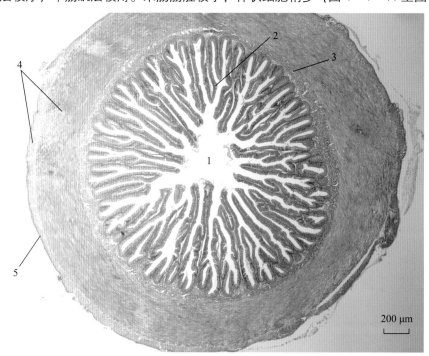

200 μm

图 1−1−8　花鲈前肠横切（×40）

1. 肠腔　2. 黏膜褶皱　3. 黏膜下层　4. 肌层（平滑肌）　5. 浆膜层

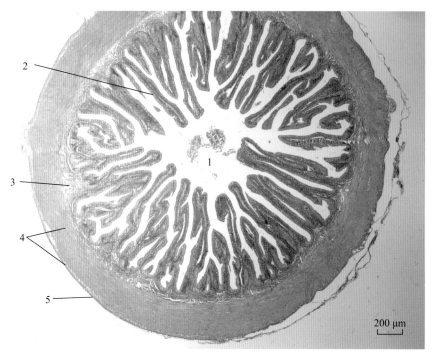

200 μm

图 1−1−9　花鲈中肠横切（×40）

1. 肠腔　2. 黏膜褶皱　3. 黏膜下层　4. 肌层（平滑肌）　5. 浆膜层

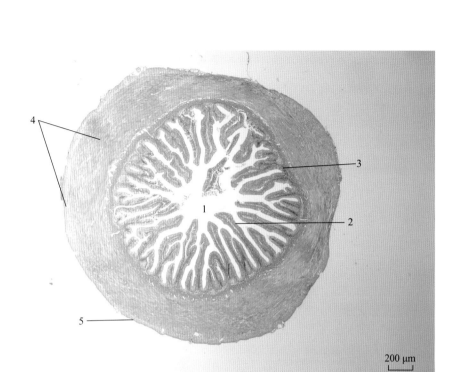

200 μm

图 1-1-10　花鲈末肠横切（×40）

1. 肠腔　2. 黏膜褶皱　3. 黏膜下层

4. 肌层（平滑肌）　5. 浆膜层

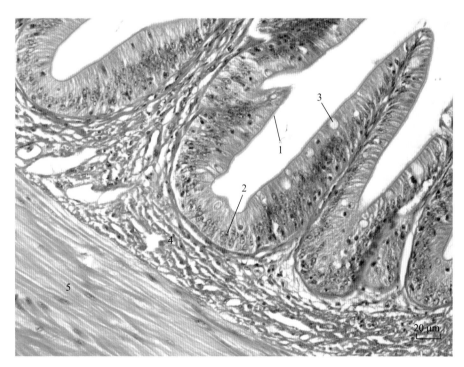

20 μm

图 1-1-11　花鲈前肠肠壁（×400）

1. 纹状缘　2. 柱状细胞　3. 杯状细胞

4. 黏膜下层　5. 肌层（平滑肌）

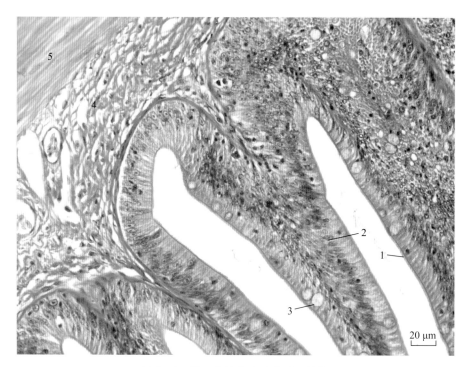

图 1-1-12　花鲈中肠肠壁（×400）

1. 纹状缘　2. 柱状细胞　3. 杯状细胞　4. 黏膜下层　5. 肌层（平滑肌）

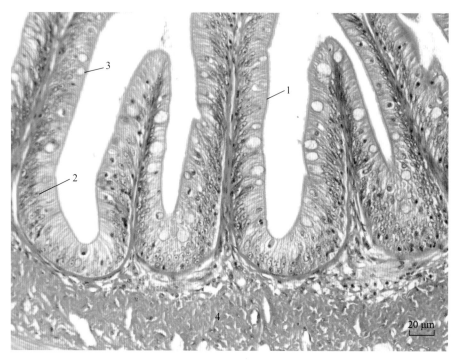

图 1-1-13　花鲈末肠肠壁（×400）

1. 纹状缘　2. 柱状细胞　3. 杯状细胞　4. 黏膜下层

5. 肝

肝是包绕在消化管前部两侧和腹面的消化腺，通常为黄色，左右两叶，肝小叶界限不明显（图

1-1-14)。肝细胞沿着中央静脉呈放射状排列，肝血窦明显，肝细胞多边形，细胞核圆形，胞质中含有空泡状脂滴（图 1-1-15)。

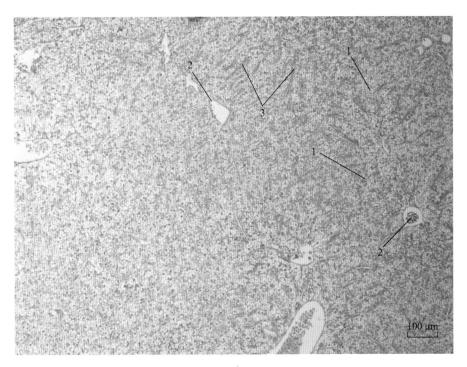

图 1-1-14　花鲈肝（×100）

1. 肝小叶　2. 中央静脉　3. 窦状隙

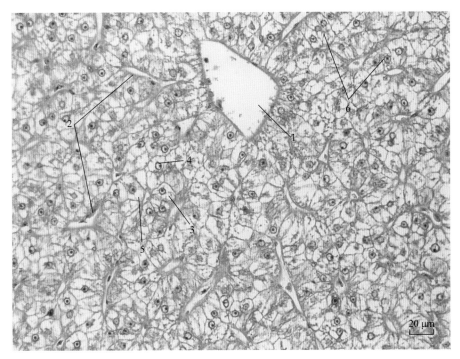

图 1-1-15　花鲈肝（×400）

1. 中央静脉　2. 窦状隙　3. 肝细胞

4. 肝细胞核　5. 脂肪滴　6. 肝细胞索

(二) 免疫器官

1. 脾

　　脾内有大量的血管和血细胞，脾实质由红髓和白髓组成，二者分界不明显，互相穿插分布（图1-1-16）；红髓染色较浅，主要由红细胞组成，分布位置不集中；白髓染色较深，主要由大量的淋巴细胞组成，可见黑色素——巨噬细胞中心（图1-1-17）。

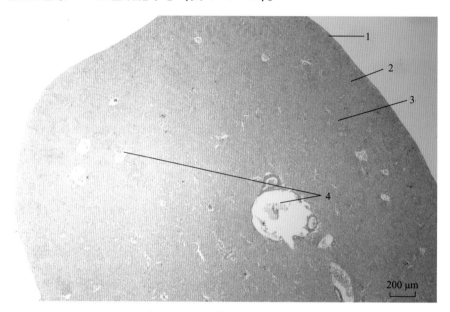

图 1-1-16　花鲈脾（×40）

1. 被膜　2. 红髓　3. 白髓　4. 脾窦

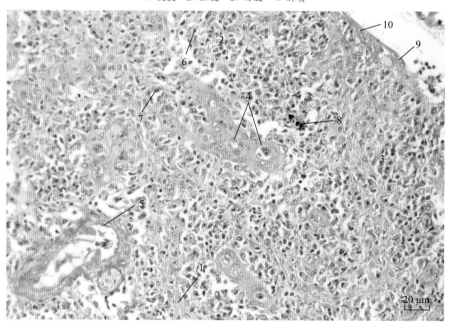

图 1-1-17　花鲈脾（×400）

1. 脾小梁　2. 白髓　3. 红髓　4. 鞘毛细血管　5. 脾窦　6. 淋巴细胞　7. 红细胞

8. 黑色素——巨噬细胞中心　9. 单层扁平上皮　10. 结缔组织

2. 头肾

　　头肾与后肾明显分离，呈红褐色，左右各一个。头肾实质中无肾单位，主要为淋巴组织，分为淋巴细胞聚集区和粒细胞聚集区，血管和血窦丰富，可见黑色素——巨噬细胞中心（图 1-1-18 和图 1-1-19）。

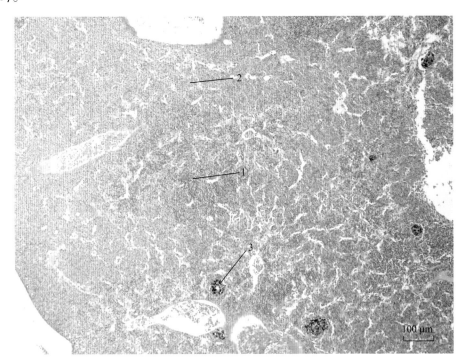

图 1-1-18　花鲈头肾（×100）

1. 淋巴细胞群　2. 粒细胞群　3. 黑色素——巨噬细胞中心

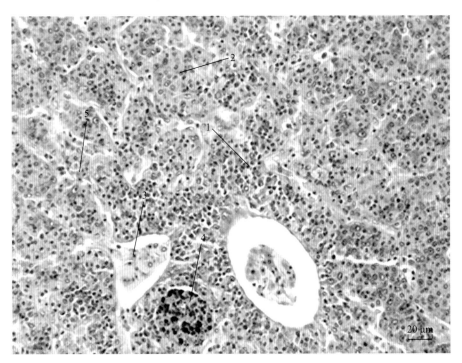

图 1-1-19　花鲈头肾（×400）

1. 淋巴细胞群　2. 粒细胞群　3. 血窦　4. 黑色素——巨噬细胞中心　5. 红细胞

(三) 肾

体肾中分布着大量肾单位，可见肾小体、近曲小管、远曲小管和集合管，还存在少量淋巴髓样组织（图 1-1-20）。肾小体数量不多，常常 2～3 个聚集分布；近曲小管上皮细胞游离面有发达的刷状缘；远曲小管没有刷状缘，管腔光滑；集合管管腔较大，管壁可见结缔组织（图 1-1-21）。

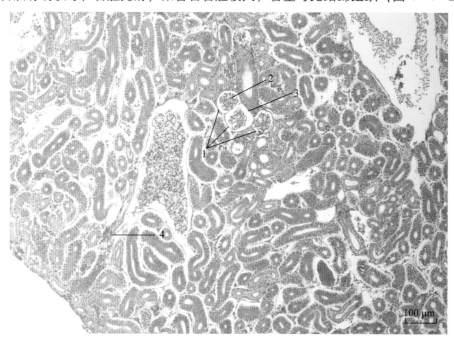

图 1-1-20 花鲈体肾（×100）

1. 肾小体 2. 血管球 3. 肾小囊壁 4. 淋巴髓样组织

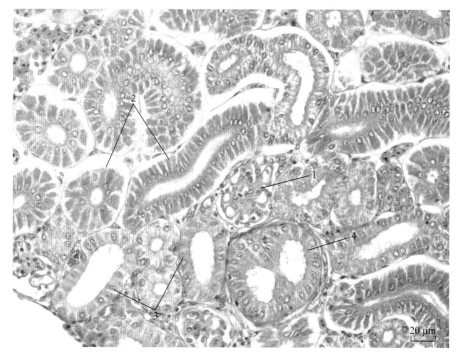

图 1-1-21 花鲈体肾（×400）

1. 肾小体 2. 近曲小管 3. 远曲小管 4. 集合管

（四）鳃

　　花鲈鳃丝较长，两侧平行排列鳃小片（图 1-1-22）。鳃小片由扁平细胞、柱细胞、血细胞及泌氯细胞组成（图 1-1-23）。

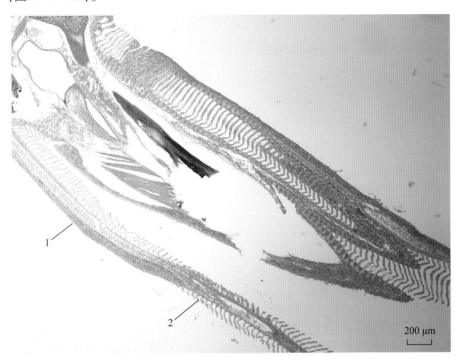

图 1-1-22　花鲈鳃（×40）

1. 鳃丝　2. 鳃小片

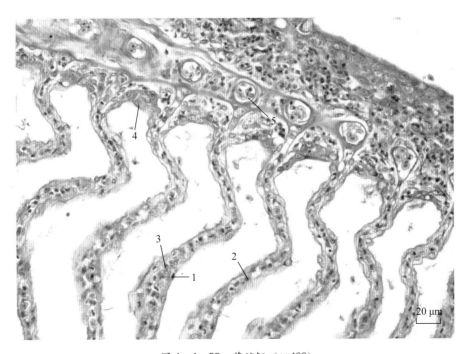

图 1-1-23　花鲈鳃（×400）

1. 扁平细胞　2. 柱细胞　3. 血细胞　4. 泌氯细胞　5. 毛细血管

(五) 鳔

鳔是重要的辅助呼吸器官，分为黏膜上皮、固有层、黏膜下层、肌层和外膜层，黏膜下层又称为纤维层，含有大量的胶原纤维（图 1‑1‑24）。黏膜下层毛细血管丰富，形成很多泡囊状呼吸小室（图 1‑1‑25）。

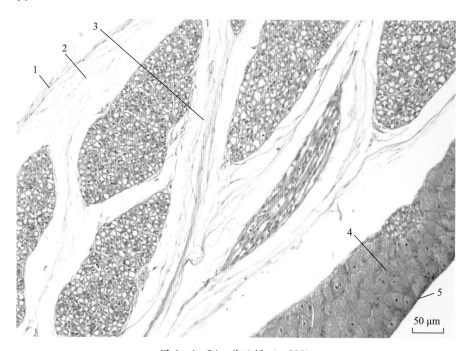

图 1‑1‑24　花鲈鳔（×200）

1. 黏膜上皮　2. 固有层　3. 黏膜下层　4. 肌层　5. 外膜层

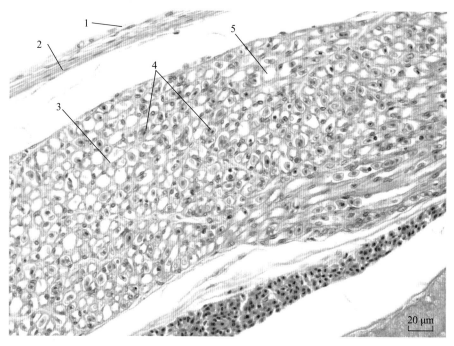

图 1‑1‑25　花鲈鳔（×400）

1. 黏膜上皮（单层扁平上皮）　2. 固有层（结缔组织）　3. 黏膜下层（纤维层）　4. 毛细血管　5. 泡囊状呼吸小室

（六）心脏

1. 心室

心室一个，壁厚，搏动力强（图 1 - 1 - 26），由圆柱形心肌细胞构成。心肌细胞在心室边缘排列紧密，中央排列松散。间隙中存在结缔组织（图 1 - 1 - 27）。

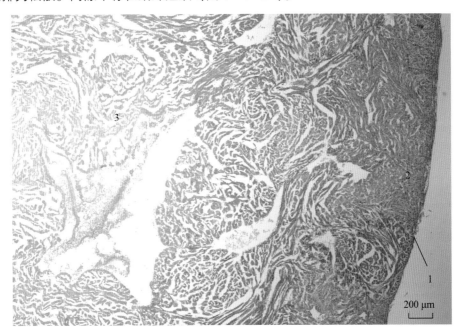

图 1 - 1 - 26　花鲈心室（×40）

1. 心包膜　2. 致密层　3. 多孔层（海绵层）

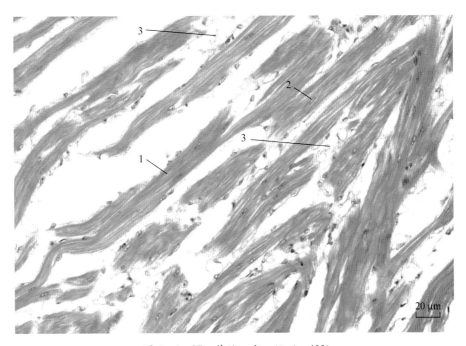

图 1 - 1 - 27　花鲈心室心肌（×400）

1. 心肌纵切面　2. 心肌细胞核　3. 结缔组织

2. 心房

心房一个，壁较厚，肌纤维束较粗（图 1 - 1 - 28）。肌细胞中肌原纤维排列疏松，类似梳状，肌细胞间血细胞较多（图 1 - 1 - 29）。

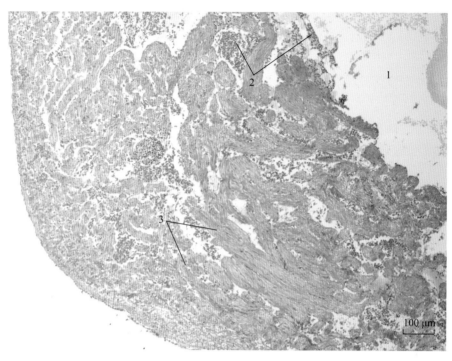

图 1 - 1 - 28　花鲈心房（×100）

1. 腔　2. 血细胞　3. 肌细胞

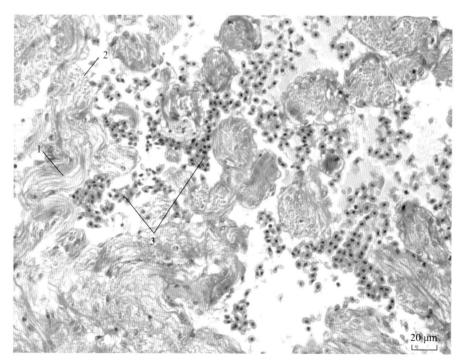

图 1 - 1 - 29　花鲈心房壁（×400）

1. 梳状肌细胞纵切　2. 梳状肌细胞横切　3. 血细胞

3. 动脉球

动脉球外观呈白色球状，壁很厚，由外向内包括外膜层、中间层和内膜层（图 1－1－30）。其中外膜层为结缔组织，中间层主要由平滑肌和弹性纤维构成，并向腔内伸出很多结构相同的瓣膜，瓣膜间隙和腔内可见血细胞（图 1－1－31）。

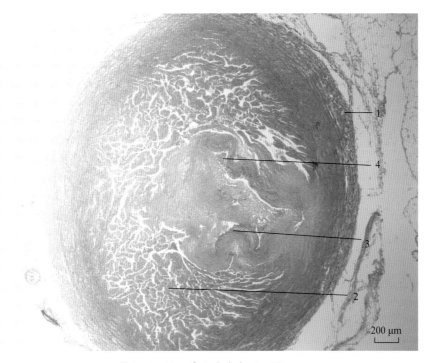

图 1－1－30　花鲈动脉球（×40）

1. 外膜层　2. 中间层　3. 内膜层　4. 血细胞

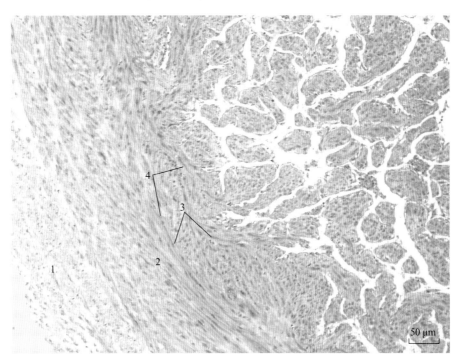

图 1－1－31　花鲈动脉球（×200）

1. 外膜层　2. 中间层　3. 平滑肌细胞　4. 弹性纤维

（七）脑

1. 大脑

大脑两个半球比较大，边缘有上皮细胞包被，内部分布有众多神经细胞、神经胶质细胞和神经纤维（图 1-1-32）。神经细胞突起较少，核呈空泡状（图 1-1-33）。

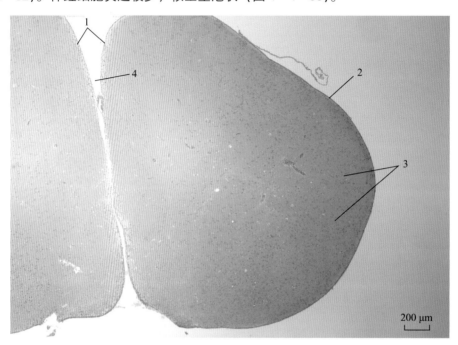

200 μm

图 1-1-32　花鲈大脑（×40）

1. 大脑半球　2. 脑皮（外膜）　3. 神经核团　4. 纵沟

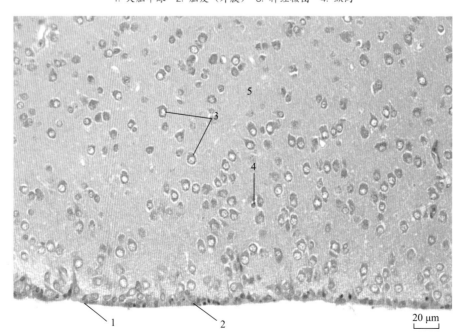

20 μm

图 1-1-33　花鲈大脑皮质（×400）

1. 脑皮　2. 上皮细胞　3. 神经细胞　4. 神经胶质细胞　5. 神经纤维

2. 间脑

间脑由上丘脑、丘脑和下丘脑组成，下丘脑下叶中有对称的脑室下隐窝（图 1‐1‐34）。神经细胞形态与大脑类似，但数量稍少（图 1‐1‐35）。

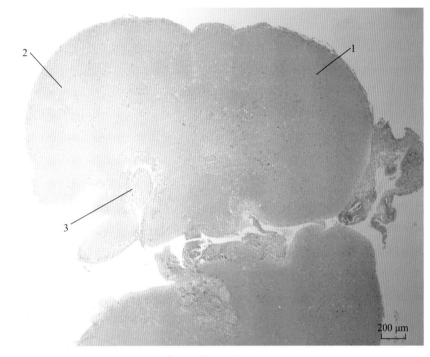

图 1‐1‐34　花鲈间脑（下丘脑下叶，×40）

1. 旁体枕　2. 下丘脑下叶　3. 后隆起核（脑室下隐窝）

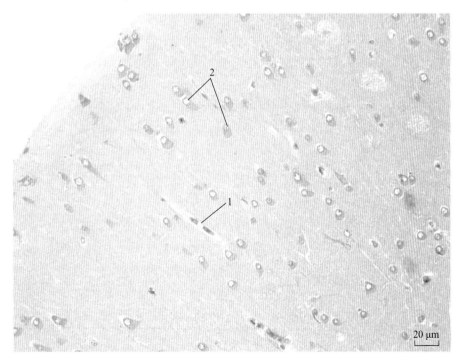

图 1‐1‐35　花鲈间脑皮质（下丘脑下叶，×400）

1. 毛细血管　2. 神经细胞

3. 中脑

中脑由视盖和被盖组成。视盖一般情况下是对称的膨大结构，包括围脑室层、中央纤维层、中央细胞层、表面纤维层、视神经层和边缘层（图1-1-36）。其中，神经元胞体大量分布在围脑室层，被视盖深层纤维覆盖（图1-1-37）。另外，视神经层、表面纤维层、中央细胞层也有神经元胞体分布（图1-1-38）。

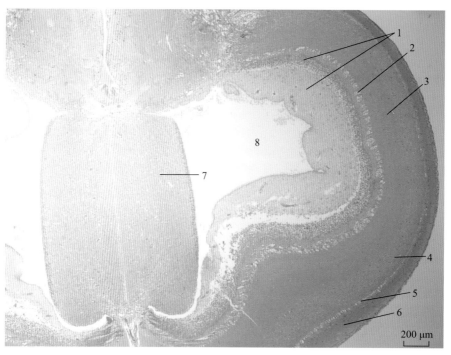

图1-1-36 花鲈中脑（×40）

1. 围脑室层 2. 中央纤维层 3. 中央细胞层 4. 表面纤维层 5. 视神经层 6. 边缘层 7. 纵枕 8. 中脑室

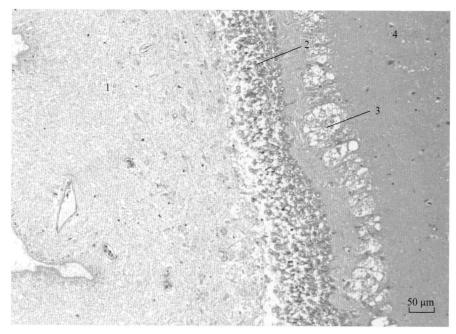

图1-1-37 花鲈中脑（视盖内边缘，×200）

1. 视盖深层纤维 2. 围脑室神经元胞体 3. 中央纤维层 4. 中央细胞层

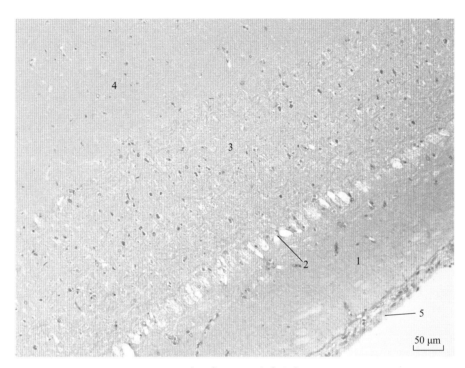

图 1-1-38 花鲈中脑（视盖外边缘层，×200）

1. 边缘层 2. 视神经层 3. 表面纤维层 4. 中央细胞层 5. 外膜（结缔组织）

4. 小脑

小脑由分子层、浦肯野细胞层和颗粒层组成（图 1-1-39），浦肯野细胞胞体较大，突起较少，细胞边缘由单层扁平的神经胶质细胞包被（图 1-1-40）。

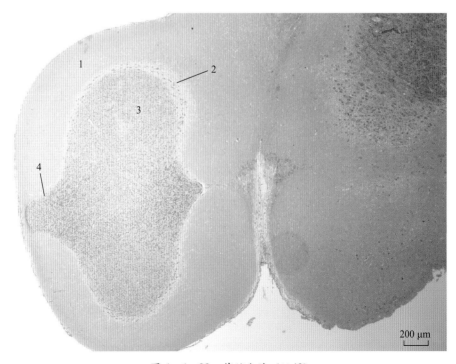

图 1-1-39 花鲈小脑（×40）

1. 分子层 2. 浦肯野细胞层 3. 颗粒层 4. 颗粒隆凸

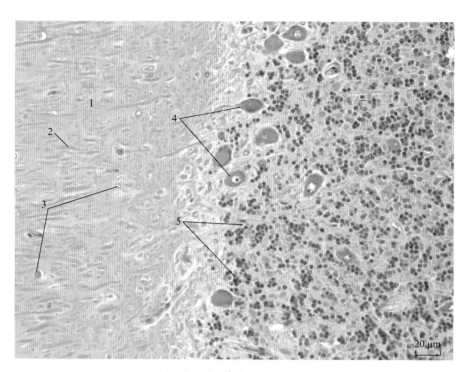

图 1-1-40　花鲈小脑（×400）

1. 分子层　2. 纤维　3. 胶质细胞　4. 浦肯野细胞　5. 颗粒细胞

5. 延脑

延脑是脑的最后部分，位于脊髓前端，由延脑本部、第四脑室、面叶、迷叶构成（图 1-1-41），本部神经细胞胞体肥大，胞质中可见嗜碱性颗粒或团块状物质，突起明显（图 1-1-42）。

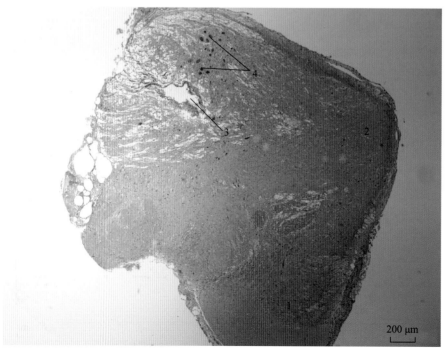

图 1-1-41　花鲈延脑（×40）

1. 面叶　2. 迷叶　3. 第四脑室　4. 神经细胞

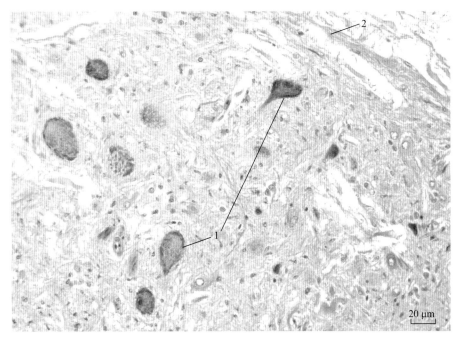

图 1-1-42　花鲈延脑（×400）

1. 运动神经细胞　2. 神经纤维

（八）侧线

侧线是鱼类的一种特殊感觉器官，是管状的皮肤感觉器，分布在头部和身体两侧，位于皮下。侧线管壁内腔面上分布有杯状细胞，分泌黏液，使得侧线管内充满黏液，感觉器神经丘和感觉顶位于其中（图 1-1-43）。

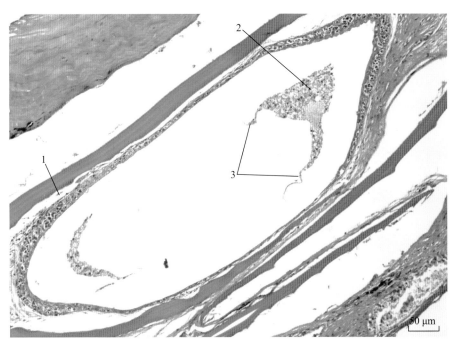

图 1-1-43　花鲈侧线器官（×200）

1. 侧线管　2. 感觉器神经丘　3. 感觉顶

(九) 皮肤

花鲈的皮肤分为表皮和真皮两层，表皮层为复层扁平上皮，细胞排列紧密，夹杂着大量杯状细胞，基部含有淋巴细胞，基膜下具有色素细胞 (图1-1-44)。

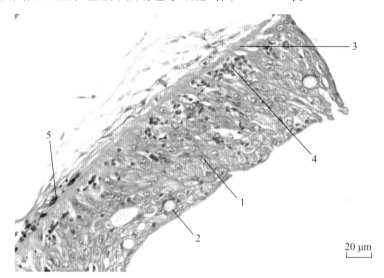

图1-1-44　花鲈皮肤 (×400)

1. 复层扁平上皮　2. 杯状细胞　3. 基膜　4. 淋巴细胞　5. 色素细胞

(十) 鳍

花鲈胸鳍表面与皮肤表皮层结构相似，由复层扁平上皮、基膜和色素细胞组成，深部中央为结缔组织，间断出现"8"字形鳍条骨 (图1-1-45)。鳍条骨为均匀红色骨质，骨质中未见细胞结构，鳍条骨中央空隙可见类似透明软骨结构 (图1-1-46)。

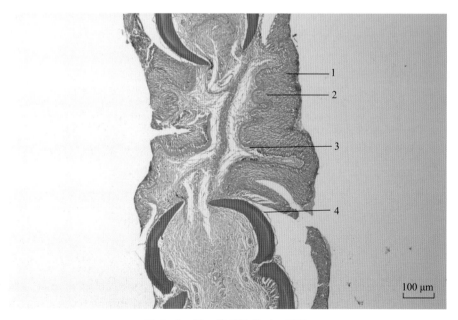

图1-1-45　花鲈胸鳍 (×100)

1. 鳍表皮 (复层扁平上皮)　2. 基膜　3. 色素细胞　4. 鳍条骨

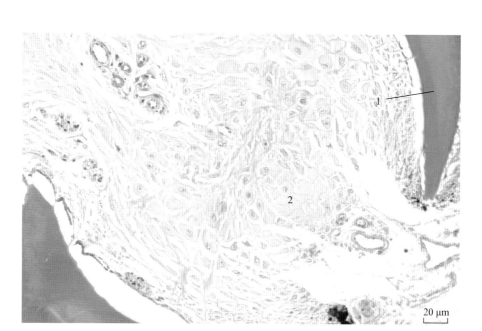

图 1-1-46　花鲈胸鳍（×400）

1. 骨质（无细胞成分骨）　2. 透明软骨

（十一）体壁肌肉

体壁肌肉为骨骼肌，横断面呈多边形，排列规则，间质少（图 1-1-47），肌原纤维很多，在细胞断面边缘呈纹状排列，非常规则，细胞中央呈无规则紧密排列，细胞核位于细胞边缘（图 1-1-48）。纵断面基本呈长条形，较哺乳动物短（图 1-1-49），肌原纤维呈明显的线条状，边缘排列致密，中央较疏松（图 1-1-50）。

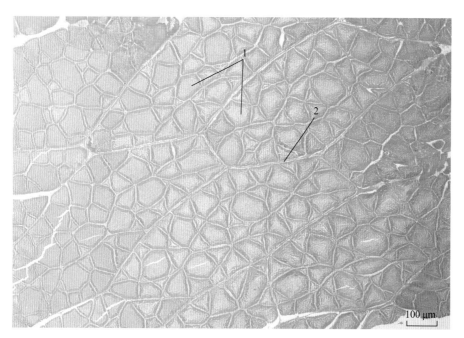

图 1-1-47　花鲈体壁肌肉横切（×100）

1. 骨骼肌横断面　2. 结缔组织

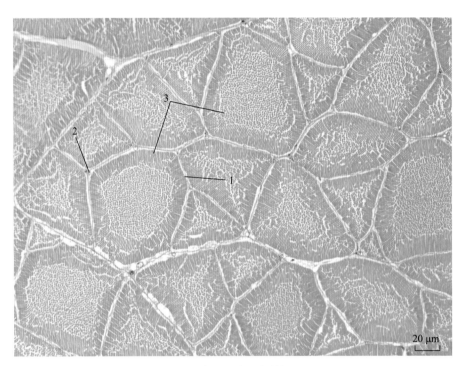

图 1-1-48 花鲈体壁肌肉横切（×400）

1. 骨骼肌横断面　2. 骨骼肌细胞核

3. 肌原纤维横断面

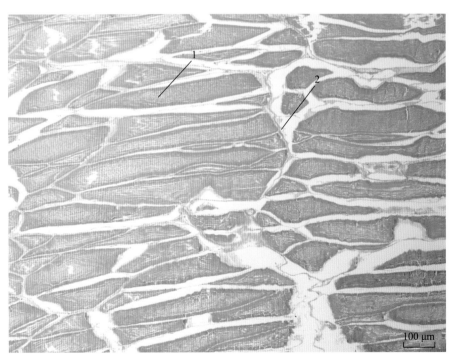

图 1-1-49 花鲈体壁肌肉纵切（×100）

1. 骨骼肌纵断面　2. 结缔组织

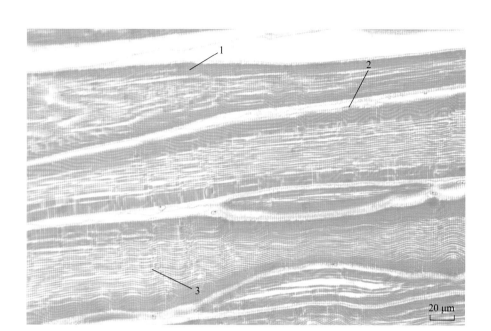

图 1-1-50　花鲈体壁肌肉纵切（×400）

1. 骨骼肌纵断面　2. 骨骼肌细胞核　3. 肌原纤维纵断面

（十二）性腺

1. 卵巢

花鲈未成熟的卵巢呈条状，成熟后体积变大，卵巢外包有结缔组织被膜，可向卵巢腔内深入形成板层状结构，称为产卵板（图 1-1-51）。第Ⅰ时相卵细胞（卵原细胞）紧贴产卵板，体积小；第Ⅱ时相卵细胞（初级卵母细胞小生长期）体积增大，核呈空泡状，核膜内侧有多个核仁，胞质中出现带状嗜碱性卵黄核，细胞外被滤泡细胞包被，形成滤泡膜（图 1-1-52）。

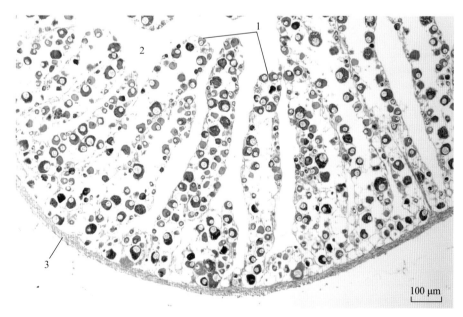

图 1-1-51　花鲈卵巢（×100）

1. 产卵板　2. 卵巢腔　3. 卵巢壁

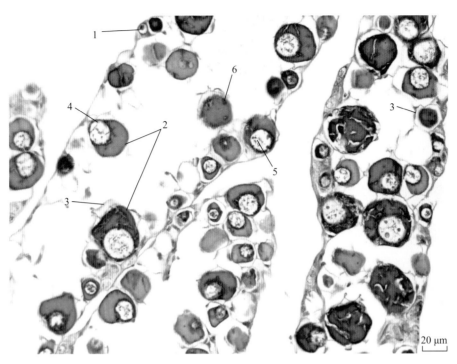

图 1-1-52 花鲈卵巢（×400）

1. 第 I 时相卵细胞（卵原细胞） 2. 第 II 时相卵细胞（初级卵母细胞小生长期） 3. 滤泡膜 4. 细胞核 5. 核仁 6. 卵黄核

2. 精巢

精巢具有精小叶结构，小叶中央具有裂缝状的腔（图 1-1-53）。小叶壁上具有早期的各种生精细胞，成熟精子进入精小叶腔中（图 1-1-54）。

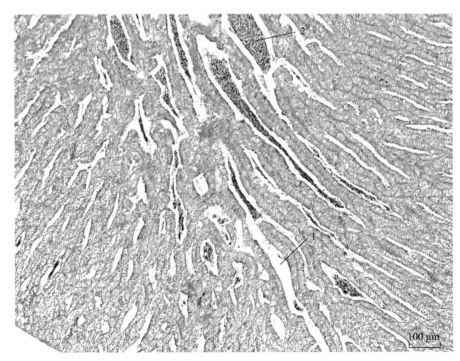

图 1-1-53 花鲈精巢（×100，中国海洋大学温海深教授提供）

1. 精小叶腔 2. 精子

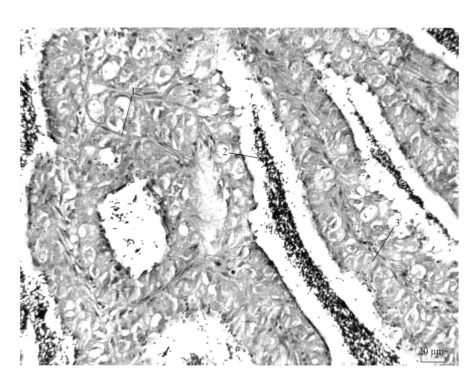

图 1 - 1 - 54　花鲈精巢（×400，中国海洋大学温海深教授提供）

1. 精小叶　2. 精子　3. 精原细胞

二、仿 刺 参

　　仿刺参 *Apostichopus japonicus*（Selenka，1867），又称刺参，属棘皮动物门、海参纲、楯手目、刺参科、仿刺参属。体呈圆筒状，背面隆起，有 4～6 行大小不等、排列不规则的圆锥形疣足（肉刺）。体壁厚而柔软，腹面平坦，管足密集。其内部器官主要包括消化管、呼吸树、水管系统、性腺等。消化管从口部到泄殖腔是一个连续的管状结构，可以分为口、食道、胃、肠和泄殖腔。口偏于腹面，具有触手 20 个，触手末端有很多水平分支。呼吸树，又称水肺，是海参的呼吸和排泄器官，为体腔中 1 对中空的树枝状器官，后端汇合于泄殖腔，许多分支形成小的壶腹。水管系统是棘皮动物特有的器官，其基本排列是：围绕食道有环水管，具有石管和波里氏囊，并向各方向分出辐水管。雌雄异体，仅从外形难辨雌雄。生殖腺为树枝状细管，成熟时卵巢呈杏黄色或橘红色，精巢为黄白色或乳白色。仿刺参有 5 条纵肌带，前端与石灰环相连，后端与肛门相连，呈对称辐射状排列，其中 2 条位于背部，3 条位于腹部（图 1-2-1）。

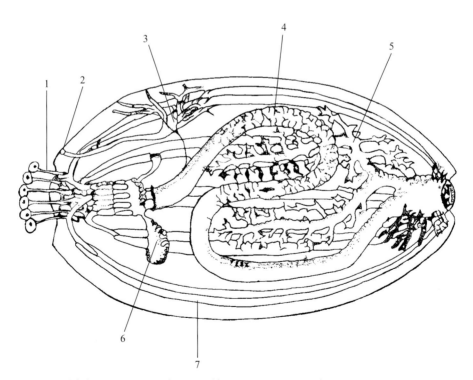

图 1-2-1　仿刺参解剖结构图（仿自 http：//www. galaxycore. jp/kakikaki_namako_kaibouzu. html）

1. 触手　2. 生殖孔　3. 性腺　4. 肠　5. 呼吸树　6. 波里氏囊　7. 纵肌带

（一）体壁

仿刺参体壁呈褐色，从外到内可分为 4 层：表皮层、结缔组织层、肌层和体腔内皮层（图 1-2-2）。其中，表皮层为角质化的复层扁平上皮，含有黏液细胞，结缔组织中富含胶原纤维（图 1-2-3）。

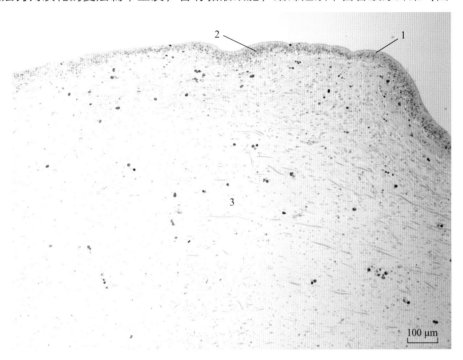

图 1-2-2　仿刺参体壁（×100）

1. 角质层　2. 上皮层　3. 结缔组织

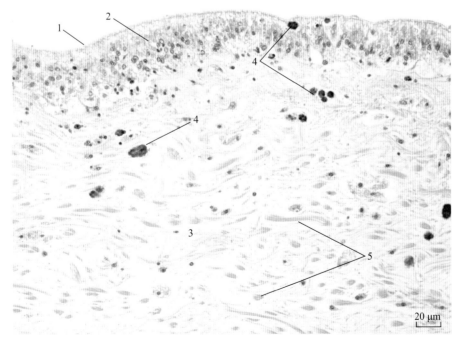

图 1-2-3　仿刺参体壁（×400）

1. 角质层　2. 上皮层　3. 结缔组织　4. 黏液细胞　5. 胶原纤维

（二）肠

肠管在体腔中呈下降-上升-再下降的弯曲状，靠肠系膜附着于体壁上。肠管由内向外包括黏膜上皮层、黏膜下结缔组织层、肌层、结缔组织层和体腔上皮层（图1-2-4和图1-2-5）。

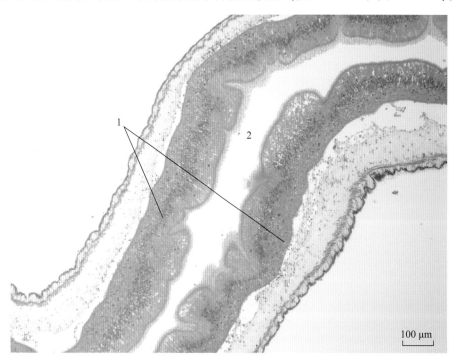

100 μm

图 1-2-4　仿刺参肠管纵切（×100）
1. 肠壁　2. 肠腔

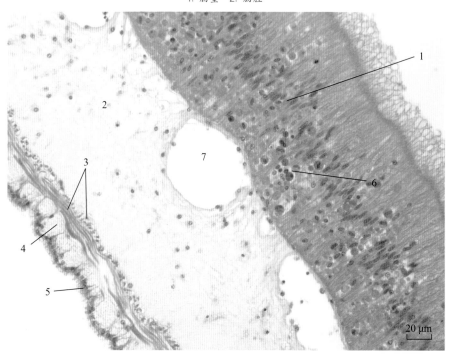

20 μm

图 1-2-5　仿刺参肠管（×400）
1. 黏膜上皮层　2. 黏膜下结缔组织层　3. 肌层　4. 结缔组织层　5. 体腔上皮层　6. 血窦　7. 血窦腔

呼吸树从内腔面向外包括上皮层、结缔组织、肌层、结缔组织层以及体腔上皮层（图 1-2-6），其中内腔面上皮为单层立方上皮（图 1-2-7）。

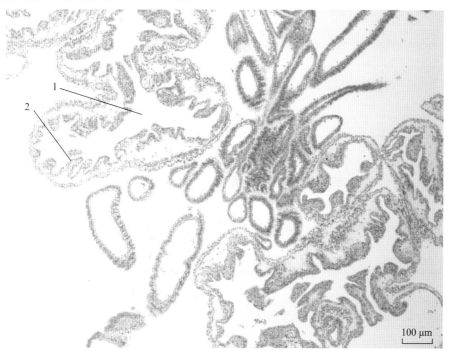

100 μm

图 1-2-6　仿刺参呼吸树（×100）

1. 内腔　2. 褶皱

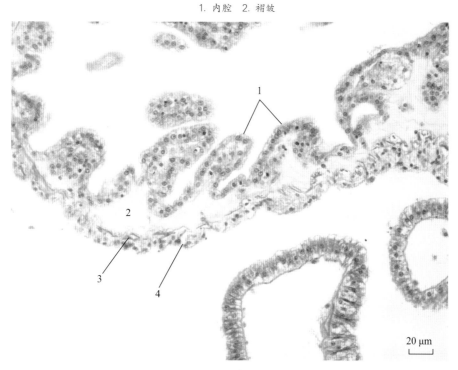

20 μm

图 1-2-7　仿刺参呼吸树（×400）

1. 上皮层　2. 结缔组织层　3. 肌层　4. 体腔上皮层

（四）性腺

1. 精巢

精巢由许多滤泡构成，滤泡边缘分布有精原细胞，体积大，染色浅，依次向内分布有初级精母细胞、次级精母细胞和精细胞，成熟的精子落入精巢小叶的腔中（图 1-2-8 和图 1-2-9）。

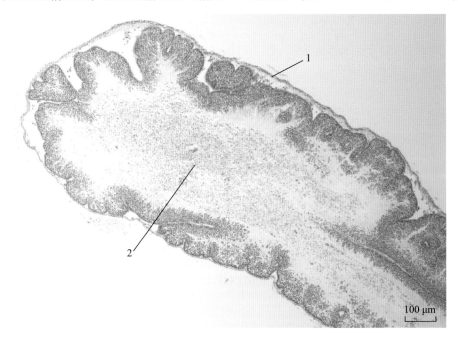

图 1-2-8　仿刺参精巢（×100）
1. 滤泡　2. 滤泡腔

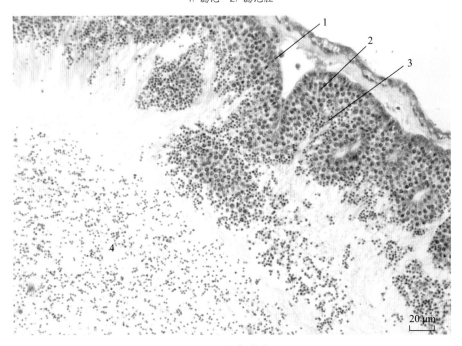

图 1-2-9　仿刺参精巢（×400）
1. 精原细胞　2. 精母细胞　3. 精细胞　4. 精子

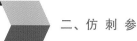
2. 卵巢

卵巢中按照发生顺序依次有卵原细胞、卵黄形成前的初级卵母细胞和卵黄形成期的初级卵母细胞（图 1-2-10）。卵原细胞体积小，颜色浅。卵黄形成前的初级卵母细胞体积有所增长，细胞质呈蓝紫色，核大且呈空泡状。卵黄形成期的初级卵母细胞体积更大，卵黄呈粉红色，细胞核中有一个大的核仁（图 1-2-11）。

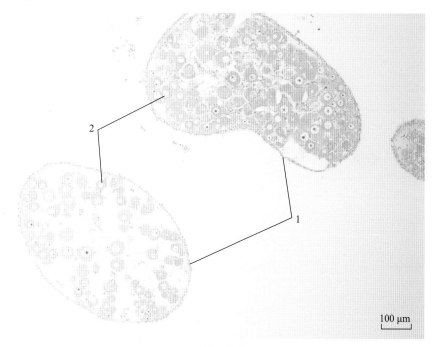

图 1-2-10 仿刺参卵巢（×100）
1. 滤泡 2. 卵母细胞

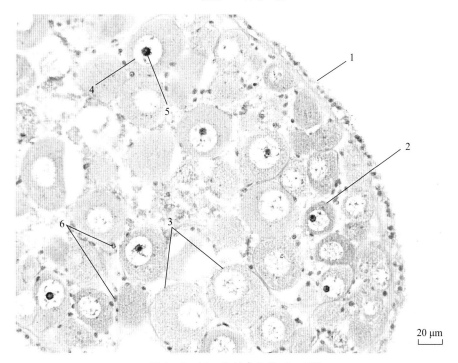

图 1-2-11 仿刺参卵巢（×400）
1. 滤泡壁上皮 2. 卵黄形成前的初级卵母细胞 3. 卵黄形成期的初级卵母细胞 4. 细胞核 5. 核仁 6. 结缔组织细胞

(五) 波里氏囊

波里氏囊是一个棕色的囊状结构（图1-2-12），其囊壁内腔面向外依次为上皮层、上皮下结缔组织层、肌层、结缔组织层和体腔上皮层。其中，上皮层间夹杂着较大的杯状细胞（图1-2-13）。

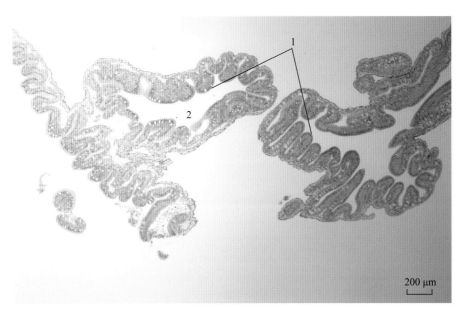

图1-2-12　仿刺参波里氏囊（×40）

1. 褶皱　2. 内腔

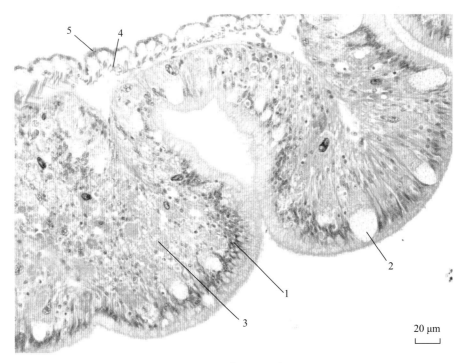

图1-2-13　仿刺参波里氏囊（×400）

1. 上皮层　2. 黏液细胞　3. 结缔组织层　4. 肌层　5. 体腔上皮层

（六）环水管

环水管由内腔面向外包括纤毛衬里、肌纤维层、结缔组织和体腔上皮层（图1-2-14和图1-2-15）。

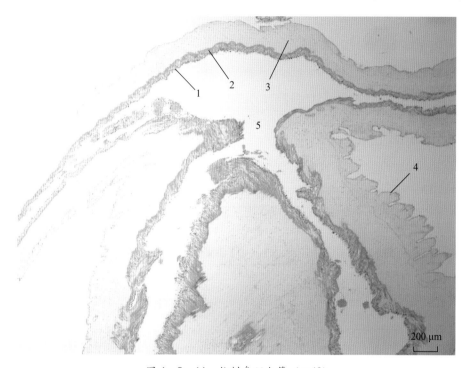

图 1-2-14 仿刺参环水管（×40）

1. 纤毛衬里　2. 肌纤维层　3. 结缔组织　4. 体腔上皮层　5. 水管腔

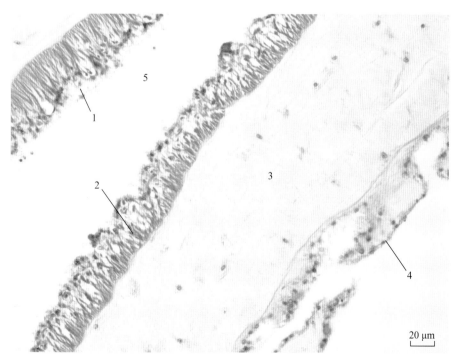

图 1-2-15 仿刺参环水管壁（×400）

1. 纤毛衬里　2. 肌纤维层　3. 结缔组织　4. 体腔上皮层　5. 水管腔

（七）头触手

口周围的头触手末端有很多水平分支（图 1-2-16）。触手表面由角质层和复层上皮构成，上皮间夹杂着很多杯状细胞，上皮之下为结缔组织和肌层（图 1-2-17）。

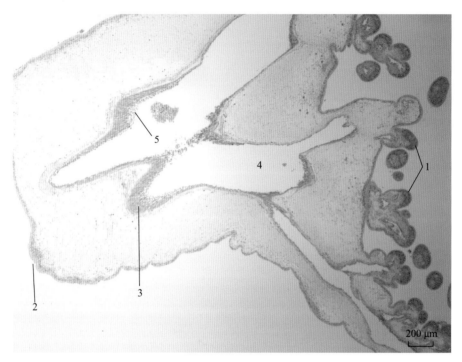

图 1-2-16　仿刺参头触手（×40）

1. 头触手端部　2. 头触手根部　3. 肌层　4. 腔　5. 纤毛上皮

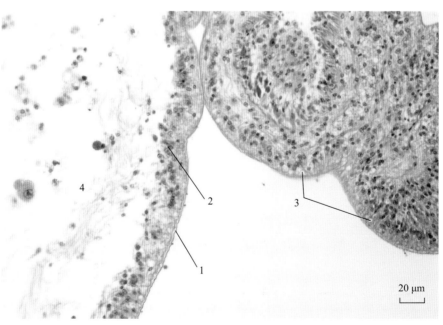

图 1-2-17　仿刺参头触手端部（×400）

1. 角质层　2. 上皮层　3. 黏液细胞　4. 结缔组织

(八) 管足

腹面平坦，管足密集，排列成不规则的三条纵带，用于吸附岩礁或匍匐爬行。管足端部吸盘结构由外向内包括角质层、上皮层和结缔组织（图 1-2-18）。结缔组织中富含腺细胞。管足基部主要由结缔组织及表面的上皮层构成（图 1-2-19）。

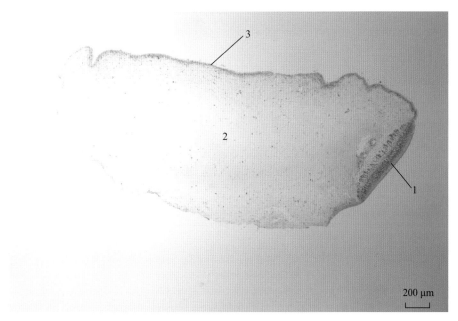

图 1-2-18　仿刺参管足纵切（×40）

1. 吸盘　2. 结缔组织　3. 体壁上皮

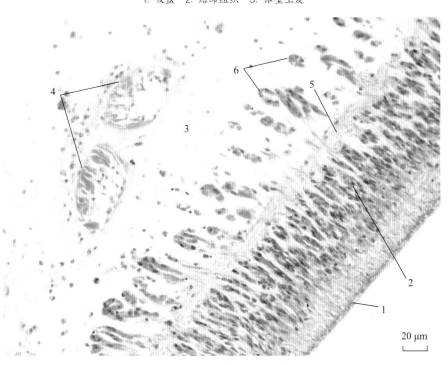

图 1-2-19　仿刺参管足端部吸盘（×400）

1. 角质层　2. 上皮层　3. 结缔组织　4. 管状结构　5. 肌细胞　6. 腺细胞

(九) 纵肌带

仿刺参纵肌带为平滑肌，横肌纵肌交错排列（图1-2-20）。肌纤维为平滑肌，细胞呈细且狭长状，肌纤维间结缔组织较多（图1-2-21和图1-2-22）。

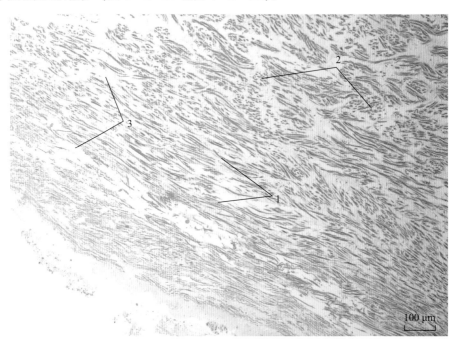

100 μm

图1-2-20 仿刺参纵肌带（×100）

1. 肌细胞纵断面　2. 肌细胞横断面　3. 结缔组织

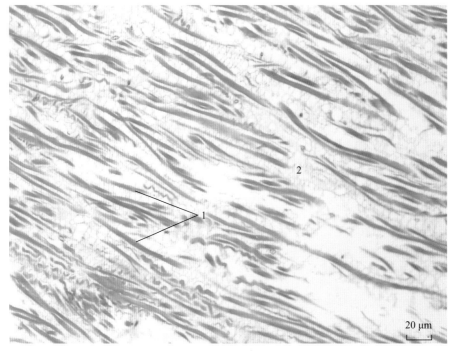

20 μm

图1-2-21 仿刺参纵肌带纵切（×400）

1. 平滑肌纵切面　2. 结缔组织

图 1-2-22 仿刺参纵肌带横切（×400）

1. 平滑肌横断面　2. 结缔组织

三、中国明对虾

中国明对虾 *Fenneropenaeus chinensis*（Osbeck，1765），又称东方对虾，属节肢动物门、甲壳纲、十足目、对虾科、明对虾属，为我国近海地区的特有种。中国明对虾（简称对虾）内部结构包括消化系统、循环系统、呼吸系统、神经系统和生殖系统。消化系统包括消化管和消化腺。消化管又分为口、食道、胃、肠和肛门。神经系统为链状，由脑、围食道神经环、胸神经节、腹神经链组成。雌体呈青蓝色，雄体呈棕黄色。通常雌虾个体大于雄虾。对虾雌性生殖系统包括一对卵巢、输卵管，雄性生殖系统包括一对精巢、输精管和储精囊（图1-3-1）。

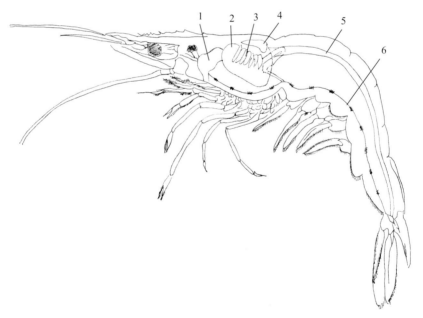

图1-3-1 中国明对虾解剖结构图
1.胃 2.肝胰腺 3.性腺 4.心脏 5.肠 6.腹神经链

（一）消化器官

1.胃

对虾胃分为贲门胃和幽门胃。贲门胃内有许多几丁质的小齿，构成胃磨，行容纳和磨碎食物的功能（图1-3-2）。胃壁由上皮层、结缔组织层、肌层和外膜层构成（图1-3-3）。

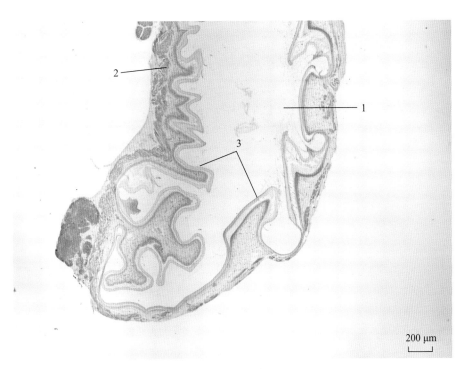

图 1-3-2　对虾胃（×40）
1. 胃腔　2. 胃壁　3. 几丁质胃磨

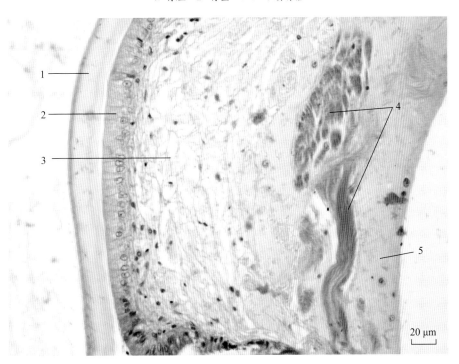

图 1-3-3　对虾胃壁（×400）
1. 几丁质层　2. 黏膜上皮（单层柱状细胞）
3. 黏膜下层（结缔组织）　4. 肌层（平滑肌）　5. 外膜层

2. 肠

肠分为中肠、后肠和直肠。中肠从内腔面向外依次为黏膜层、黏膜下层、肌层和外膜层。黏膜上皮为单层柱状细胞，黏膜下层为较厚的结缔组织，肌层很薄（图 1-3-4）。

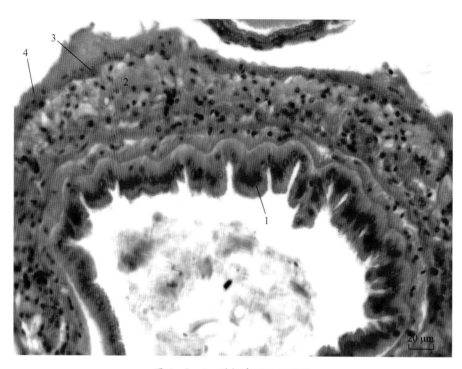

图 1-3-4 对虾中肠（×400）

1. 黏膜上皮（单层柱状上皮） 2. 结缔组织 3. 肌层 4. 外膜层

3. 消化腺

消化腺通常被称为肝胰腺或中肠腺，是大型消化腺，褐绿色，被一层结缔组织薄膜包成一团（图1-3-5）。内部由许多肝小管组成，管壁由泡状细胞、吸收细胞和纤维细胞组成，是消化和吸收的主要场所（图1-3-6）。

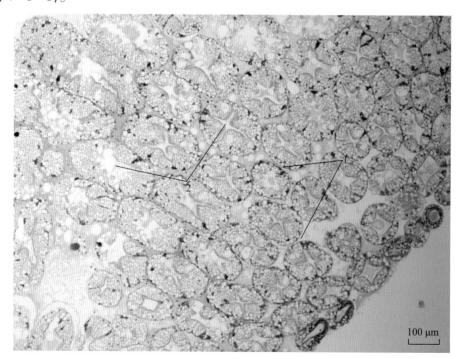

图 1-3-5 对虾中肠腺（×100）

1. 肝管 2. 肝管腔

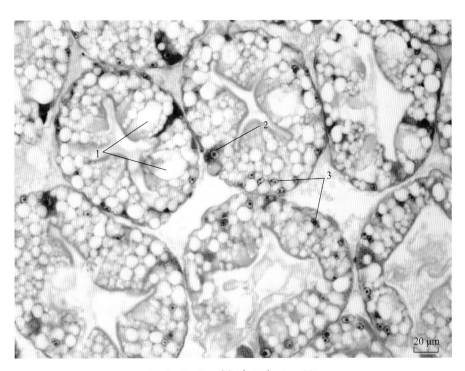

图 1-3-6　对虾中肠腺（×400）

1. 泡状细胞（B细胞）　2. 吸收细胞（R细胞）

3. 纤维细胞（F细胞）

(二) 心脏

对虾的循环系统为开管式，心脏为肌肉质扁平囊状物，位于胸部后端背方的围心腔内（图 1-3-7）。心肌细胞较细，呈短圆柱状，有横纹，成束排列，心肌细胞间可见血窦（图 1-3-8 和图 1-3-9）。

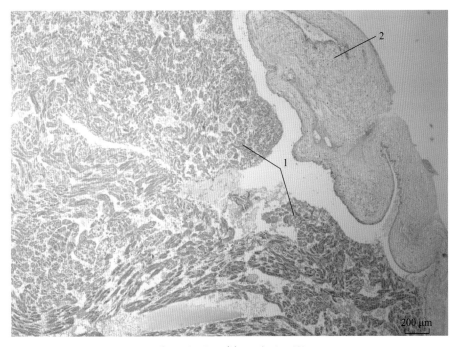

图 1-3-7　对虾心脏（×40）

1. 肌肉组织　2. 围心腔壁

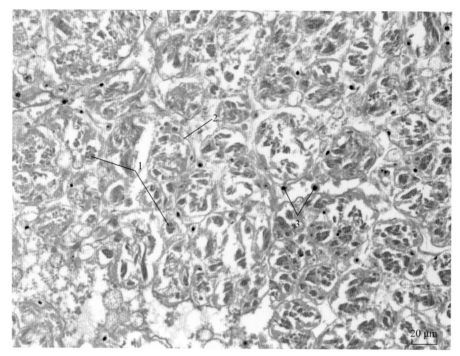

图 1-3-8　对虾心肌横切（×400）

1. 心肌纤维横断面　2. 肌束膜（结缔组织）　3. 血细胞

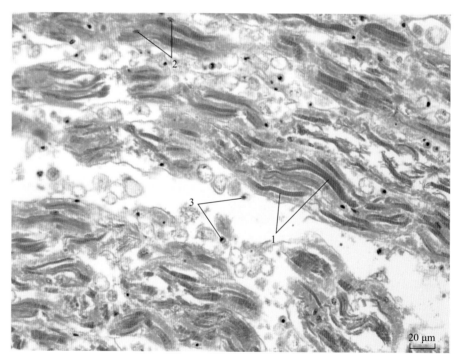

图 1-3-9　对虾心肌纵切（×400）

1. 心肌纤维纵断面　2. 心肌纤维细胞核　3. 血细胞

（三）鳃

　　对虾的呼吸器官是鳃，鳃位于胸部两侧的鳃腔内，血窦腔丰富（图1-3-10）。

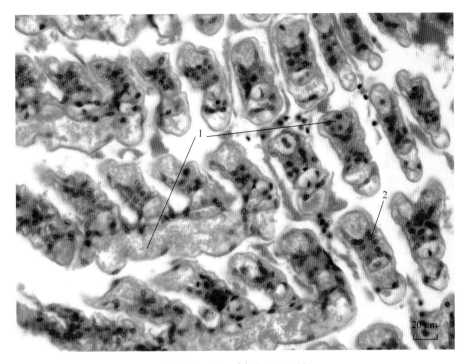

图 1-3-10　对虾鳃（×400）

1. 血窦腔　2. 支柱细胞

（四）体壁肌肉

对虾的肌肉为横纹肌，构成强有力的肌肉束，分布于头部和腹部，以腹部肌肉最为发达，肌纤维排列较规则（图 1-3-11）。横断面可见明显的肌原纤维断面，细胞间分布有少量结缔组织（图 1-3-12）。纵断面骨骼肌呈长条形，排列较规则（图 1-3-13），可见到明显的肌原纤维及明暗交替的横纹（图 1-3-14）。

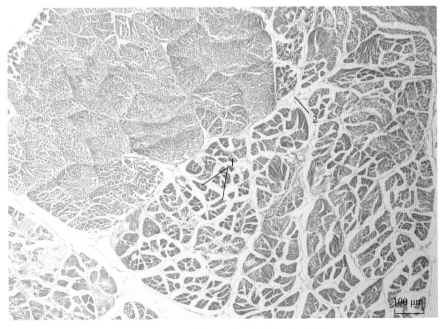

图 1-3-11　对虾体壁肌肉横切（×100）

1. 肌纤维横断面　2. 结缔组织

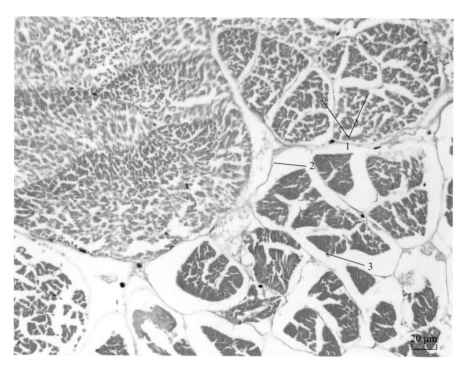

图 1-3-12　对虾体壁肌肉横切（×400）

1. 肌原纤维横断面　2. 结缔组织　3. 肌纤维细胞核

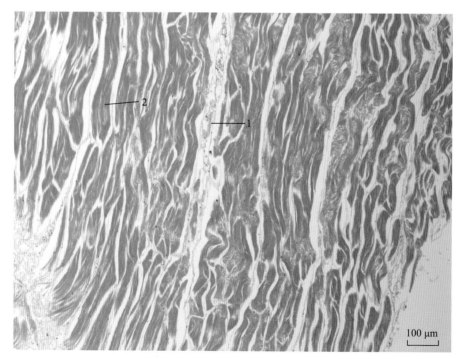

图 1-3-13　对虾体壁肌肉纵切（×100）

1. 结缔组织　2. 肌纤维纵切面

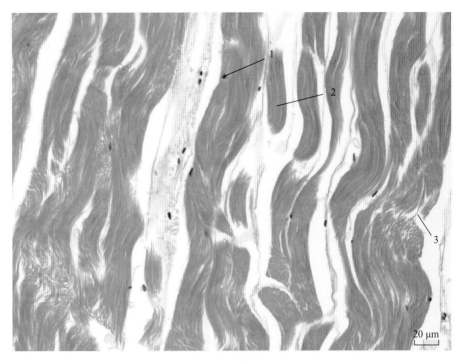

图 1-3-14 对虾体壁肌肉纵切 (×400)

1. 肌纤维细胞核　2. 肌纤维纵切面　3. 肌原纤维

(五) 腹神经链

　　腹神经链一条，位于腹面中央，外被结缔组织被膜（图 1-3-15），内部由许多粗细不等的神经纤维组成，神经纤维中央为轴索，轴索周围具有嗜碱性的轴索壁，外被髓鞘包裹。神经纤维间有少量的结缔组织（图 1-3-16）。

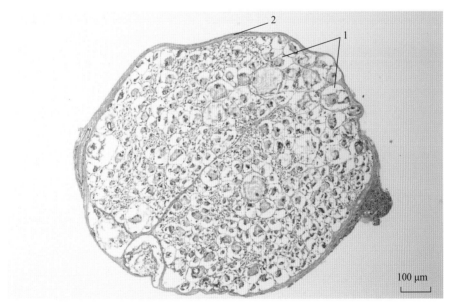

图 1-3-15 对虾腹神经链 (×100)

1. 有髓神经纤维　2. 被膜（结缔组织）

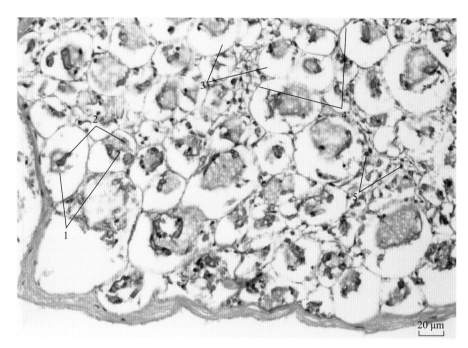

图 1-3-16 对虾腹神经链（×400）

1. 轴索壁（微管束） 2. 轴索 3. 髓鞘 4. 神经膜 5. 结缔组织

（六）卵巢

卵巢位于躯体背部，为并列对称的一对，呈叶片状。卵细胞包括卵原细胞、卵黄形成前的初级卵母细胞和卵黄形成期的初级卵母细胞（图 1-3-17）。其中，卵原细胞体积小，颜色浅，卵黄形成前的初级卵母细胞体积增大，细胞质呈蓝紫色，核呈空泡状，核膜内侧具有多个粒状核仁。卵黄形成期的初级卵母细胞体积更大，细胞质呈粉红色，核呈空泡状，核膜内侧具有多个短棒状核仁（图 1-3-18）。

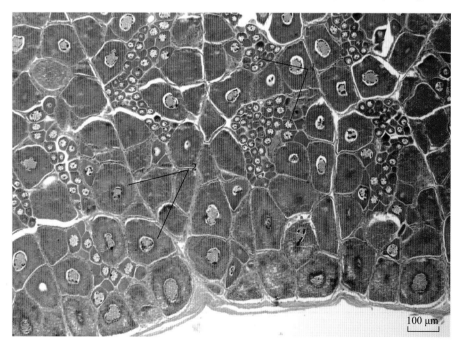

图 1-3-17 对虾卵巢（×100）

1. 卵黄形成前的初级卵母细胞 2. 卵黄形成期的初级卵母细胞

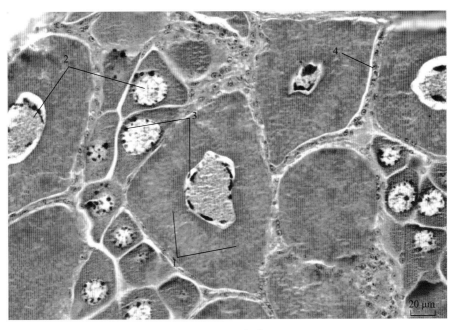

图 1-3-18　对虾卵巢 （×400）

1. 卵黄颗粒　2. 细胞核　3. 核仁　4. 滤泡细胞（间质细胞）

（七）精巢及附属生殖器官

1. 精巢

精巢位于躯体背部，均紧贴在肝上面，成熟时呈半透明的乳白色。精巢内有许多生精小管，由生精小管上皮产生精原细胞，经发育而成精子（图 1-3-19）。

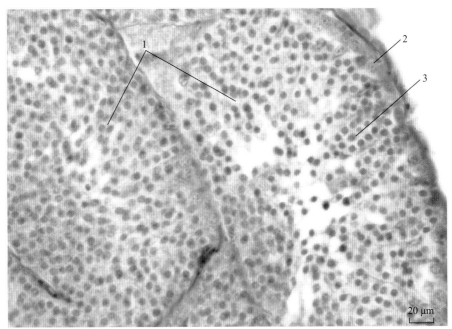

图 1-3-19　对虾精巢 （×400）

1. 精小叶　2. 精原细胞　3. 精母细胞

2. 输精管

输精管可分前、中、后三段。前段细短，与精巢后叶相接；中段粗长而曲折，呈灰白色；后段细长，与储精囊相接。输精管管壁的上皮和结缔组织层向管腔内伸出两个隔膜，隔膜一端游离（图1-3-20）。输精管管壁由上皮层、结缔组织、外膜层构成，上皮层为单层柱状细胞（图1-3-21）。

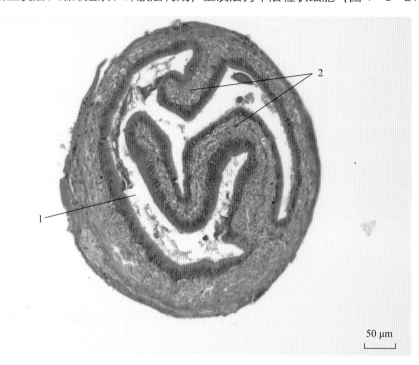

图 1-3-20　对虾输精管（×200）

1. 输精管管腔　2. 隔膜

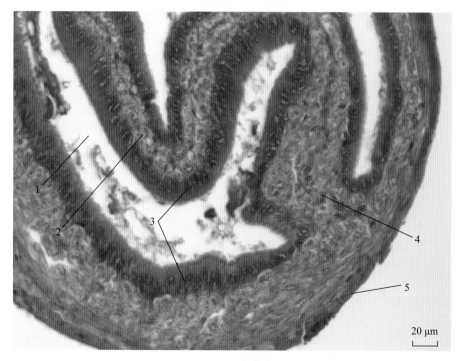

图 1-3-21　对虾输精管管壁（×400）

1. 输精管管腔　2. 隔膜　3. 上皮层　4. 结缔组织　5. 外膜层

3. 储精囊

储精囊是一对膨大的囊状物，囊壁由结缔组织外膜、肌层、结缔组织层、精囊上皮及其分泌物构成，储精囊内充满精子（图1-3-22和图1-3-23）。

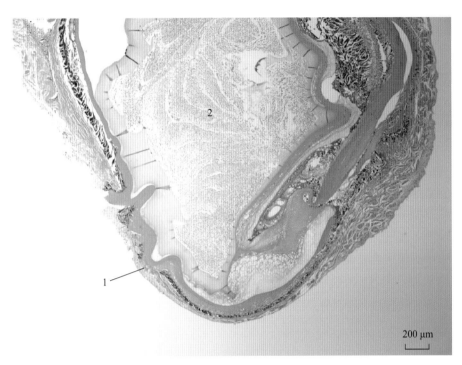

200 µm

图1-3-22　对虾储精囊（×40）

1. 储精囊壁　2. 储精囊腔（内含大量精子）

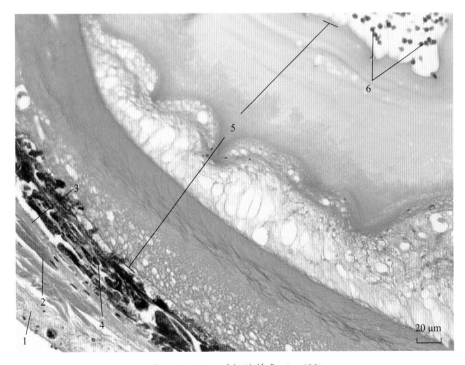

20 µm

图1-3-23　对虾储精囊（×400）

1. 结缔组织外膜　2. 肌层　3. 结缔组织层　4. 精囊上皮　5. 精囊上皮分泌物　6. 精子

四、虾夷扇贝

虾夷扇贝 *Mizuhopecten yessoensis* (Jay，1856)，又称夏威夷贝，属软体动物门、瓣鳃纲、异柱目、扇贝科、扇贝属。1981 年从日本引入中国。其内部解剖结构包括消化系统、呼吸系统、循环系统、排泄系统、生殖系统等。消化道由唇瓣、口、食道、胃、晶杆囊、肠、直肠和肛门组成。瓣鳃由许多背腹纵走的鳃丝构成。相邻鳃丝之间有凹沟。鳃丝的长短和粗细不一，鳃丝上有大量的纤毛。围心腔围绕在直肠的外围，和直肠之间形成腔体。心脏由一个心室和一对心耳组成。虾夷扇贝的排泄器官包括围心腔腺和肾，围心腔腺位于围心腔内，呈棕黄色，颜色较心室深。外套膜以附着点为界可分为中央膜和边缘膜。边缘膜可分为生壳突起、感觉突起和缘膜突起。虾夷扇贝为雌雄异体（偶有雌雄同体），生殖腺位于足的后腹面、闭壳肌前方。在繁殖季节，成熟个体的生殖腺极为发达，雌性生殖腺为橘黄色，雄性生殖腺为黄白色（图 1-4-1）。

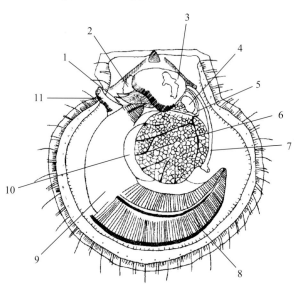

图 1-4-1　虾夷扇贝解剖结构图（仿自 Yoshinobu Kosaka）

1. 唇瓣　2. 唇　3. 肝胰腺　4. 心脏　5. 围心腔　6. 闭壳肌　7. 直肠　8. 鳃　9. 性腺　10. 肾　11. 足

（一）消化器官

1. 唇瓣

唇瓣呈扇形，位于口的两侧，唇瓣由上皮层、肌层和结缔组织构成，一侧为褶皱面，一侧为光滑面，分为内唇瓣和外唇瓣，内、外唇瓣相对的一面呈大致规则平行的沟和嵴（图1-4-2）。褶皱面黏膜上皮由纤毛柱状细胞和杯状细胞构成（图1-4-3）。光滑面上皮细胞为立方或短柱状。黏膜下层为疏松结缔组织，内含丰富的平滑肌纤维和血腔隙（图1-4-4）。

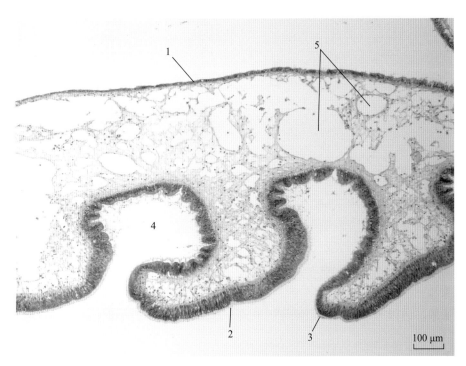

图1-4-2 虾夷扇贝唇瓣（×100）

1. 光滑面 2. 褶皱面 3. 嵴 4. 沟 5. 血腔隙

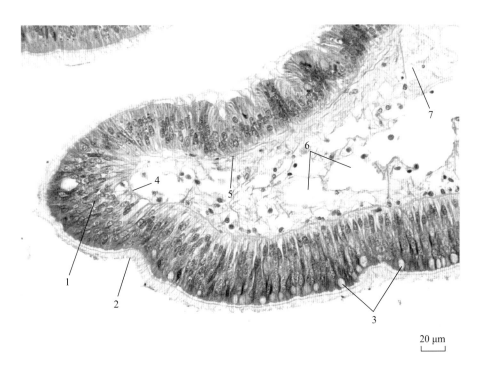

图1-4-3 虾夷扇贝唇瓣褶皱面（×400）

1. 柱状细胞 2. 纤毛 3. 杯状细胞 4. 基膜 5. 肌层 6. 血腔隙 7. 结缔组织

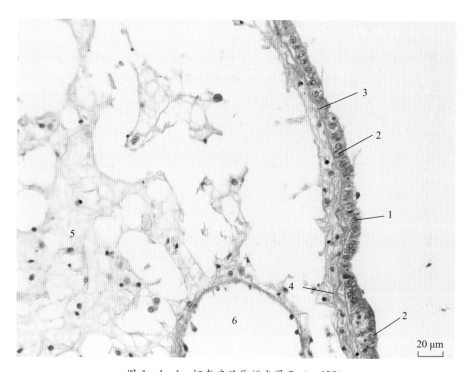

图 1-4-4　虾夷扇贝唇瓣光滑面（×400）

1. 立方上皮细胞　2. 杯状细胞　3. 基膜　4. 肌层　5. 结缔组织　6. 血腔隙

2. 口触手

口前具有黄色口触手，呈树枝状反复分支，由上皮层、肌层和内部结缔组织构成（图 1-4-5）。表面为纤毛柱状上皮，分布着杯状细胞，形成很多褶皱，上皮下为基膜，中央为较厚的结缔组织，夹杂着平滑肌细胞和许多血腔隙（图 1-4-6）。

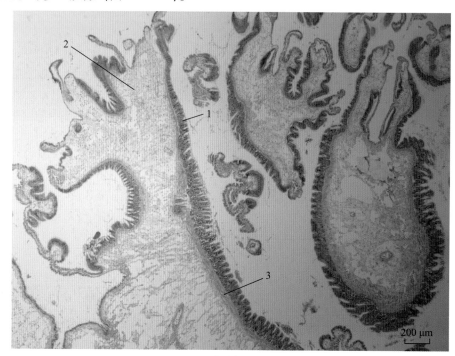

图 1-4-5　虾夷扇贝口触手（×40）

1. 上皮层　2. 结缔组织　3. 肌层

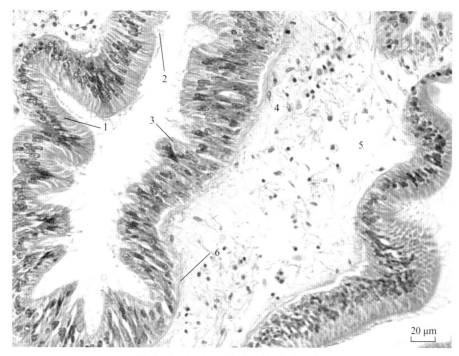

图 1-4-6 虾夷扇贝口触手（×400）

1. 柱状细胞　2. 纤毛　3. 杯状细胞　4. 结缔组织　5. 血腔隙　6. 肌层（平滑肌）

3. 肠

肠呈细线状结构，从内腔面向外依次为黏膜层、黏膜下层、肌层和外膜层（图 1-4-7）。黏膜层由黏膜上皮和黏膜肌层构成，黏膜上皮都为单层纤毛柱状上皮。黏膜肌层为一薄层环行的平滑肌。黏膜下层为疏松结缔组织，内含丰富的血管和少量的平滑肌纤维，肌层为平滑肌，外膜为纤维膜(图 1-4-8)。

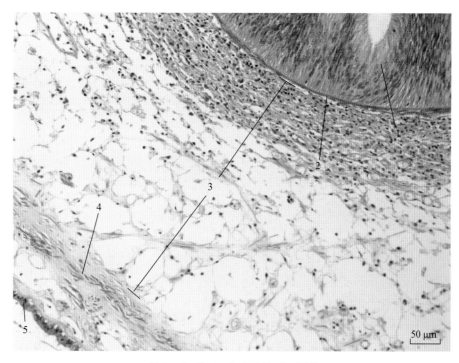

图 1-4-7 虾夷扇贝肠（×200）

1. 黏膜上皮　2. 黏膜肌　3. 黏膜下层　4. 肌层　5. 外膜层

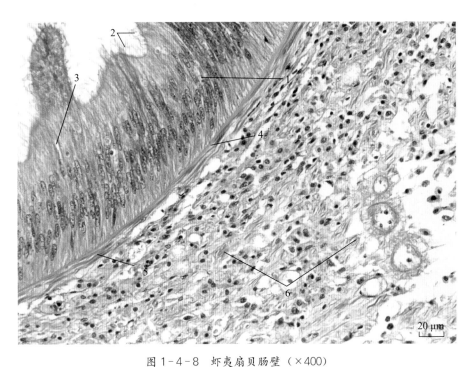

图 1-4-8　虾夷扇贝肠壁（×400）

1 单层柱状上皮　2. 纤毛　3. 杯状细胞　4. 基膜　5. 黏膜肌（平滑肌细胞）　6. 平滑肌细胞（散在）

4. 消化盲囊

　　消化盲囊又称内脏团，为复管泡状腺，导管反复分支，管径随着分支逐渐变细，导管分支的末端膨大为数个泡囊状的腺泡。富含血管的疏松结缔组织填充在腺泡间和导管间（图 1-4-9）。导管壁为假复层柱状纤毛上皮，内含丰富的杯状细胞。导管上皮基底面紧包着一层平滑肌。导管腔面形成小的嵴突，腺泡上皮可分为吸收细胞、分泌细胞和纤维细胞，其中吸收细胞内具有一个或多个液泡，还含有色素颗粒物质（图 1-4-10）。

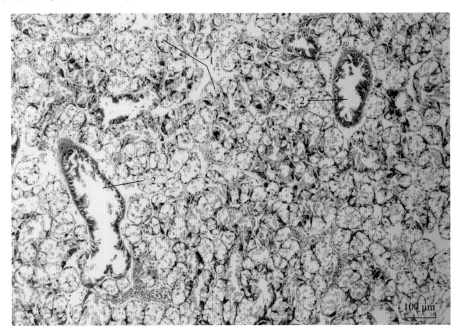

图 1-4-9　虾夷扇贝内脏团（×100）

1. 腺泡　2. 导管

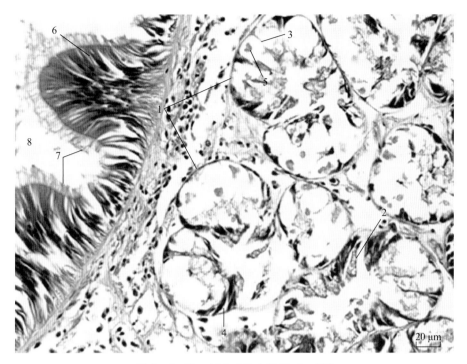

图 1-4-10 虾夷扇贝内脏团（×400）

1. 腺泡　2. 分泌细胞　3. 吸收细胞　4. 纤维细胞　5. 色素颗粒　6. 柱状细胞　7. 纤毛　8. 导管腔

(二) 鳃

虾夷扇贝鳃丝由鳃丝壁、肌肉组织和结缔组织构成。鳃丝壁由柱状细胞、扁平细胞和杯状细胞构成，结缔组织中血腔和血细胞丰富。切面上可见鳃丝壁的角质层、上皮和基膜（图 1-4-11）。

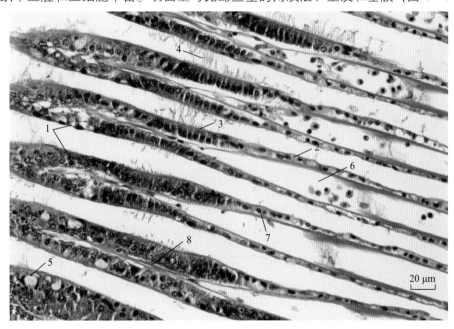

图 1-4-11 虾夷扇贝鳃（×400）

1. 鳃丝　2. 扁平细胞　3. 柱状细胞　4. 纤毛　5. 杯状细胞　6. 血腔隙　7. 基膜　8. 平滑肌细胞

（三）心脏

心室壁较厚，富含肌肉（图1-4-12）。组成心室的肌纤维束纵横交错排列，联系不紧密，之间有很多空隙，含有许多血细胞（图1-4-13）。

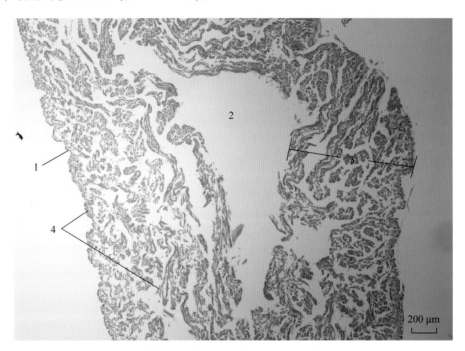

图1-4-12　虾夷扇贝心室（×40）

1. 心室外膜　2. 腔　3. 心室壁　4. 肌细胞

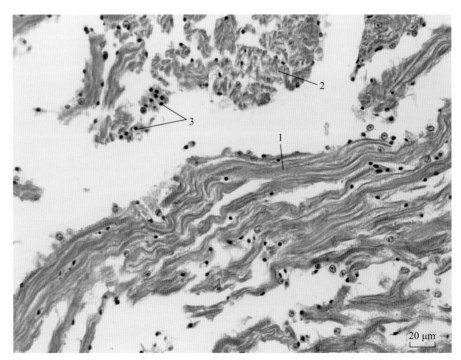

图1-4-13　虾夷扇贝心室壁（×400）

1. 肌细胞纵切面　2. 肌细胞横断面　3. 血细胞

(四) 排泄器官

1. 围心腔腺

围心腔腺呈空泡状结构，内有不规则的腔，具有散在的肌纤维细胞（图 1-4-14）。实质细胞近圆形，细胞中具有空泡和色素颗粒。实质细胞间夹杂着扁平细胞、吞噬细胞和少量肌纤维（图1-4-15）。

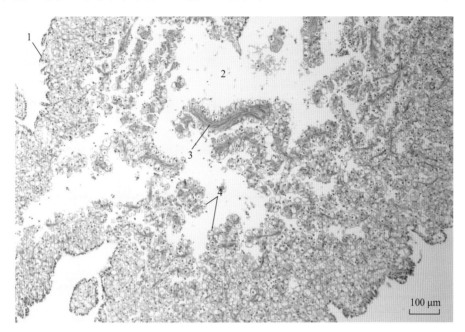

图 1-4-14　虾夷扇贝围心腔腺（×100）

1. 外膜　2. 腔　3. 肌细胞　4. 实质细胞

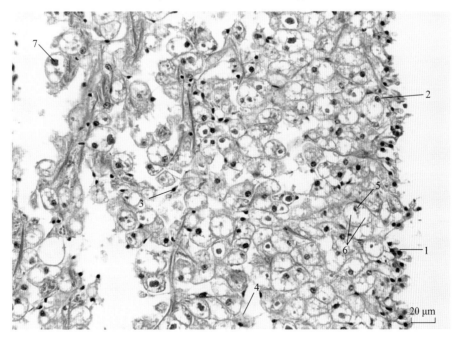

图 1-4-15　虾夷扇贝围心腔腺（×400）

1. 上皮细胞　2. 实质细胞　3. 扁平细胞　4. 吞噬细胞　5. 实质细胞细胞核　6. 实质细胞空泡　7. 实质细胞色素块

2. 肾

肾表面包裹着肌层、上皮细胞和结缔组织（图1-4-16）。肾实质由许多肾小管组成，管壁由扁平上皮细胞和少量结缔组织构成。管腔内具有立方形细胞和长柱形细胞。其中，立方形细胞是主要的排泄细胞，一个细胞核，大而呈圆形或椭圆形。每个细胞都具有1个大的液泡，部分细胞内有密度高的色素颗粒和排泄物（图1-4-17）。

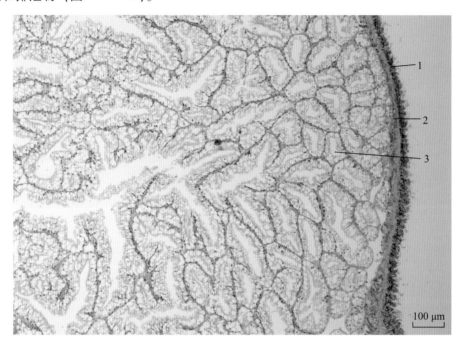

100 μm

图1-4-16 虾夷扇贝肾（×100）

1. 外膜　2. 肌细胞　3. 肾管

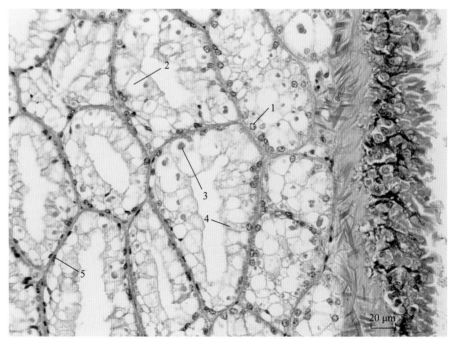

20 μm

图1-4-17 虾夷扇贝肾（×400）

1. 排泄细胞　2. 液泡　3. 色素颗粒　4. 长柱形细胞　5. 扁平上皮细胞

（五）外套膜

外套膜从切面观察由内表皮、外表皮、结缔组织及少数肌纤维组成。生壳突起1个，呈指状或叶片状；感觉突起位于生壳突起与缘膜突起之间，十分发达，由许多感觉触手组成；缘膜突起发达并向外套腔内部翻转，形成帆状部（图1-4-18）。各种突起边缘为柱状纤毛上皮，皮下结缔组织主要为疏松结缔组织，具有血窦、血细胞，肌纤维呈细丝状散布在结缔组织中。3个突起的基部具有1个神经节，呈椭圆形，个体较大，神经细胞分布在其周围（图1-4-19）。中央膜较薄，结构与边缘膜类似（图1-4-20）。

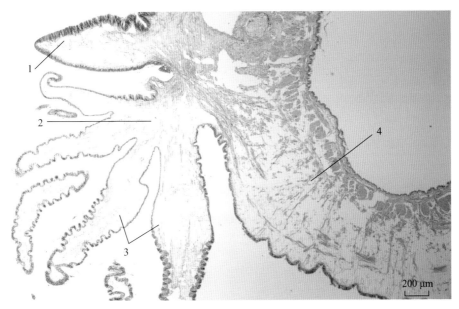

图1-4-18　虾夷扇贝外套膜边缘膜突起（×40）

1. 生壳突起　2. 感觉突起（主突起）　3. 感觉突起（次级突起）　4. 缘膜突起

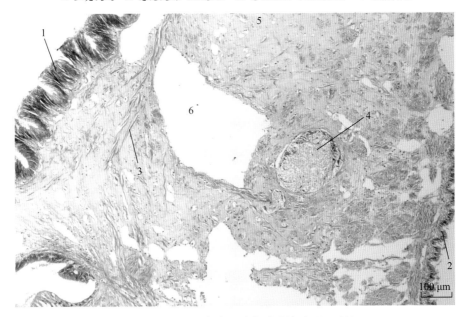

图1-4-19　虾夷扇贝外套膜边缘膜（×100）

1. 外侧上皮　2. 内侧上皮　3. 肌细胞　4. 神经节　5. 结缔组织　6. 血腔隙

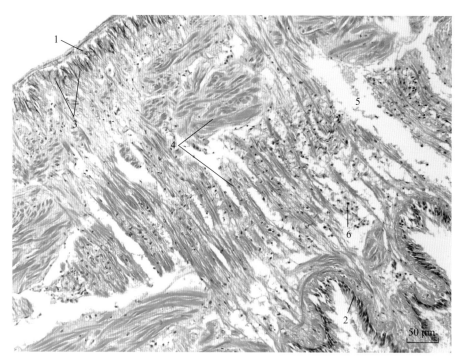

图 1-4-20 虾夷扇贝外套膜中央膜（×200）

1. 外侧上皮 2. 内侧上皮 3. 黏液细胞 4. 肌细胞 5. 血腔隙 6. 结缔组织

（六）足

足从切面观察由边缘的表皮层和深部的结缔组织构成，表皮为纤毛柱状上皮，夹杂着大量杯状细胞，基膜明显，结缔组织中分布着较多肌纤维，纵横交错有规律地排列，也存在嗜碱性的腺细胞团（图 1-4-21）。

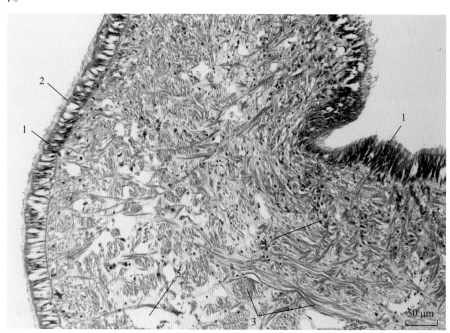

图 1-4-21 虾夷扇贝足（×200）

1. 纤毛柱状上皮 2. 杯状细胞 3. 肌细胞 4. 腺细胞 5. 血腔隙

（七）生殖腺

1. 卵巢

生殖腺由滤泡组成，滤泡壁由单层扁平上皮和少量结缔组织构成。雌性滤泡中卵原细胞体积小，颜色浅，初级卵母细胞体积增大，细胞核大且呈空泡状，细胞核里有一个大的核仁，细胞质中逐渐开始积累卵黄，颜色由蓝紫色变为红色。卵母细胞借助卵柄与滤泡壁相连，后期脱落掉入滤泡腔中（图1-4-22和图1-4-23）。

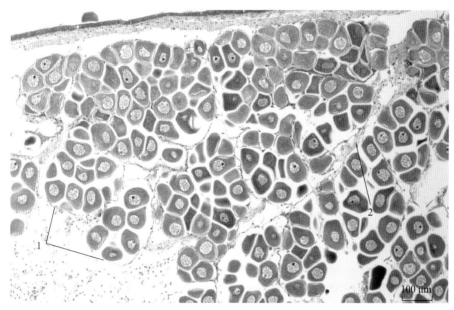

图1-4-22 虾夷扇贝卵巢（×100）

1. 滤泡　2. 结缔组织

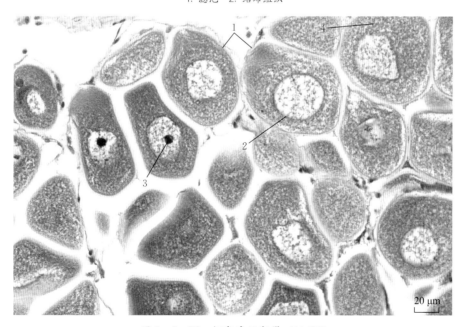

图1-4-23 虾夷扇贝卵巢（×400）

1. 初级卵母细胞　2. 细胞核　3. 核仁　4. 卵黄颗粒

2. 精巢

精巢滤泡壁边缘是体积较大、颜色较浅的精原细胞，依次向内反复分裂产生初级精母细胞、次级精母细胞、精细胞和成熟精子（图 1-4-24 和图 1-4-25）。

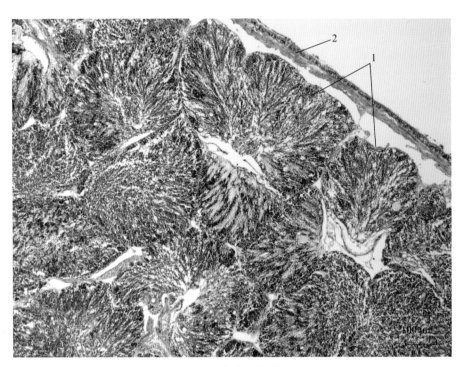

图 1-4-24 虾夷扇贝精巢（×100）

1. 滤泡（生殖小管） 2. 被膜

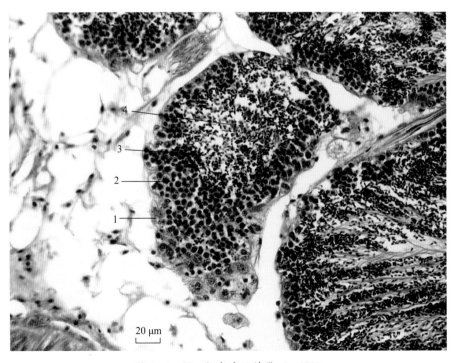

图 1-4-25 虾夷扇贝精巢（×400）

1. 精原细胞 2. 精母细胞 3. 精细胞 4. 精子

第二篇　胚胎学

一、双齿围沙蚕

（一）概述

1. 名称

双齿围沙蚕 *Perinereis aibuhitensis* (Grube, 1878)，又称沙蚕、海蜈蚣、海蚯蚓等。

2. 分类地位

环节动物门 Annelida，多毛纲 Polychaeta，游走亚纲 Errantia，叶须虫目 Phyllodocida，沙蚕科 Nereididae，围沙蚕属 *Perinereis*，双齿围沙蚕 *Perinereis aibuhitensis*。

3. 形态结构

双齿围沙蚕为雌雄异体，但从外观上很难区分其性别。其身体主要由头部、躯干部和尾部组成。其中，头部比较复杂，有一个能够自由收缩的吻（图 2-1-1），吻的最前端是大颚，吻上面具有不同数量的几丁质齿。吻后第 1 体节为围口节。围口节背面正前端突起为触角。触角后具有 4 个黑色的眼点。围口节上还具有 2 对触须。头部后面为躯干部，由多个相似的体节构成，每个体节的两侧具有疣足和刚毛，构成其运动器官。在繁殖季节来临时，双齿围沙蚕身体变为异沙蚕态，雌雄异沙蚕体头部颜色略有不同，雌性异沙蚕体头部呈绿色，雄性异沙蚕体呈乳白色。成熟卵子和精子均匀分布于体腔之中，异沙蚕体没有特定的生殖孔（图 2-1-2）。

4. 地理分布

双齿围沙蚕主要分布于亚洲沿海国家，如日本、韩国、朝鲜、菲律宾等地；在大洋洲的澳大利亚以及欧洲等地也有相关分布。在我国主要分布于渤海、黄海、东海、南海等沿海滩涂潮间带地区，是潮间带地区多毛类的优势物种。

5. 生态学特点

双齿围沙蚕多栖息于潮间带（特别是潮上带）的泥沙或沙泥底质中，富含有机质、硅藻的潮上带生境有利于其生长和繁殖。在北方地区常与翅碱蓬形成共栖，我国海南、台湾的红树林泥沙底质内常见有分布报道。双齿围沙蚕具有很强的耐干露能力。在 13～15 ℃温度范围内、保持一定湿度的条件下，可离水存活 7～10 d。

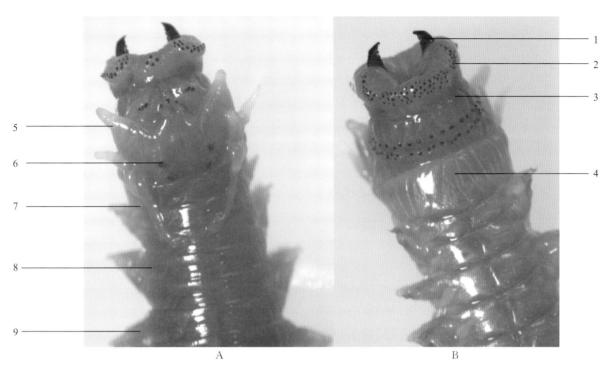

图 2-1-1　双齿围沙蚕外部形态结构
1. 大颚　2. 齿　3. 吻　4. 围口节　5. 触角　6. 眼点　7. 触须　8. 体节　9. 疣足

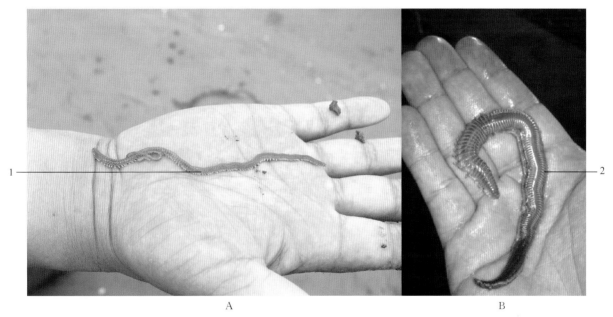

图 2-1-2　双齿围沙蚕外部形态及异沙蚕体
1. 正常双齿围沙蚕个体　2. 异沙蚕体

6. 繁殖习性

　　双齿围沙蚕性成熟为 1 龄，雌雄异体。在我国不同地区，其繁殖季节不同。我国北方地区自然繁殖季节为 6—8 月，海区水温为 18～26 ℃，繁殖盛期为 8 月中旬，水温为 22～25 ℃。特别是阴历七月十五日大潮来临时，种群同步群浮于海水表面，进行婚舞。雌性亲体根据其个体大小不同，其怀卵量也具有差异，一般来说，雌性沙蚕怀卵量为10万～50万。在广东、广西等南方地区，人工养殖的双齿围沙蚕具有2个繁殖盛期，分别为春季4—5月、秋季9—10月。因此，南方地区相关单位多在4月和9月进行双齿围沙蚕的人工育苗生产。

（二）发育

双齿围沙蚕发育过程主要分为胚胎发育、浮游幼虫、底栖幼虫3个主要阶段，包括卵裂期、囊胚期、原肠胚期、担轮幼虫期、刚节疣足幼虫期、幼蚕期等主要发育时期。

双齿围沙蚕成熟卵卵径175 μm左右，淡绿色，为沉性卵。卵黄分散均匀，为间黄卵。受精前卵黄膜与质膜紧密相连（图2-1-3）。

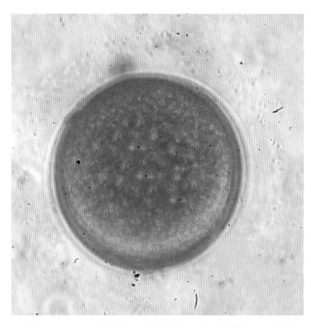

图2-1-3　双齿围沙蚕成熟卵子（未受精卵，×200）

1. 胚胎发育

双齿围沙蚕胚胎发育经过受精、卵裂、囊胚、原肠胚4个阶段，在水温20～25 ℃条件下，经历18 h发育至原肠胚阶段。

（1）受精卵。卵黄膜与质膜快速分开，卵黄膜举起形成体积巨大的受精膜。受精膜的快速举起，阻挡多余精子入卵。巨大受精膜的形成标志着受精过程完成。受精完成后，受精卵逐步排放出第1极体和第2极体。

（2）卵裂期。受精后经2.5 h，进入卵裂期。卵裂经历12 h，分为2细胞期、4细胞期、8细胞期、16细胞期、64细胞期和多细胞期。各期主要特征如下：

①2细胞期。受精后2.5 h左右，进行第1次卵裂。双齿围沙蚕的第1次卵裂将受精卵的卵黄分裂成不等的两部分，也有很少的情况两个部分大小相似（图2-1-4）。

②4细胞期。受精后3 h，进行第2次卵裂。第2次卵裂将受精卵分裂成1个大分裂球和3个小分裂球（图2-1-5）。

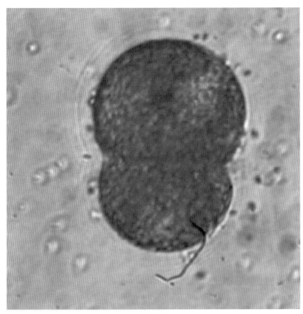

图 2-1-4　双齿围沙蚕 2 细胞期（×200）

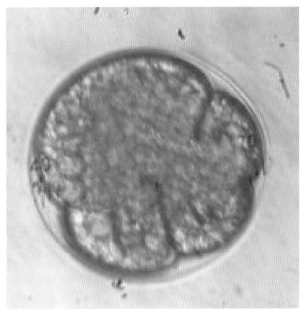

图 2-1-5　双齿围沙蚕 4 细胞期（×200）

③ 8 细胞期。受精后 4 h，进行第 3 次卵裂。双齿围沙蚕的第 3 次卵裂将受精卵分裂成 2 个大分裂球和 6 个小分裂球，胚胎发育进入 8 细胞期。此时，卵黄颗粒溶解消失，只见油球（图 2-1-6）。

④ 多细胞期。8 细胞期后大约 1 h 分裂一次，经 16 细胞期、32 细胞期、64 细胞期后进入多细胞期。在卵裂过程中，受精卵的原生质越来越集中到动物极一端，而卵黄和油球则集中到植物极，最终形成囊胚（图 2-1-7）。

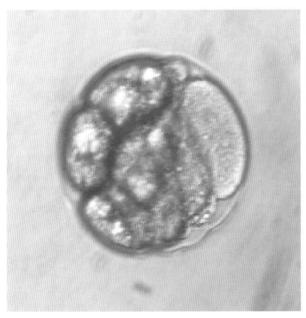

图 2-1-6　双齿围沙蚕 8 细胞期（×200）

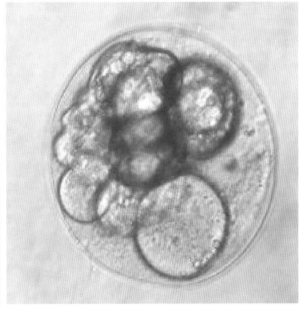

图 2-1-7　双齿围沙蚕多细胞期（×200）

（3）囊胚期。双齿围沙蚕的囊胚内部没有明显的囊胚腔，为实心囊胚。动物极的小分裂球颜色较淡，与细胞膜之间有空隙；植物极包含卵黄和油球的大分裂球颜色呈暗黄色，油球和卵黄清晰可见，细胞团紧紧地与卵膜相连接。双齿围沙蚕的动物极的小分裂球不断分裂，表面积增大，逐渐向植物极细胞团延伸，最后包围植物极的大分裂球。动物极的小分裂球成为外胚层，植物极的大分裂球成为内胚层（图2-1-8）。

（4）原肠胚期。胚胎由单层向双层逐步变化，通过外包形成原肠胚。原肠胚体长出细小纤毛，胚体在纤毛的摆动下，在膜内不断转动，细小油球不断集中，形成数个大的油球（图2-1-9）。

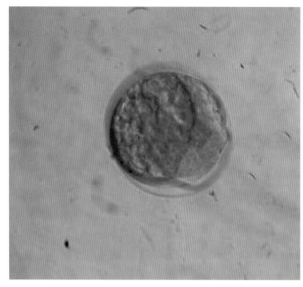

图2-1-8　双齿围沙蚕囊胚期（×200）

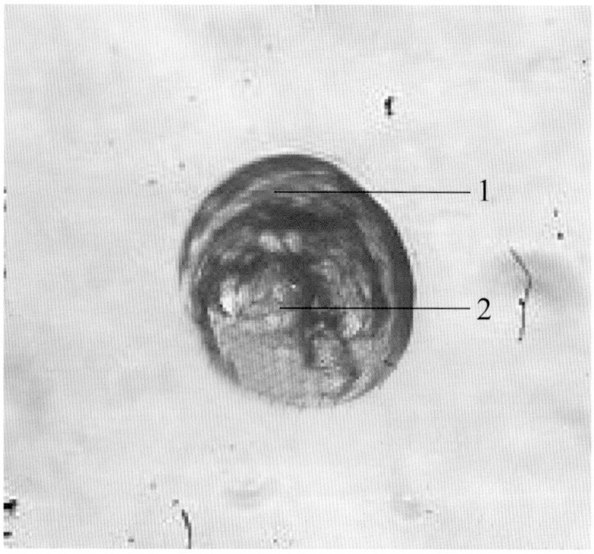

图2-1-9　双齿围沙蚕原肠胚期（×200）

　　　　　　　　　　　　1. 纤毛　2. 油球

2. 幼虫发育

双齿围沙蚕幼虫发育主要包括担轮幼虫和刚节疣足幼虫2个阶段，在水温25℃条件下，经历7～9 d的浮游幼虫变态为底栖生活的稚双齿围沙蚕。

（1）担轮幼虫期。担轮幼虫期分为担轮幼虫前期和担轮幼虫后期。

① 担轮幼虫前期。原肠胚形成的胚层开始分化，胚体开始拉长，卵膜膨胀，胚体与卵膜分离，在卵膜内自由旋转。可明显区分头部和身体。胚体呈圆锥形，头略大，头部有一圈黄褐色色素环，油球可见。幼虫具有4条纤毛轮（口前纤毛轮、顶纤毛束、端纤毛轮和端纤毛束），幼虫借助纤毛轮在卵膜内自由旋转（图2-1-10）。

② 担轮幼虫后期。胚体继续拉长，变为椭圆形。可区分身体前后和背腹面。胚体内已有内脏分化，逐渐形成幼虫稚形。身体两侧各出现3对疣足原基，在疣足原基内形成细小刚毛（图2-1-11）。

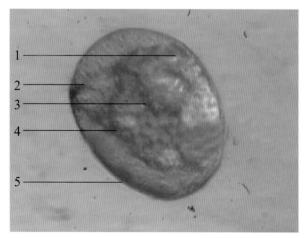

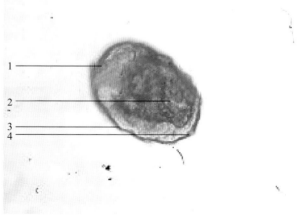

图2-1-10　双齿围沙蚕担轮幼虫前期（×200）

1. 口前纤毛轮　2. 色素环　3. 肠道　4. 油球　5. 侧纤毛

图2-1-11　双齿围沙蚕担轮幼虫后期（×200）

1. 色素环　2. 肠道　3. 侧纤毛　4. 肛门

（2）刚节疣足幼虫期。刚节疣足幼虫期分为3刚节疣足幼虫期、4刚节疣足幼虫期、5刚节疣足幼虫期。

①3刚节疣足幼虫期。幼虫从卵膜中孵化出来，开始浮游生活；消化道已分化成形，但尚未与体外相通；体内可见褐色的卵黄和油球（图2-1-12）。

②4刚节疣足幼虫期。当幼虫出现第4对疣足时，其头部开始出现明显器官分化，在吻前端的为口前叶触手，稍短；头部两侧与身体垂直的为围口节触须，稍长。2对黑色的眼点分化明显，前端眼点大于后端眼点。这时体内油球已经很少，消化道分化完全，以肛门与体外相通，幼虫开始摄食藻类。幼虫两侧的疣足突起明显，每个疣足上有数十根长短不一的刚毛，辅助幼虫游泳（图2-1-13）。

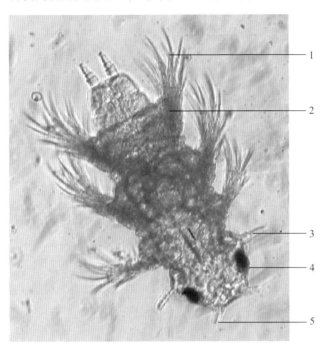

图2-1-12　双齿围沙蚕3刚节疣足幼虫期（×200）
1. 刚毛　2. 疣足　3. 围口节触须
4. 眼点　5. 口前叶触手

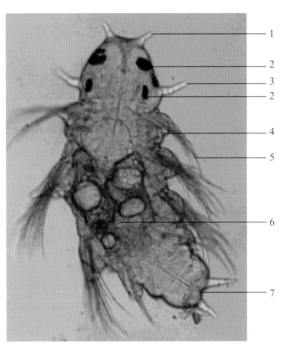

图2-1-13　双齿围沙蚕4刚节疣足幼虫期（×200）
1. 口前叶触手　2. 眼点　3. 围口节触须
4. 疣足　5. 刚毛　6. 消化道　7. 肛门

③5刚节疣足幼虫期。5刚节疣足幼虫具5对疣足，体长增加。体内已不见油球和卵黄，体腔已经完全形成。肠道明显呈规则细管状，从头部连接到尾部，位于体腔中间。头部触手、触角均增长。幼虫由浮游生活习性转入匍匐底栖生活，此时的幼虫，纤毛轮逐渐消失，体侧刚毛减少、变短，喜钻入泥沙等底质中（图2-1-14）。

3. 幼蚕期

5刚节幼体继续发育，其第1刚节疣足前伸与第2对触须构成围口节的主要结构。新体节也在尾节前部不断长出，体节数不断增大，此时的幼体称为刚节幼体（Setiger juvenile）。刚节幼体体节数逐渐增多，且外部形态与成体相似，称为幼蚕（图2-1-15）。

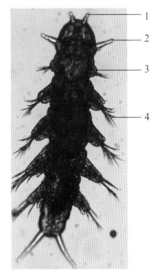

图2-1-14　双齿围沙蚕5刚节疣足幼虫期（×100）
1. 口前叶触手　2. 围口节触须　3. 疣足　4. 刚毛

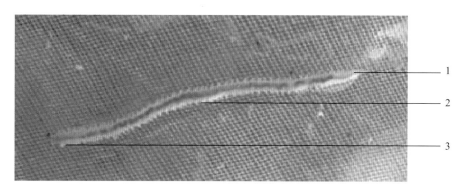

图 2-1-15　双齿围沙蚕幼蚕期
1. 尾部　2. 躯干部　3. 头部

二、单环刺螠

(一) 概述

1. 名称

单环刺螠 *Urechis unicinctus* (Drasche，1880)，俗称海肠。

2. 分类地位

环节动物门 Annelida，多毛纲 Polychaeta，螠目 Echiuroidea，刺螠科 Urchidae，刺螠属 *Urechis*，单环刺螠 *Urechis unicinctus*。

3. 形态结构

成体长 10~35 cm、宽 1~3 cm 的肉红色长圆筒状生物体，具有很强的伸缩能力。体表有环状排列的颗粒突起。体前端是圆锥状的吻，具有呼吸和摄食功能。单环刺螠体腔发达，充满体腔液。肾管位于其身体内部，在繁殖期时充满生殖细胞。无血管系统却具有含血色素的体腔球，具有血液功能。身体后端有一圈环状排列的 9~13 尾刚毛，体壁含有能分泌黏液的发达腺细胞，可以保持体表湿润（图 2-2-1）。

图 2-2-1 单环刺螠外形图

1. 吻 2. 肾管 3. 肛门 4. 刚毛

　　单环刺蝛为雌雄异体，但从外观上很难区分。在繁殖季节肾管中充满生殖细胞，雄性个体的生殖细胞为乳白色，雌性个体的生殖细胞为橘黄色，可透过表层隐约观察到，但仍需要剖开才能辨别性别。肾管与吻后方的两对肾孔相连，有一条白色线状的腹神经链紧贴于体壁腹中线，纵贯单环刺蝛体腔（图 2-2-2）。

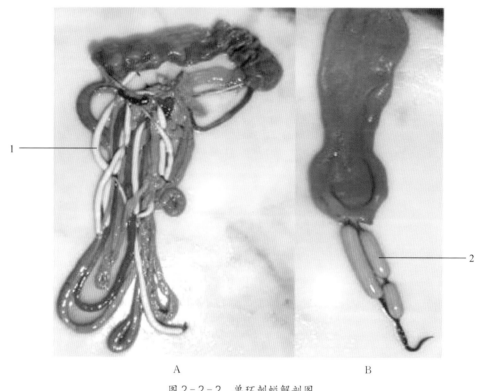

A　　　　　　　　　　　　　　　　B

图 2-2-2　单环刺蝛解剖图

1. 雄性个体肾管　2. 雌性个体肾管

4. 地理分布

　　单环刺蝛分布广泛，主要在日本北海道、朝鲜半岛和我国黄海、渤海沿岸，是沿海潮间和潮下带常见的底栖生物，在俄罗斯也有分布。

5. 生态学特点

　　单环刺蝛对外界环境有极强的耐受性，栖息于泥沙岸潮间带下区及潮下带浅水区的"U"字形孔道中，平时依靠吻部伸出洞穴进行摄食和呼吸等活动。单环刺蝛对食物的选择性不强，取食时单环刺蝛通过躯干表面不断分泌黏液在体前端形成一张黏液网，利用躯体的不断摆动使水流不断涌进穴道，水体中的食物颗粒便会不断黏附在黏液网上。当其积累到一定数量时，单环刺蝛再用吻将之裹挟形成食物团进行吞咽。

6. 繁殖习性

　　体长在 7 cm（体质量 20 g）以上的单环刺蝛在每年的 4—5 月和 9—10 月有繁殖期，春季为单环刺蝛繁殖盛期，一般选择在 5 月初进行人工育苗。自然水温在 17～18 ℃，单环刺蝛受精率最高时的环境因子为水温 25 ℃、盐度 35、pH 8～9；孵化率最高时的环境因子为水温 15 ℃、盐度 25、pH 8～9。体质量在 50～60 g 的个体，怀卵量为 300 万～600 万粒。

(二) 发育

1. 胚胎发育

胚胎发育分为受精卵、卵裂期（2 细胞期、4 细胞期、8 细胞期、16 细胞期、32 细胞期等）、囊胚期、原肠胚期。在水温 18 ℃ 时，受精后大约 24 h 发育为早期担轮幼虫，开始浮游生活。

（1）受精卵。单环刺螠卵子属于间黄卵，卵核明显。成熟的卵子呈圆球形，淡黄色，具有 2 层卵膜，卵径（160±10）μm。受精后约 10 min 受精膜举起，卵核消失，标志着受精过程的完成（图 2-2-3）。受精 30 min 后排放第 1 极体；75 min 后排放第 2 极体（图 2-2-4）。

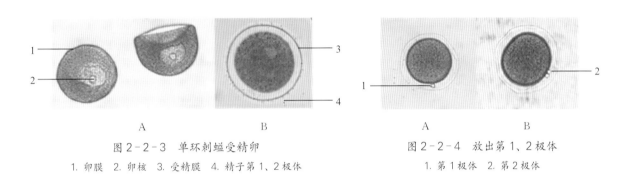

图 2-2-3 单环刺螠受精卵

1. 卵膜 2. 卵核 3. 受精膜 4. 精子第 1、2 极体

图 2-2-4 放出第 1、2 极体

1. 第 1 极体 2. 第 2 极体

（2）卵裂期。

① 2 细胞期。受精后约 1.5 h 开始第 1 次卵裂，完全均等卵裂，形成 2 个细胞（图 2-2-5）。

② 4 细胞期。受精后 3 h 进行第 2 次卵裂，进入 4 细胞期（图 2-2-6）。

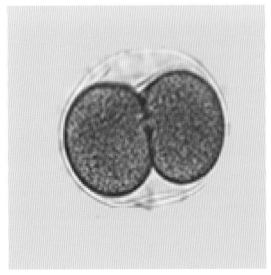

图 2-2-5 单环刺螠 2 细胞期

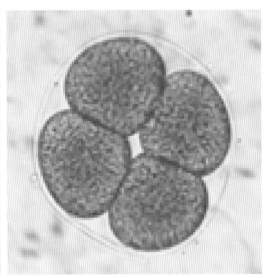

图 2-2-6 单环刺螠 4 细胞期

③ 8 细胞期。受精后 4 h 经螺旋卵裂分裂成 8 个细胞，进入 8 细胞期（图 2-2-7）。

④ 16 细胞期。受精后 5 h 再次分裂，进入 16 细胞期（图 2-2-8）。随着发育的继续进行，分裂球越来越小，逐渐模糊不清，进入多细胞期。

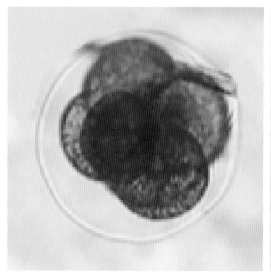

图 2-2-7　单环刺螠 8 细胞期　　　　　　　　　图 2-2-8　单环刺螠 16 细胞期

（3）囊胚期。受精后约 6 h 发育成囊胚，单环刺螠囊胚壁由一层大小基本一致的分裂球组成。内具有囊胚腔，为有腔囊胚，直径约为 170 μm（图 2-2-9）。

（4）原肠胚期。受精后约 8 h 发育成原肠胚。囊胚内陷形成原肠。植物极内陷形成内胚层，动物极外包形成外胚层。原肠胚后期胚胎表面出现纤毛，直径约为 170 μm（图 2-2-10）。

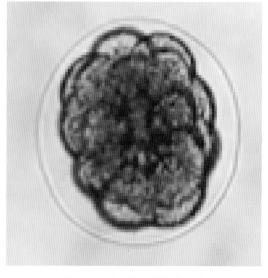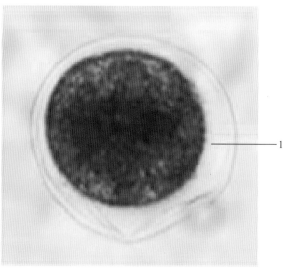

图 2-2-9　单环刺螠囊胚期　　　　　　　　　图 2-2-10　单环刺螠原肠胚期

1. 纤毛

2. 幼虫发育

幼虫发育分为浮游幼虫期和底栖幼虫期。浮游幼虫期又分为担轮幼虫期、体节幼虫期（2 体节期、7 体节期、13 体节期）两个主要阶段。也有人把担轮幼虫期与体节幼虫期划分为担轮幼虫前期及

担轮幼虫后期。底栖幼虫称为蠕虫状幼虫。最适发育水温为 18 ℃。

（1）担轮幼虫期。受精后约 18 h 形成膜内担轮幼虫，胚体上浮，开始在膜内转动。24 h 后发育为早期担轮幼虫，开始浮游生活。早期担轮幼虫虫体呈葫芦形，大小约 180 μm×156 μm，分为上下两个半球，中间具有纤毛环。上半球较大为体前端，可摄食。晚期担轮幼虫下半球明显增大，虫体仍呈葫芦形（图 2-2-11）。

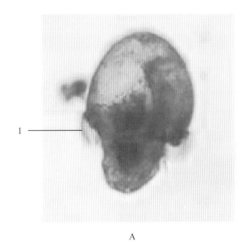
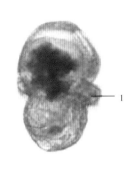

图 2-2-11　单环刺螠担轮幼虫期

A. 早期担轮幼虫　B. 晚期担轮幼虫

1. 纤毛环

（2）体节幼虫期。受精后约 14 d 发育为体节幼虫。下半球继续变长出现体节，体节幼虫由此得名。7 体节期幼虫大小约 260 μm×158 μm，体前端呈半球状，依靠纤毛环运动。随着发育的进行，幼虫体节数增多，至 12 体节时期（图 2-2-12）。

（3）蠕虫状幼虫期。受精后约 17 d 体节幼虫上半球变小退化，体节及纤毛环逐渐消失，体壁半透明，隐约可见内部消化道，后端出现肛门囊。由浮游生活转为底栖生活。虫体大小约 518 μm×212 μm（图 2-2-13）。

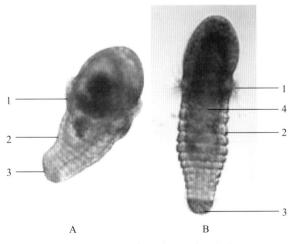

图 2-2-12　单环刺螠体节幼虫期

A.7 体节幼虫　B. 12 体节幼虫

1. 纤毛环　2. 体节　3. 肛门　4. 消化道

图 2-2-13　单环刺螠蠕虫状幼虫期

1. 消化道　2. 肛门囊

3. 幼蛏期

受精后约21 d后发育为幼蛏。体前端出现管状的吻部，尾端出现刚毛环，体壁增厚，消化道基本发育完全，体腔前端出现肾管，此时幼蛏在生活习性与形态结构上与成体有很大的相似性（图2–2–14）。

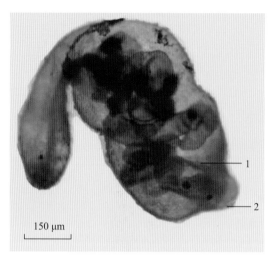

150 μm

图2–2–14　单环刺蛏幼蛏

1. 肾管　2. 吻

三、菲律宾蛤仔

(一) 概述

1. 名称

菲律宾蛤仔 *Ruditapes philippinarum*，又称蛤仔，俗称杂色蛤、蚬子、花蛤、花甲。

2. 分类地位

软体动物门 Mollusca，瓣鳃纲 Lamellibranchia，真瓣鳃目 Eulamellibranchia，帘蛤科 Veneridae，缀锦蛤亚科 Tapetinae，蛤仔属 Ruditapes，菲律宾蛤仔 *Ruditapes philippinarum*。

3. 形态结构

蛤仔贝壳卵圆形，较厚而且膨胀，左右两壳大小、厚薄相等。壳顶稍突出，前端尖细，略向前弯曲，位于背缘靠前方。由壳顶到贝壳前端的距离约等于贝壳全长的 1/3。小月面宽，椭圆形或略呈梭形；韧带长，突出。贝壳前端边缘椭圆。壳面放射肋较细密，放射肋数目为 50～130 条，与同心生长纹交织形成布目格（图 2-3-1）。水管长，基部愈合，前端小部分分离，入水管的口缘触手不分叉。铰合部主齿板较长，其腹缘略弯曲。左壳中央主齿明显分叉。前闭壳肌痕半圆形，后闭壳肌痕圆形。外套痕明显，外套窦深，前端圆形（图 2-3-2）。蛤仔壳面颜色和花纹表现出丰富的多态性。蛤仔

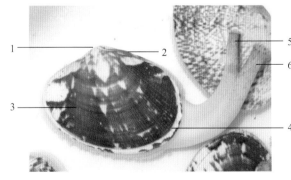

图 2-3-1 菲律宾蛤仔外部形态
1. 壳顶 2. 铰合部 3. 生长纹
4. 放射肋 5. 出水管 6. 进水管

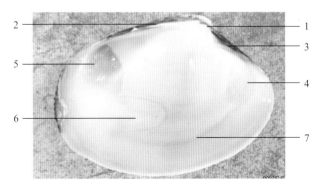

图 2-3-2 菲律宾蛤仔壳内面
1. 主齿 2. 楯面 3. 小月面 4. 前闭壳肌痕
5. 后闭壳肌痕 6. 外套窦 7. 外套痕

形态变化很大，不仅不同地理群体间存在差异，而且在相同海区，因水深的不同、生活环境的差异，蛤仔在形态上有所不同。

蛤仔外套膜形成外套腔将内部器官包裹在内，可以分为运动器官、呼吸系统、消化系统、循环系统、生殖系统、排泄系统等（图2-3-3）。

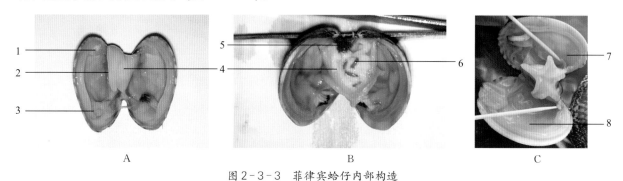

图2-3-3 菲律宾蛤仔内部构造

1. 前闭壳肌 2. 足 3. 后闭壳肌 4. 生殖腺 5. 消化腺 6. 肠 7. 唇瓣 8. 外套膜

4. 地理分布

蛤仔主要分布于亚洲太平洋和印度洋沿岸，北起颚霍次克海、萨哈林岛（库页岛），南到印度、印度尼西亚。20世纪30年代随太平洋牡蛎 Crassostrea gigas 引种被偶然从日本引到北美西海岸，20世纪70年代出于商业目的又陆续被引到法国、西班牙、英国、意大利、挪威等地。目前，菲律宾蛤仔已成为北美洲第二重要的商业性养殖双壳类，在欧洲市场重要性也日益提高。

在我国北起辽宁（庄河、海洋岛、大连、长兴岛）、河北（北戴河），南至广东（海门、汕尾、上川岛、雷东、硇洲岛）、香港等地均有分布。

5. 生态学特点

蛤仔埋栖于底质中，营底栖生活，潮间带中下部和水深20 m的浅海底部是蛤仔的主要栖息地。喜欢栖息在风浪较小、流速40～100 cm/s、水流畅通并有淡水注入的中低潮区的泥沙滩或沙泥滩上，以含沙量为70%～80%的沙泥滩数量最多。

蛤仔埋栖深度随季节和个体大小而异，在潮间带的幼苗潜入深度一般为3～7 cm，成蛤潜入深度15 cm左右。冬春季个体大的潜居较深；秋季产卵后及小个体的潜居较浅。在黄海、渤海北部，冬季较冷，在蛤仔密集地带，尤其是底质较硬的滩涂上，可形成几个分布层，个别最底层大个体的蛤仔下潜深度可达50 cm。

6. 繁殖习性

蛤仔为雌雄异体，极少数为雌雄同体。雌雄比约为2∶3。蛤仔一龄即可性成熟，此后每年都能繁殖，不受年龄限制。蛤仔繁殖生物学最小型为5 mm。蛤仔体外受精，亲贝将精卵排放到海水中，在海水中进行受精并发育。

大连近海蛤仔一年有两个繁殖季节，分别为6—7月和9月。福建蛤仔繁殖期为9—11月。在同一海区，随着水深的增加，蛤仔的繁殖期延迟，即潮间带和潮上带的蛤仔性腺先成熟，而潮下带和浅海的蛤仔性腺后成熟。蛤仔的繁殖方式为分批排放精卵，整个繁殖季节可排放3～4次，一般15 d为一个周期。以第一和第二次产卵量最多，形成繁殖盛期，后两次产卵不集中，产卵量也少（视频2-3-1）。

视频2-3-1
蛤仔产卵

(二) 发育

1. 精子和卵子

蛤仔精子的头部是呈钝圆形的小黑点 (图 2 - 3 - 4)。蛤仔的卵属于沉性卵, 成熟的卵排放到海水中后呈圆形, 直径为 $60 \sim 72 \mu m$, 蛤仔成熟卵的卵质均匀, 卵细胞内绝大部分空间被卵黄颗粒占据, 卵表面光滑, 无特殊结构 (图 2 - 3 - 5)。

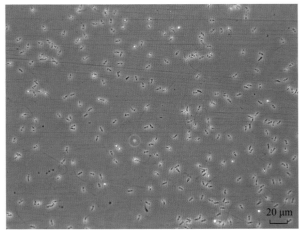

图 2 - 3 - 4　菲律宾蛤仔精子

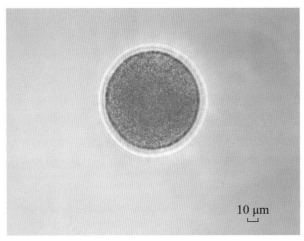

图 2 - 3 - 5　菲律宾蛤仔卵子

2. 胚胎发育

菲律宾蛤仔在水温 25 ℃ 条件下, 胚胎发育经历受精、卵裂、囊胚、原肠胚 4 个发育时期, 历时 3 h 45 min。

(1) 受精卵。菲律宾蛤仔精子与卵接触后, 卵黄膜举起形成受精膜, 阻挡精子入卵。受精后 15 min 排出第 1 极体, 完成第 1 次减数分裂。受精后 20 min 排出第 2 极体, 第 2 极体和第 1 极体并排于受精膜之下 (图 2 - 3 - 6 至图 2 - 3 - 8)。

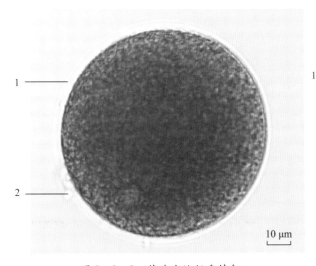

图 2 - 3 - 6　菲律宾蛤仔受精卵
1. 受精膜　2. 精子

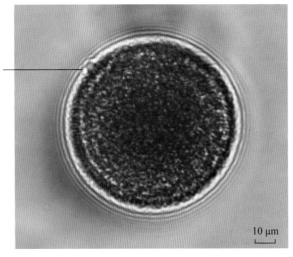

图 2 - 3 - 7　菲律宾蛤仔第 1 极体释放
1. 第 1 极体

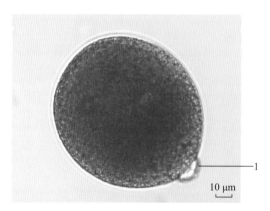

图 2-3-8　菲律宾蛤仔第 2 极体释放
1. 第 2 极体

（2）卵裂期。

① 2 细胞期。受精后 35 min 开始第 1 次卵裂。细胞质流向植物极并向外突出，突出部分较为透明，称为第 1 极叶（图 2-3-9）。分裂面从动物极到植物极将卵子纵裂为 2 个分裂球（图 2-3-10A）。然后极叶慢慢收回，完成第一次卵裂（图 2-3-10B）。

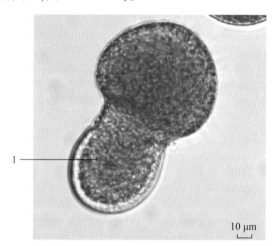

图 2-3-9　菲律宾蛤仔第 1 极叶
1. 第 1 极叶

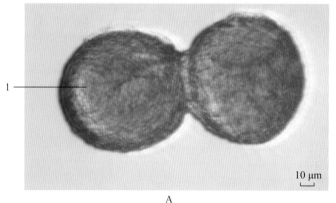

A

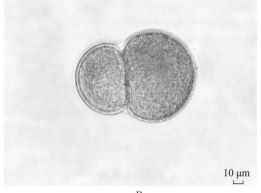

B

图 2-3-10　菲律宾蛤仔 2 细胞期
1. 卵裂球

② 4 细胞期。受精后 1 h，大分裂球又向植物极伸出细胞质突起，形成第 2 极叶（图 2 - 3 - 11），继而进行第 2 次卵裂。第 2 次卵裂为纵裂，其分裂面与第 1 次垂直，2 次卵裂的卵裂沟相互垂直，形成 4 个细胞（图 2 - 3 - 12）。

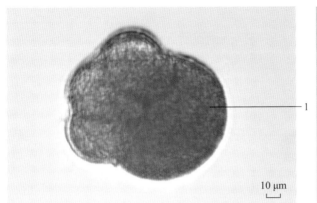

图 2 - 3 - 11 菲律宾蛤仔第 2 极叶

1. 第 2 极叶

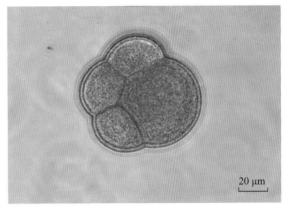

图 2 - 3 - 12 菲律宾蛤仔 4 细胞期

③ 8 细胞期。受精后 1 h 20 min，当第 3 次卵裂时，4 个分裂球的纺锤体转动 45°，扭曲分裂成上、下两层，共 8 个分裂球。上层 4 个分裂球较小，下层 4 个分裂球较大。由于纺锤体的倾斜，动物极的小分裂球与植物极的大分裂球不是排列在同一垂直线上，而是每个小分裂球位于相邻 2 个大分裂球之间，呈螺旋状排列，进行螺旋形卵裂（图 2 - 3 - 13）。

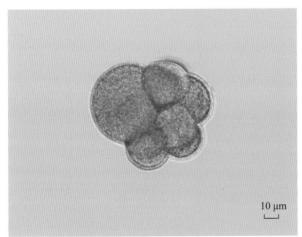

图 2 - 3 - 13 菲律宾蛤仔 8 细胞期

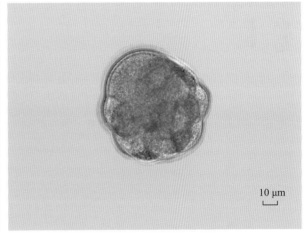

图 2 - 3 - 14 菲律宾蛤仔 16 细胞期

④ 16 细胞期。受精后 1 h 50 min，通过右旋与左旋交替的卵裂方式，形成 16 个分裂球（图 2 -3 - 14）。

⑤ 桑葚胚期。在水温 25 ℃ 时，受精后 2 h 20 min，卵裂晚期，形成实心的多细胞球胚体，即进入桑葚期（图 2 - 3 - 15）。

（3）囊胚期。在水温 25 ℃，受精后 2 h 38 min，螺旋卵裂形成囊状的多细胞胚体，称为囊胚（图 2 - 3 - 16）。囊胚中间有一个较大的囊胚腔，腔内充满液体。囊胚期细胞表面长出许多纤毛，此时的囊胚又称纤毛囊胚。纤毛摆动，使胚胎在受精膜内转动（视频 2 - 3 - 2）。纤毛分泌孵化酶，使受精膜溶解，囊胚破膜成为浮游囊胚，营浮游生活。

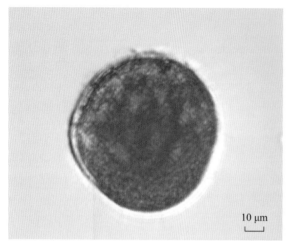
图 2-3-15　菲律宾蛤仔桑葚胚期

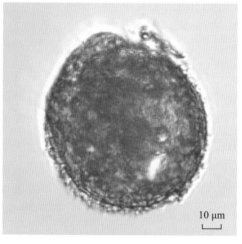
图 2-3-16　菲律宾蛤仔囊胚期

视频 2-3-2
蛤仔囊胚转动

（4）原肠胚期。在水温 25 ℃时，受精后 3 h 45 min，蛤仔的囊胚继续发育，形成原肠胚（图 2-3-17）。经原肠作用后，在植物极留下开口称为胚孔或原口，内陷的腔称为原肠腔，将来发育为消化管。组成原肠壁的细胞称为内胚层；小分裂球包裹在胚胎的外面，称为外胚层。原肠胚是早期胚胎发育中的一个重要阶段。在此阶段，细胞核开始起主导作用，新的特异性蛋白开始合成，胚层出现并开始分化成不同形态和功能的细胞（视频 2-3-3）。

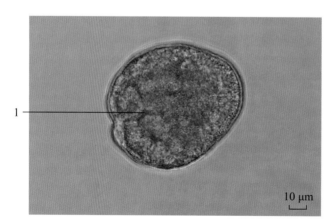
图 2-3-17　菲律宾蛤仔原肠胚期
1. 原肠腔

视频 2-3-3
蛤仔原肠胚转动

3. 幼虫期

在水温 25 ℃条件下，经历担轮幼虫和面盘幼虫两个发育期。其中，面盘幼虫又分为 D 形幼虫、壳顶幼虫、足面盘幼虫。历时 9～20 d。

（1）担轮幼虫。受精后 4 h 30 min，原肠作用以后的胚体称为担轮幼虫。蛤仔早期的担轮幼虫呈倒梨形（图 2-3-18A），晚期变为左右侧扁（图 2-3-18B），并且顶部也由隆起变为平面。在此期间，幼虫体表有一部分外胚层细胞长出浓密的长纤毛，这些纤毛构成幼虫的运动和触觉器官。在顶部有顶纤毛束，中央有 1～2 根粗长的触鞭，早期幼虫的下端有一束较小的端纤毛束，晚期幼虫的口前区有一个口纤毛环。在原肠胚期，胚体背部就有一部分外胚层细胞加厚内陷成壳腺，担轮幼虫期又向外隆起，并逐渐分泌透明的、薄膜状的几丁质胚壳。胚孔移到幼虫的腹面并闭合后，由该处的外胚层形成口凹，与原肠腔接通后形成口和食道，原肠发育成胃和肠。晚期担轮幼虫在后腹面有外胚层下陷形成原肛，但尚未开通。

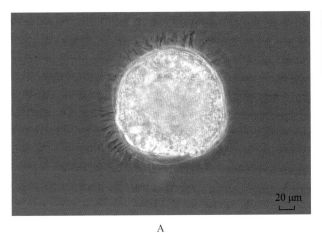
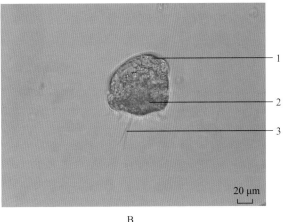

图 2-3-18　菲律宾蛤仔担轮幼虫

A. 早期担轮幼虫　B. 晚期担轮幼虫

1. 壳腺　2. 口纤毛环　3. 顶纤毛束

（2）面盘幼虫期。

① D形幼虫期。受精后 19 h 发育为 D 形幼虫，蛤仔的 D 形幼虫又称为直线铰合幼虫（图 2-3-19）。壳腺分泌的贝壳包裹幼虫全身，直线铰合部平直。大部分卵黄耗尽，体内有一些尚未吸收的脂滴，是内源性营养来源。面盘成为主要的运动和摄食器官，消化道已形成。此时的幼虫可以摄食外源性营养物质，主要是单胞藻（视频 2-3-4）。

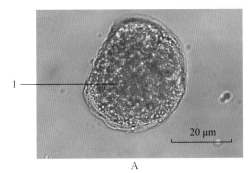
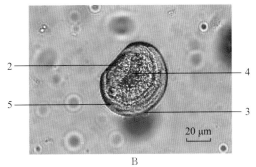

图 2-3-19　菲律宾蛤仔 D 形幼虫

1. 卵黄　2. 直线铰合部　3. 原壳　4. 消化盲囊　5. 外套膜

视频 2-3-4
蛤仔 D 形幼虫游泳

② 壳顶幼虫期。受精后 2～13 d，幼虫壳形态逐渐变圆，壳顶逐渐隆起，形成壳顶幼虫前期，体长为 120～140 μm（图 2-3-20A、图 2-3-20B）。随着生长，壳顶进一步明显隆起，进入壳顶幼虫中期（图 2-3-21）和后期（图 2-3-22）。口位于面盘后方，食道紧贴于口的后方，成一狭管，内壁生有纤毛，胃包埋在消化盲囊中。肠道与胃部相连。肛门位于壳背缘一侧。壳长为 150～190 μm。蛤仔壳顶幼虫体长规格与水温及群体有关（视频 2-3-5）。

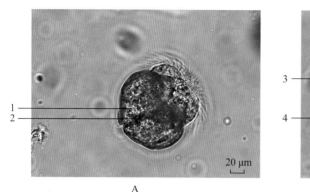
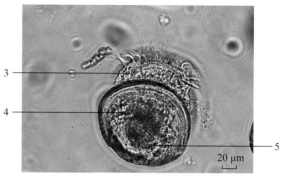

A　　　　　　　　　　　　　　　　　B

图 2-3-20　菲律宾蛤仔壳顶幼虫前期

1. 壳顶　2. 外韧带　3. 面盘　4. 面盘收缩肌　5. 闭壳肌

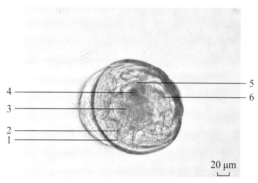
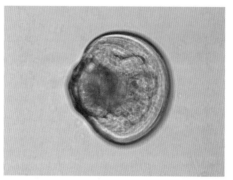

图 2-3-21　菲律宾蛤仔壳顶幼虫中期　　　图 2-3-22　菲律宾蛤仔壳顶幼虫后期　　　视频 2-3-5

1. 口　2. 食道　3. 消化盲囊　4. 晶杆转动　　　　　　　　　　　　　　　　　　　　蛤仔壳顶幼虫摄食

5. 胃　6. 肠

　　③足面盘幼虫（Pediveliger larva）期。受精后 7～15 d 后形成足面盘幼虫（图 2-3-23）。足面盘幼虫呈卵圆形，突起的壳顶和幼虫壳的前后缘联成一体。面盘开始萎缩，出现鳃原基，足可以自由收缩。生活习性由浮游转化为时而浮游时而匍匐。幼虫消化腺中存有大量的营养物质，为深色的颗粒状脂滴，这为变态提供能量。蛤仔出足规格与水温及群体有关，出足壳长规格为 180～210 μm（视频 2-3-6）。

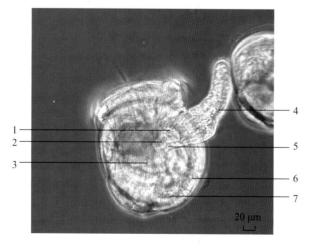

图 2-3-23　菲律宾蛤仔足面盘幼虫期　　　视频 2-3-6

1. 平衡器　2. 鳃原基　3. 胃　4. 足　　　　蛤仔足面盘幼虫

5. 心脏　6. 肛门　7. 肠道

4. 稚贝期

（1）变态稚贝。在水温 25 ℃ 条件下，受精后 9～20 d 变态为稚贝，稚贝是在足面盘幼虫原有的初生壳的基础上，长出颜色较深、更为坚实、含钙量更高的次生壳，是幼虫变态最明显的标志。在初生壳与次生壳之间，有明显的界线。面盘逐渐萎缩，四周边缘纤毛开始脱落，最终消失，幼虫完全失去浮游能力。与此同时，幼虫的足逐渐发达，由斧状变为棒状，足的运动能力加强。稚贝摄食量增加，原消化腺中的脂滴已完全吸收，靠鳃滤食获得的饵料在消化腺中呈弥散状。鳃丝数量逐渐增加，取代面盘进行呼吸和滤食。足丝腺开始分泌足丝。匍匐幼虫在变态过程中会出现一些器官的变态移位现象，即保留下来的器官相对壳轴来说都有一定的位置变化。这导致了口从幼虫后腹位置移到成体的前背位置，足变成腹面而不是后面，后闭壳肌移到壳中心（图 2 - 3 - 24）。生活习性由浮游和匍匐生活，完全转化为底栖生活。蛤仔变态时间和规格与水温及群体有关，变态壳长规格为 190～250 μm（视频 2 - 3 - 7）。

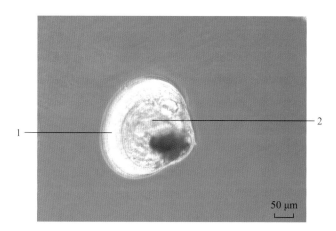

图 2 - 3 - 24　菲律宾蛤仔变态稚贝
1. 次生壳　2. 鳃

视频 2 - 3 - 7
蛤仔变态稚贝

（2）单水管稚贝。在水温 23～25 ℃ 条件下，匍匐幼虫再经过 10～15 d 生长，蛤仔稚贝单水管形成，单水管稚贝规格为 300～350 μm（图 2 - 3 - 25，视频 2 - 3 - 8）。

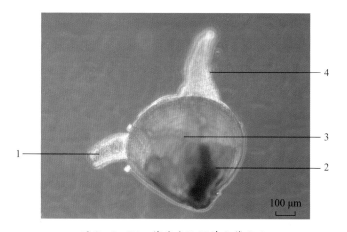

图 2 - 3 - 25　菲律宾蛤仔单水管稚贝
1. 水管　2. 消化腺　3. 鳃　4. 足

视频 2 - 3 - 8
蛤仔单水管稚贝

（3）双水管稚贝。在水温 23～25 ℃ 时，单水管稚贝再经过 30～45 d 生长，形成双水管（图 2 - 3 - 26），此时稚贝壳长为 1 000～1 300 μm。

100 μm

图 2 - 3 - 26　蛤仔双水管稚贝
1. 进水管　2. 出水管

5. 幼贝期

在水温 23～25 ℃时，双水管稚贝再经过 60～90 d 生长，逐渐出现壳色（图 2 - 3 - 27），生长为壳长 3～5 mm 的幼贝。

图 2 - 3 - 27　菲律宾蛤仔幼贝

四、太平洋牡蛎

(一) 概述

1. 名称

太平洋牡蛎 *Crassostrea gigas*，又称长牡蛎，俗称蚝、蛎子、海蛎子、蚵、蛎黄。

2. 分类地位

软体动物门 Mollusca，瓣鳃纲 Lamellibranchia，翼形亚纲 Pteriomorphia，珍珠贝目 Pterioida，牡蛎科 Ostridae，巨牡蛎属 *Crassostrea*，太平洋牡蛎 *Crassostrea gigas*。

3. 形态结构

太平洋牡蛎贝壳发达，具有左、右两个贝壳，以韧带和闭壳肌等相连，右壳又称为上壳（图2-4-1A），左壳又称为下壳（图2-4-2B），一般右壳稍大，并以左壳固着在岩礁等固形物上。贝壳长形，壳较薄。壳长为壳高的3倍左右。右壳较平，鳞片坚厚，环生鳞片呈波纹状，排列稀疏。放射肋不明显。左壳深陷，鳞片粗大。壳内面白色，壳顶内面有宽大的韧带槽。闭壳肌痕大，外套膜边缘呈黑色（图2-4-2）。

A   B

图2-4-1　太平洋牡蛎外形图

图2-4-2　太平洋牡蛎壳内

太平洋牡蛎外套膜包围整个软体的外面，左右一片，相互对称，牡蛎外套膜为二孔型，左、右两片外套膜除了在背部愈合外，在后缘也有少部分愈合，将整个外套膜的游离部分分为2个区域，即进水孔和出水孔。无水管。可以分为呼吸系统、消化系统、循环系统、生殖系统、排泄系统等（图2-4-3）。

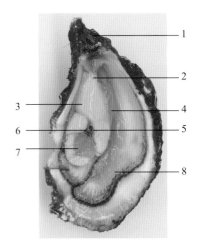

图2-4-3　太平洋牡蛎内部结构
1. 壳顶　2. 唇瓣　3. 生殖腺　4. 鳃
5. 心脏　6. 围心腔　7. 闭壳肌　8. 外套膜

4. 地理分布

太平洋牡蛎原产于东亚北部沿海，由于商业化养殖目的，从日本被引种到北美洲及欧洲沿海，现已在世界沿海广泛分布。从低潮线至潮下带20多米水深均有分布。

5. 生态学特点

太平洋牡蛎为广温、广盐性种类，在−3～32 ℃均能生存，适宜水温为23～25 ℃，生存盐度为10～37，适宜盐度为20～31。太平洋牡蛎耐干露能力较强，耐干露的时间与自身规格及露空温度有关。通常情况下，壳长8.0 cm的太平洋牡蛎在8～10 ℃干露条件下可存活8 d以上，在20～22 ℃条件下干露4 d的存活率为100%。太平洋牡蛎营固着生活，以左壳固着于外物上，以右壳开闭进行呼吸与摄食，自然栖息的太平洋牡蛎由不同年龄组的个体群聚而生。

6. 繁殖习性

太平洋牡蛎繁殖方式为卵生型，自然群体一年即达到性成熟，在我国北方近海一年有两个繁殖季节，分别为6—7月和9—10月，大多为雌雄异体，也有雌雄同体及性逆转现象，雌雄同体率0.5%以下。人工升温培育条件下，性成熟年龄缩短，受精135 d后性腺发育成熟。雌雄性比随着年龄而变化，4～5月龄的牡蛎群体中，雌雄性比为1∶2.73；1龄群体中，雌雄性比为1∶1.07；2龄群体中雌雄性比为1∶0.599。年龄不同，产卵量不同，1龄太平洋牡蛎的怀卵量为800万～860万粒，2龄牡蛎怀卵量为2 300万～2 900万粒。

（二）发育

1. 卵子

解剖获取太平洋牡蛎的卵，大多数为倒梨形，少数为圆球形，由卵黄膜、质膜、卵质与卵核组成。经海水浸泡50～60 min（水温25 ℃）后，卵子进一步发育，其形态由倒梨形变为圆球形，卵径为50～55 μm（图2-4-4）。

2. 胚胎发育

太平洋牡蛎在水温25 ℃条件下，胚胎发育经历受精、卵裂、囊胚、原肠胚4个发育时期，历时6 h。

（1）受精卵。精子与卵接触后，发生顶体

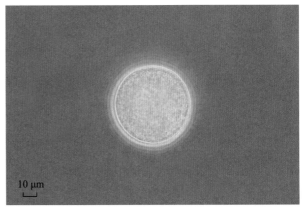

图2-4-4　太平洋牡蛎卵子

反应，受精膜举起，经过 5 min 形成受精卵（图 2-4-5）。卵径一般为 50~60 μm，受精后 40 min 释放第 1 极体，完成第 1 次成熟分裂（图 2-4-6）。受精后 1 h 第 2 极体释放，完成第 2 次成熟分裂，雌、雄原核融合。此后，开始进行有丝分裂。

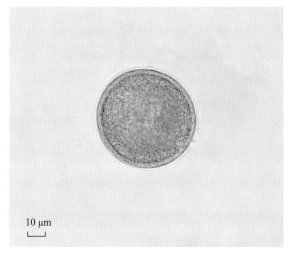

图 2-4-5　太平洋牡蛎受精卵　　　　　　　　图 2-4-6　太平洋牡蛎第 1 极体释放

（2）卵裂期。

① 2 细胞期。受精后 1 h 20 min，受精卵开始第 1 次纵裂，极叶被吸收以后，形成大小不等的卵裂球，进入 2 细胞阶段（图 2-4-7）。

② 4 细胞期。受精后 1 h 50 min，大卵裂球再次膨胀，并开始细胞分裂，进行与第 1 次卵裂面垂直的纵裂，形成的第 2 极叶被卵裂球再次吸收，进入 4 细胞阶段（图 2-4-8）。

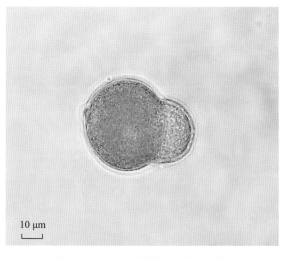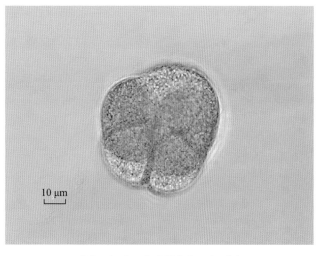

图 2-4-7　太平洋牡蛎 2 细胞期　　　　　　　图 2-4-8　太平洋牡蛎 4 细胞期

③ 8 细胞期。受精后 2 h 10 min，分裂球按顺时针方向螺旋卵裂，形成 8 细胞（图 2-4-9）。

④ 16 细胞期。受精后 2 h 50 min，细胞再逆时针卵裂，形成 16 细胞（图 2-4-10）。

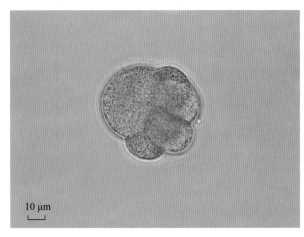

图2-4-9　太平洋牡蛎8细胞期

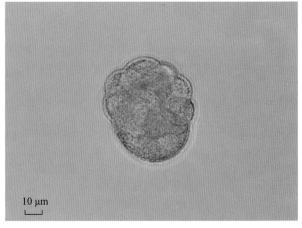

图2-4-10　太平洋牡蛎16细胞期

⑤ 桑葚胚期。受精后3 h 50 min，太平洋牡蛎经过6次卵裂之后，发育为桑葚胚期（图2-4-11）。

（3）囊胚期。在水温25℃条件下，受精后5 h，动物极的顶端出现顶端纤毛束，周围出现纤毛，胚体具有一定的运动能力。在囊胚阶段，卵膜逐渐脱落（图2-4-12）。

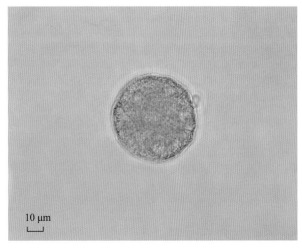

图2-4-11　太平洋牡蛎桑葚胚期

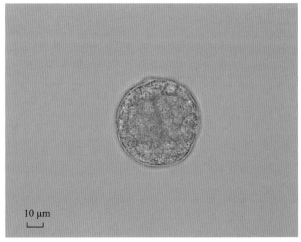

图2-4-12　太平洋牡蛎囊胚期

（4）原肠胚期。在水温25℃条件下，受精后6 h，植物极一端细胞分裂并内陷，原口及原肠腔形成（图2-4-13）。

3. 幼虫发育

从担轮幼虫开始到稚贝附着为止为幼虫期。在水温25℃条件下，经历担轮幼虫期和面盘幼虫期两个发育期。其中，面盘幼虫期又分为D形幼虫期、壳顶幼虫期、足面盘幼虫期。历时16～20 d。

（1）担轮幼虫期。受精后10～12 h，发育至担轮幼虫（图2-4-14）。在原肠胚到发育阶段，胚胎的腹侧形成发达的口前纤毛环，顶端生有1～2根或数根较长的鞭毛束，可以自由游泳。其相对一侧为背部，经过细胞增殖形成了可以分泌贝壳的壳腺。原口附近的外胚层内陷，胃和肠道逐渐形成，但消化系统尚未形成，仍以卵黄物质作为营养。

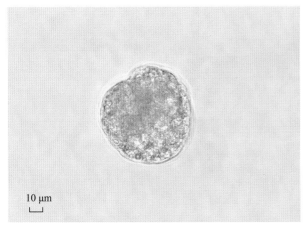

图 2-4-13 太平洋牡蛎原肠胚期

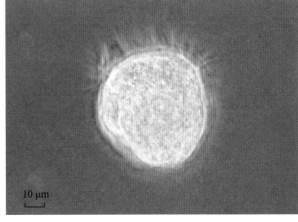

图 2-4-14 太平洋牡蛎担轮幼虫期

（2）面盘幼虫期。

① D 形幼虫期。受精后 1 d，发育至 D 形幼虫，壳长规格约 75 μm。D 形幼虫的壳腺逐渐向左右两侧分泌贝壳，包裹了幼虫的全身，同时形成平直的直线铰合部。面盘是主要的摄食和运动器官。此时，幼虫消化道打开，开始逐渐摄食外源的植物性营养。体内积累的卵黄蛋白也为幼虫提供能量，维持运动。卵黄蛋白营养在受精后 48 h 内逐渐消耗殆尽（图 2-4-15）。

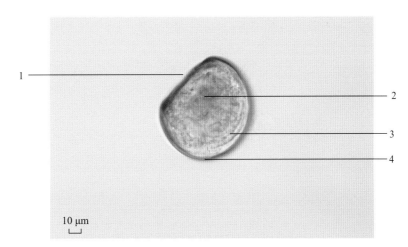

图 2-4-15 太平洋牡蛎 D 形幼虫期
1. 直线铰合部 2. 消化腺 3. 外套膜 4. 原壳

② 壳顶幼虫期。受精后 5 d，发育至壳顶幼虫（图 2-4-16），壳高规格约 125 μm。铰合线开始向背部隆起，改变了原来的直线形状（图 2-4-17）。受精后 10～14 d，左壳壳顶突出。右壳生长缓慢，使左、右两壳呈不对称状态，此时为壳顶中期（图 2-4-18），壳高规格约 225 μm。消化道较发达，口位于面盘后方，食道紧接于口的后方，为一狭管，内壁布满纤毛，胃部被消化盲囊包裹，肠道逐渐粗壮。受精后 15～18 d，进入壳顶幼虫后期，壳高规格约 300 μm，壳顶突出明显。鳃开始出现，但尚未有纤毛摆动。在鳃基前方出现了 1 对黑褐色眼点，眼点细胞内有黑褐色颗粒，此时期的幼虫也称为眼点幼虫（图 2-4-19）。足开始长出，呈棒状，尚欠伸缩活动能力。面盘仍很发达。足丝腺、足神经节逐渐形成，但此时足丝腺尚不分泌足丝。

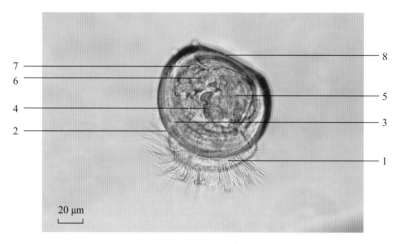

图 2 - 4 - 16   太平洋牡蛎壳顶幼虫前期

1. 面盘   2. 口   3. 食道   4. 消化腺   5. 胃   6. 肠   7. 闭壳肌   8. 壳顶

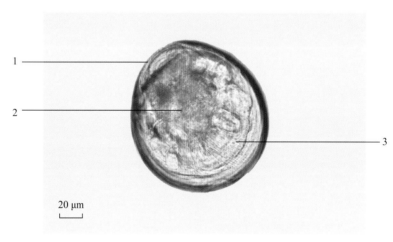

图 2 - 4 - 17   太平洋牡蛎面盘收缩状态的壳顶幼虫前期

1. 壳顶   2. 消化腺   3. 收缩的面盘

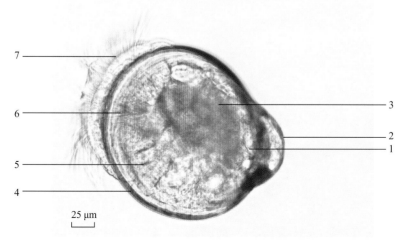

图 2 - 4 - 18   太平洋牡蛎壳顶幼虫中期

1. 右壳顶   2. 左壳顶   3. 消化腺   4. 口   5. 食道   6. 外套膜   7. 面盘

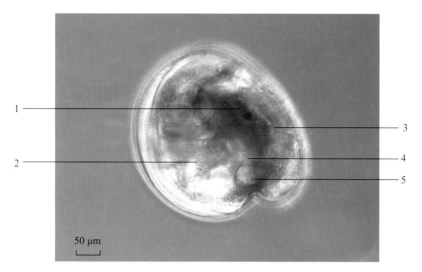

图 2-4-19　太平洋牡蛎壳顶幼虫后期
1. 眼点　2. 鳃　3. 肠　4. 后闭壳肌　5. 肛门

　　③ 足面盘幼虫（Pediveliger larva）期。受精后 16～20 d，发育至足面盘幼虫（图 2-4-20），壳高规格为 320～350 μm。鳃丝增加至数对，足发达，具有缩肌，能够伸缩做匍匐运动，足基部附近出现 1 对平衡器。面盘仍存在，幼虫时而借助面盘游泳，时而匍匐。牡蛎幼虫处于可以附着状态，此时应该投放附着基。

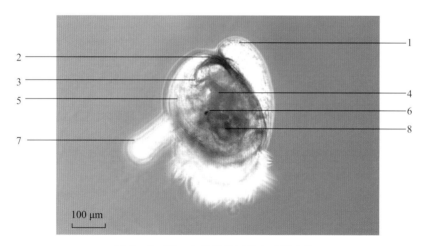

图 2-4-20　太平洋牡蛎足面盘幼虫期
1. 左壳顶　2. 右壳顶　3. 后闭壳肌　4. 鳃
5. 外套膜　6. 眼点　7. 足　8. 消化腺

4. 稚贝期

　　在水温 25 ℃，受精后 25 d，发育至稚贝（图 2-4-21），壳长规格约 500 μm。由幼虫阶段浮游生活转为稚贝阶段，分泌足丝营附着生活。足和眼点在附着后 2～3 d 内消失。外套膜分泌钙质的贝壳，形成含有钙质的次生壳。面盘开始退化，开始用鳃呼吸与摄食。水温和营养条件不同，幼虫到达附着期的时间不同。

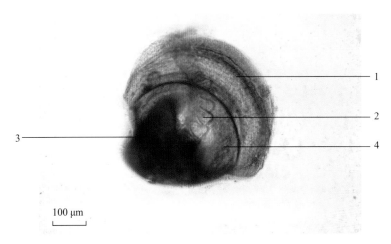

100 μm

图 2-4-21 太平洋牡蛎稚贝期

1. 次生壳　2. 鳃　3. 消化腺　4. 原壳

5. 幼贝期

在水温 25℃，受精后 30 d，发育至幼贝（图 2-4-22），壳长规格约 1 mm。此期，前闭壳肌消失，在形态上除了性腺尚未成熟外，其他形态、器官和生活方式均与成体一样，用其贝壳终生固着。

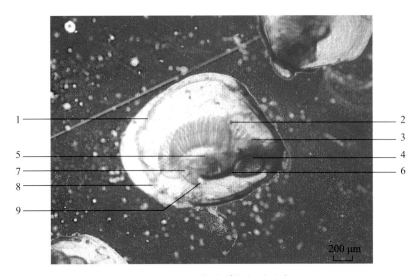

200 μm

图 2-4-22 太平洋牡蛎幼贝期

1. 外套膜　2. 鳃　3. 唇瓣　4. 消化腺　5. 肠　6. 胃　7. 后闭壳肌　8. 外套膜边缘融合　9. 肛门

五、魁 蚶

(一) 概述

1. 名称

魁蚶 *Scapharca broughtonii* (Schrenck, 1867)，俗称赤贝、血贝等。

2. 分类地位

软体动物门 Mollusca，瓣鳃纲 Lamellibranchia，蚶目 Arcoida，蚶科 Arcidae，蚶属 *Scapharca*，魁蚶 *Scapharca broughtonii*。

3. 形态结构

属于大型贝类，魁蚶身体侧扁，左右两壳近相等，壳质坚实而厚，外形呈斜卵圆形，壳长 80~100 mm，大者可达 130 mm 以上。壳表具放射肋 42~48 条，多为 43 条，放射肋宽扁而平滑，无明显结节或突起；背缘直，两侧呈钝角，前端及敷面边缘圆，后端延伸。壳面白色，被棕黑色绒毛状表皮。壳内面灰白色，壳缘有毛，边缘具齿。铰合部直，具铰合齿约 70 枚 (图 2-5-1)。

图 2-5-1 魁蚶外形图

魁蚶的软体部主要包括足、闭壳肌、外套膜、鳃、内脏团这几大部分。斧状足用于支持身体运动、潜沙等。闭壳肌收缩时可使壳闭合，放松时借韧带的弹力可使壳张开。外套膜与鳃相互配合，构成了魁蚶的呼吸系统，鳃不发达，为丝状。水流在体内的流径：外界—入水口—外套膜—鳃小孔—鳃腔—鳃上腔—出水口—外界。内脏团的组成比较复杂，集中了魁蚶的循环系统、消化系统、神经系统和排泄系统等各部分结构。

成体魁蚶规格大，营养价值高，口味鲜美，古书有言"令人能食、益血色、消血块和化痰积"之功效，讲的就是魁蚶。不仅如此，由魁蚶中提取的多肽类物质甚至被制成化妆品和各种保健品供人们使用，也有着较高的经济价值。

4. 地理分布

魁蚶广泛分布于太平洋西部沿岸，日本的北海道以南、朝鲜半岛、俄罗斯远东沿海南部、菲律宾。我国境内的魁蚶资源主要集中于黄渤海，以辽东半岛东南部、山东半岛北部和东部最多，渤海北部海域资源较为丰富。

5. 生态学特点

魁蚶为一种大型冷水性底栖滩涂贝类，营埋栖生活，多栖息于潮间带以下至水深 3~50 m 的海区，野生资源多分布于 20~40 m 水深，适宜水深 3~10 m。栖息环境多是软泥或泥沙质海底，用坚韧的足丝附着于泥沙中的石砾或死贝壳等物体上。无水管，借助贝壳后缘的开合及外套膜的排水作用，在底泥表面形成水孔，滤食海水中的浮游藻类，以浮游性硅藻为主，也摄食桡足类等浮游动物及有机碎屑。魁蚶为多年生贝类，寿命可达 10~15 年。对环境有较好的适应能力，生活水温范围为 −1~35 ℃，适宜水温 5~25 ℃。耐盐范围为 20~40，适宜盐度为 26~32。我国于 20 世纪 80 年代初开始研究魁蚶的人工育苗，1983 年大连水产学院对魁蚶进行了一系列包括育苗、中间育成等研究，并在校外海区进行底播试养。90 年代，我国开展了大量魁蚶增养殖相关的试验，至今已有规模化养殖，并取得了可观的经济效益。

6. 繁殖习性

魁蚶营体外受精、体外发育的生殖方式。性腺成熟时，雌蚶性腺呈桃红色，雄蚶性腺呈乳白色，外观无法区分雌雄。魁蚶在我国北方的繁殖季节是 6—10 月，7—8 月是繁殖盛期。当积温达 470 ℃左右时，亲蚶性腺发育成熟。最佳产卵水温 18~24 ℃，该温度范围内其产卵量大、质量好，卵子受精率、孵化率及幼虫变态附着率均较高。繁殖过程中，雄蚶先排精（图 2-5-2），诱导雌蚶排卵（图 2-5-3），精卵结合完成受精。

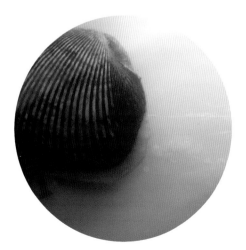

图 2-5-2　魁蚶排放精子

图 2-5-3　魁蚶产卵

（二）发育

1. 胚胎发育

（1）受精卵。魁蚶的受精卵为正圆形，在 20～21 ℃下，受精 45 min 后放出第 1 极体，此时的卵母细胞被分裂成一个次级卵母细胞和一个第 1 极体（图 2-5-4）。70 min 后，受精卵放出第 2 极体（图 2-5-5）。

（2）卵裂。魁蚶的卵裂为不均等螺旋卵裂，早期卵裂伴随极叶的生成。发育水温为 22～25 ℃。

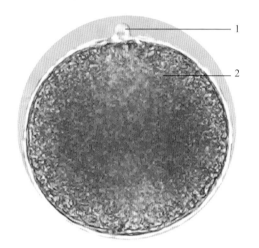

图 2-5-4　魁蚶受精卵释放第 1 极体
1. 第 1 极体　2. 受精卵

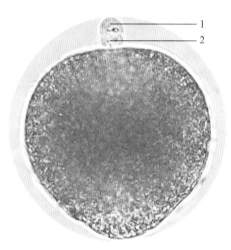

图 2-5-5　魁蚶受精卵释放第 2 极体
1. 第 1 极体　2. 第 2 极体

① 2 细胞期。受精后 80 min 左右开始第 1 次分裂，有梨状的极叶形成（图 2-5-6），然后受精卵中间位置出现明显的卵裂沟（图 2-5-7），进入 2 细胞期。

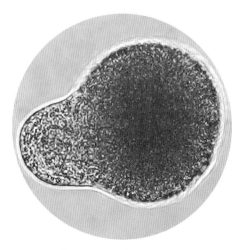

图 2-5-6　魁蚶极叶形成

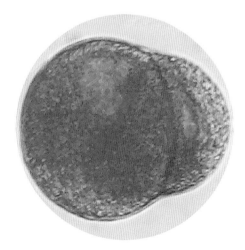

图 2-5-7　魁蚶 2 细胞期

② 4 细胞期。受精后 1.5 h 左右，受精卵完成第 2 次有丝分裂过程，形成 4 细胞（图 2-5-8）。

③ 8 细胞期。受精后 2 h 20 min 左右，进入 8 细胞期，有上下两层细胞（图 2-5-9）。

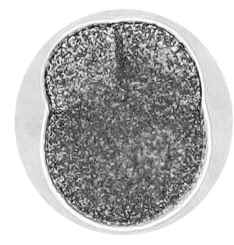

图 2-5-8　魁蚶 4 细胞期

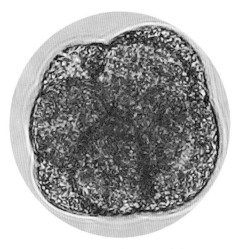

图 2-5-9　魁蚶 8 细胞期

④ 多细胞期。后经 16 细胞期（图 2-5-10）、32 细胞期（图 2-5-11）、64 细胞期（图 2-5-12），约 7 h 后进入囊胚期。

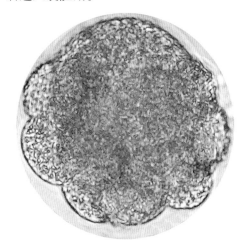

图 2-5-10　魁蚶 16 细胞期

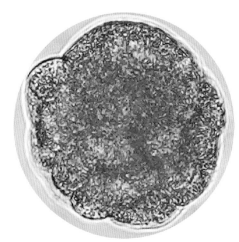

图 2-5-11　魁蚶 32 细胞期

图 2-5-12　魁蚶 64 细胞期

（3）囊胚期。在水温 22～25 ℃下，受精后 7 h 左右达囊胚期（图 2‑5‑13），此时胚胎表面不甚规则。

（4）原肠胚期。在水温 22～25 ℃下，受精后 9～10 h 后进入原肠胚期，此时胚胎表面长出纤毛，靠纤毛摆动能够在膜内快速旋转（图 2‑5‑14）。

图 2‑5‑13　魁蚶囊胚期

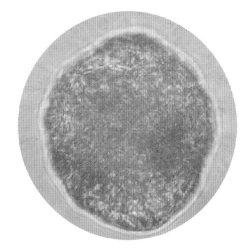
图 2‑5‑14　魁蚶原肠胚期

2. 幼虫发育

魁蚶的幼虫包括担轮幼虫和面盘幼虫。

（1）担轮幼虫。在发育水温 22～25 ℃下，受精后 15 h，胚胎孵化，发育成担轮幼虫。担轮幼虫发育过程与海湾扇贝类似，胚壳逐渐生成，消化系统逐步完善，向水面浮起（图 2‑5‑15）。

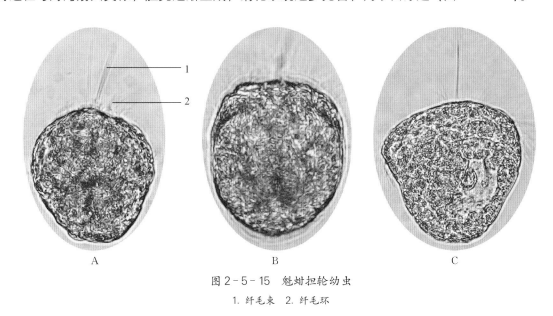

A　　　　　　　　　　　B　　　　　　　　　　　C

图 2‑5‑15　魁蚶担轮幼虫
1. 纤毛束　2. 纤毛环

（2）面盘幼虫。在水温 22～25 ℃条件下，受精后 22 h，进入面盘幼虫期。面盘幼虫又分为 D 形幼虫、壳顶幼虫和匍匐幼虫。

① D 形幼虫。又分为早期 D 形幼虫和晚期 D 形幼虫。

早期 D 形幼虫：壳长 83～89 μm，胚壳刚分泌形成，尚未完全包裹住软体部（图 2‑5‑16）。

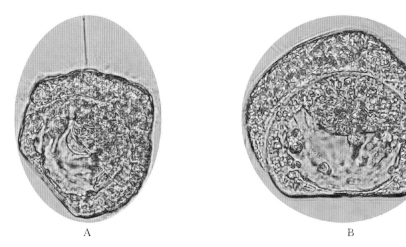

图 2-5-16　魁蚶早期 D 形幼虫

晚期 D 形幼虫：孵化 2 d 后，幼虫铰合部呈明显的直线状，消化道基本发育完成，此时壳长90～125 μm，幼虫的卵黄营养消耗殆尽，消化道贯通，开始摄食（图 2-5-17 至图 2-5-19）。

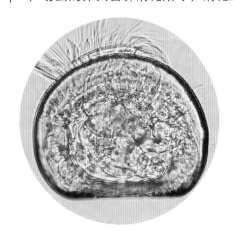

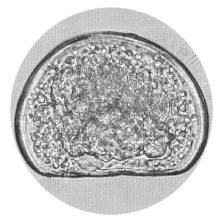

图 2-5-17　魁蚶晚期 D 形幼虫（壳长 90 μm）　　图 2-5-18　魁蚶晚期 D 形幼虫（壳长 100 μm）

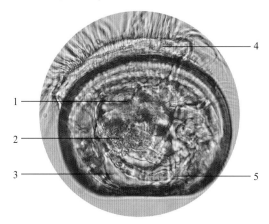

图 2-5-19　处于摄食状态的魁蚶 D 形幼虫（壳长 110 μm）

1. 消化盲囊　2. 胃　3. 外套腔　4. 面盘　5. 直肠

② 壳顶幼虫。壳顶幼虫又分为初期壳顶幼虫、中期壳顶幼虫和后期壳顶幼虫。

初期壳顶幼虫：孵化后 10 d 左右，幼虫进入壳顶期，此时幼虫铰合部壳顶隆起变圆，整个幼虫也由 D 形幼虫的 D 形变为接近圆形，两侧对称（图 2-5-20）。

中期壳顶幼虫：孵化后 15～16 d，幼虫壳长达到 155 μm 以上时，进入壳顶中期，此时幼虫面盘发达，游动能力强，铰合线被壳顶遮住，外形进一步变圆，出现明显的足原基（图 2-5-21 和图 2-5-22）。

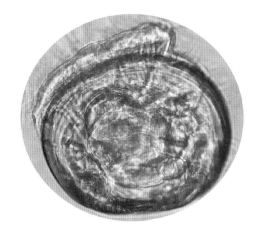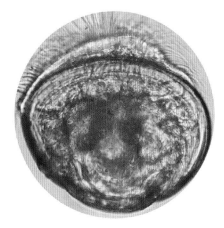

图 2-5-20　魁蚶初期壳顶幼虫（壳长 130 μm）　　　图 2-5-21　魁蚶中期壳顶幼虫（壳长 170 μm）

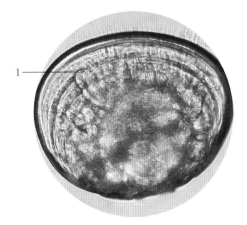

图 2-5-22　魁蚶中期壳顶幼虫（壳长 170 μm）
1. 原始足

后期壳顶幼虫：孵化后 20～22 d，壳长达 204 μm 以上时，幼虫进入壳顶后期。此时，幼虫壳顶突出，足发达，游泳时不时伸出壳外，隐约可见鳃原基，眼点和 1 对平衡囊逐渐清晰可见（图 2-5-23 和图 2-5-24）。

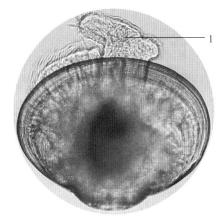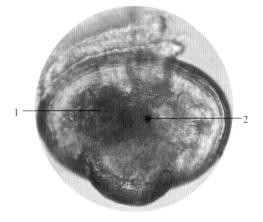

图 2-5-23　魁蚶后期壳顶幼虫（壳长 250 μm）　　　图 2-5-24　魁蚶后期壳顶幼虫眼点生出（壳长 250 μm）
1. 足　　　　　　　　　　　　　　　　　　　　　1. 消化盲囊　2. 眼点

③ 匍匐幼虫。孵化后 22～24 d，壳长达 255 μm 以上时，幼虫变态进入匍匐生长阶段。此时，面盘逐渐退化，失去游泳能力，足部发达，鳃原基明显，在壳的边缘逐渐长出次生壳，外形隐隐有成贝的影子（图 2-5-25）。

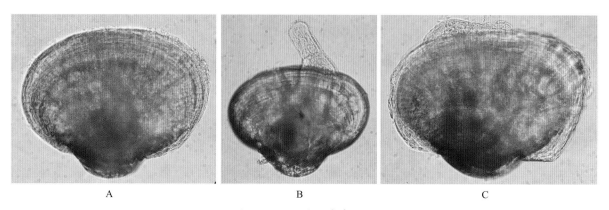

A   B   C

图 2-5-25　魁蚶匍匐幼虫
A. 壳长 290 μm　B. 壳长 300 μm　C. 壳长 320 μm

3. 稚贝期

幼虫附着 2～3 d 即孵化后的 26～28 d 以后，生出次生壳逐渐取代原始的壳，之后放射肋逐渐形成，鳃丝发达，消化器官完善，进入稚贝期（图 2-5-26 和图 2-5-27）。

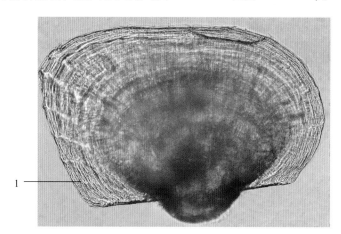

1

图 2-5-26　魁蚶稚贝（壳长 350 μm）
1. 次生壳

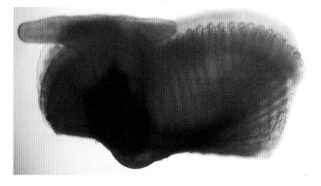

图 2-5-27　魁蚶稚贝（壳长 950 μm）

4. 幼贝期

经过稚贝阶段 1～2 个月后，稚贝逐渐变态为幼贝，此时贝壳渐渐变厚，壳表面的放射肋形成，绒毛表皮生出，体内各器官逐渐发育完成，后期外观与成贝无异（图 2‑5‑28）。

图 2‑5‑28　魁蚶幼贝

六、海湾扇贝

（一）概述

1. 名称

海湾扇贝 *Argopecten irradians* （Lamarck，1819）。

2. 分类地位

软体动物门 Mollusca，瓣鳃纲 Lamellibranchia，翼形亚纲 Ptrimorphia，珍珠贝目 Pterioidae，扇贝科 Pectinidae，海湾扇贝属 *Argopecten*，海湾扇贝 *Argopecten irradians*。

3. 形态结构

贝壳中等大小，壳长多为 50～70 mm，最大 80 mm 以上，近圆形。右壳表面多为灰褐色或浅黄色，也有部分粉色、橙黄色、粉紫色等，具深褐色或紫褐色花斑；左壳颜色较淡，接近白色，生长线明显。两壳面均较凸，壳质较薄，具放射肋 18～20 条，肋圆，光滑，肋上小棘较平。左壳肋较窄，肋间距稍宽，右壳肋间距较宽。壳内面近白色，略光泽，有与壳面相应的肋沟，闭壳肌痕略显。两壳及壳两侧略等。壳顶稍低，不突出背缘。左壳两耳略等，右壳前耳较后耳小，具足丝孔和细栉齿（图 2-6-1）。

图 2-6-1　海湾扇贝外形图（右壳）

1. 壳缘　2. 放射肋　3. 小棘　4. 后耳　5. 壳顶　6. 前耳

成体前闭壳肌退化，后闭壳肌发达，肉质细嫩，即人们所食用的"贝柱"。外套膜具膜缘，外套眼较大。铰合部细长。以4片瓣状鳃作为呼吸器官，滤食性，消化系统较简单，由唇瓣、口、食道、胃、肠、直肠、肛门组成，消化腺（肝）发达。开管循环，神经系统不发达。雌雄同体，生殖腺在生殖季节发达，体积增大（图2-6-2）。

图2-6-2　海湾扇贝解剖图

1. 外套触手　2. 外套膜　3. 卵巢　4. 精巢　5. 肾　6. 足丝孔　7. 内韧带　8. 外套眼
9. 鳃　10. 生殖腺黑膜　11. 肛门　12. 直肠　13. 闭壳肌　14. 消化腺

4. 地理分布

分布于大西洋西海岸，从加拿大南部的新斯科舍半岛经美国科德角向南延伸至新泽西州和北卡罗来纳州均有分布。多栖息在潮间带泥沙质海底，有大叶藻的浅海海湾常见。中国科学院海洋研究所于20世纪80年代初从美国弗吉尼亚引进中国进行人工养殖，在山东、河北、辽宁等地逐渐形成了规模化的养殖产业，创造了巨大的经济效益和社会效益。

5. 生态学特点

营滤食性生活，主要以海水中的单细胞藻类、有机碎屑等为食。幼虫期浮游生活，变态为稚贝后可分泌足丝附着生活。成体足丝退化，常以右壳平躺于海底，可通过开闭双壳自由游动。耐温范围为-1～32℃，最适温度22℃，生长的低限水温为3～10℃；耐盐范围为19～44，最适盐度为25～31。

6. 繁殖特点

海湾扇贝为雌雄同体，其性成熟年龄通常小于1年，最高寿命为2.5年。最小性成熟个体壳高仅2.2cm，健康优质的亲本个体通常壳高大于5.5cm，壳厚2cm以上，湿重可达30g，性腺指数10%以上。性腺发育初期，其性腺外侧会有一层黑膜，随个体的逐渐发育，该黑膜会逐渐褪去。至性腺发育成熟，性腺指数往往可达17%以上，有效积温150～200℃·d，黑膜基本消退，精巢呈乳白色，卵巢呈橘红色。

自然状态下，一年有夏、秋两个繁殖期，但主要在夏季，夏季从5月中旬至7月中旬，秋季在8月下旬至9月中旬。当达到足够的有效积温，水温20℃左右时即可开始产卵。通常雌雄同体生物自体的精、卵不能完成受精或者因成熟时间不同没有机会进行结合，海湾扇贝却既可以自体受精也能异体受精。人们利用该特性开展自交家系选育研究，经自交快速淘汰不良基因，纯化有利基因，使优良性状得到固化并遗传给后代，以获得优良品种或提纯复壮，"中科红海湾扇贝"即为在此基础上建立的新品种。

(二) 发育

1. 胚胎发育

（1）受精卵。海湾扇贝的卵在卵巢中相互挤压，形状不规则（图2-6-3），但产出后，逐渐变为正圆形，直径63 μm左右。受精后卵吸水膨胀，受精膜举起（图2-6-4）。水温23 ℃条件下，受精后15～20 min，放出第1极体，20～25 min放出第2极体（图2-6-5和图2-6-6）。

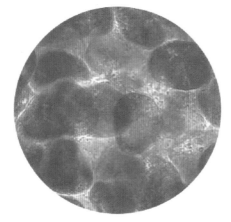
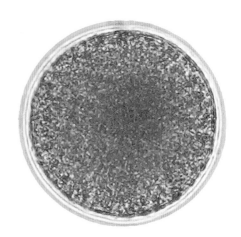

图2-6-3 海湾扇贝卵巢中成熟的卵母细胞　　　　　图2-6-4 海湾扇贝受精卵

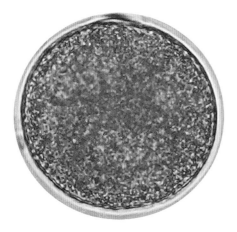
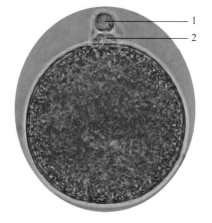

图2-6-5 海湾扇贝受精卵极体释放前　　　图2-6-6 海湾扇贝受精卵极体放出
　　　　　　　　　　　　　　　　　　　1. 第1极体　2. 第2极体

（2）卵裂期。海湾扇贝的卵裂为螺旋卵裂，在水温23 ℃下，需4～4.5 h完成卵裂过程。

①2细胞期。受精后1 h 15 min开始出现卵裂。此过程伴随着细胞质的流动，植物极下降，形成第1极叶（图2-6-7），第1次卵裂之后形成2个大小不等的分裂球（图2-6-8）。

②4细胞期。受精后2 h 10 min，开始第2次卵裂，将前一次的2个细胞分裂成两大两小4个细胞，大细胞所含卵黄较多（图2-6-9）。

③8细胞期。受精后3 h，形成8细胞，随卵裂次数增加，细胞数量不断倍增，体积逐渐减小（图2-6-10）。

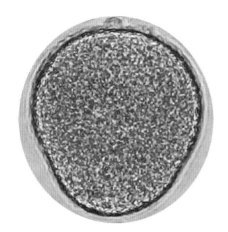

图 2-6-7　海湾扇贝极叶

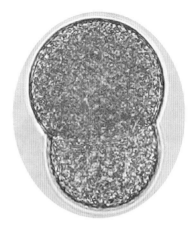

图 2-6-8　海湾扇贝 2 细胞期

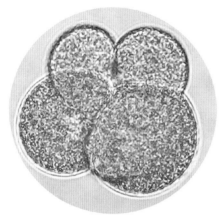

图 2-6-9　海湾扇贝 4 细胞期

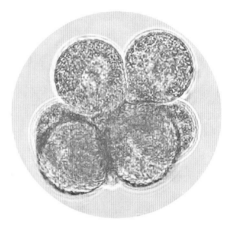

图 2-6-10　海湾扇贝 8 细胞期

④ 16 细胞期。受精后 3 h 20 min，形成 16 细胞（图 2-6-11）。

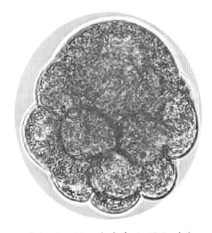

图 2-6-11　海湾扇贝 16 细胞期

⑤ 32 细胞期。受精后 3 h 40 min，形成 32 细胞（图 2-6-12）。
⑥ 64 细胞期。受精后 4～4.5 h，到达 64 细胞期（图 2-6-13）。

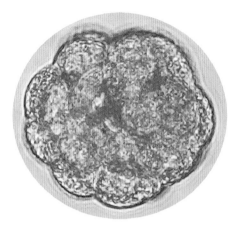

图 2-6-12　海湾扇贝 32 细胞期

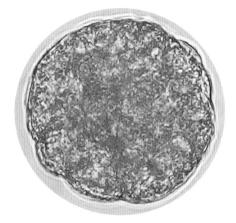

图 2-6-13　海湾扇贝 64 细胞期

（3）囊胚期。在水温 23 ℃下，受精后 5 h 发育为囊胚期。囊胚期的整个胚胎外观细胞间界限模糊，呈较光滑的圆球形（图 2-6-14）。囊胚中央有囊胚腔。9 h 左右囊胚可借助纤毛在膜内旋转。之后部分细胞内陷形成原肠胚，发生过程中胚孔形成。

（4）原肠胚期。在水温 23 ℃下，受精后 9 h 左右，形成原肠胚，早期植物极部分细胞内陷形成原肠腔和胚孔，晚期胚胎表面具有很多纤毛，能快速旋转（图 2-6-15）。

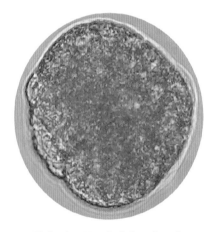

图 2-6-14　海湾扇贝囊胚期

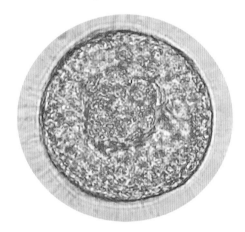

图 2-6-15　海湾扇贝原肠胚期

2. 幼虫期

海湾扇贝幼虫发育期经历担轮幼虫、面盘幼虫两个阶段发育到稚贝。其中，面盘幼虫又分为直线铰合幼虫（D 形幼虫）、壳顶幼虫、匍匐幼虫。

（1）担轮幼虫。原肠胚破膜孵化为担轮幼虫。幼虫具有纤毛环和顶纤毛束，可自由游动（图 2-6-16）。胚孔发育为口，但消化道尚未发育完全，暂不摄食。此时的幼虫出现壳腺，逐渐开始分泌贝壳（图 2-6-17）。在水温 23 ℃下，受精后约 17 h 发育为担轮幼虫。

（2）面盘幼虫。

① 直线铰合期幼虫（D 形幼虫）。在水温 23 ℃下，受精后 23 h 左右。幼虫的壳完全包住软体部分，壳长 90 μm。前闭壳肌出现，面盘出现，逐渐发达。此阶段称为直线铰合期或 D 形幼虫期（图 2-6-18 至图 2-6-20）。受精后第 3 d，壳长 115 μm，幼虫面盘发达，胃发育明显，内有许多纤毛，消化道贯通，出现消化盲囊（图 2-6-21），开始摄食。透过幼虫薄而透明的壳可发现食物团

在胃内旋转。随幼虫发育，口向前背部移动，肠加长，肛门后移，足逐渐发育完全（图2-6-22和图2-6-23）。

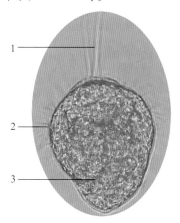
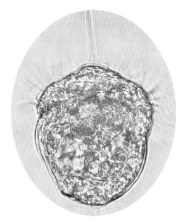
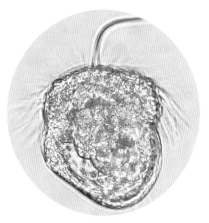

图2-6-16　海湾扇贝担轮幼虫　　图2-6-17　开始分泌壳的担轮幼虫　图2-6-18　海湾扇贝早期D形幼虫正面观

1. 纤毛束　2. 纤毛环　3. 原口

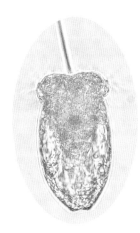

图2-6-19　海湾扇贝早期D　图2-6-20　消化道未打通的D形幼虫　　　图2-6-21　孵化后3 d的D形幼虫

　　　形幼虫侧面观　　　　　　　　1. 面盘　　　　　　　　　　　　1. 消化盲囊　2. 口　3. 肛门　4. 胃

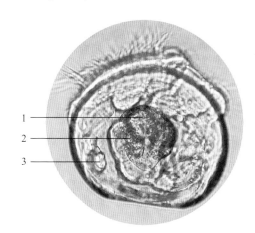
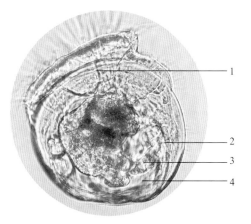

图2-6-22　海湾扇贝足原基形成的D形幼虫　　　　图2-6-23　海湾扇贝晚期D形幼虫

　1. 消化盲囊　2. 原始足　3. 前闭壳肌　　　　　　1. 口　2. 肛门　3. 直肠　4. 外套腔

② 壳顶幼虫。壳顶幼虫又分为早期壳顶幼虫、中期壳顶幼虫和晚期壳顶幼虫。

早期壳顶幼虫：幼虫铰合线开始隆起的时期进入壳顶期（图2-6-24），孵化后4～5 d，壳长

$135\sim145\ \mu m$，此时的幼虫出现足原基，出现前后 2 个闭壳肌。

中期壳顶幼虫：孵化后 $5\sim6\ d$，壳长 $150\sim165\ \mu m$，壳顶显著隆起，足十分明显（图 2 - 6 - 25）。

 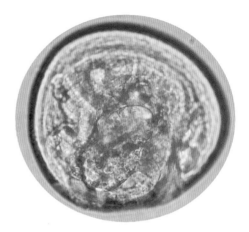

图 2 - 6 - 24　海湾扇贝早期壳顶幼虫　　　　图 2 - 6 - 25　海湾扇贝中期壳顶幼虫

晚期壳顶幼虫：孵化后 $7\sim8\ d$，壳长 $170\sim180\ \mu m$（图 2 - 6 - 26），生长速度快的可达 $190\sim200\ \mu m$（图 2 - 6 - 27），铰合线被壳顶遮住，幼虫开始呈卵圆形，口移向背部，肠明显加长，足靠近口部发育，在足的两侧可见 1 对平衡囊（眼点）。面盘占身体比例明显减小。后期足部发达，足底可见明显纤毛，游泳时足常伸出壳外。

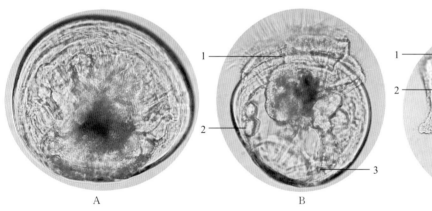 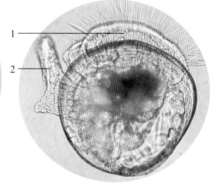

图 2 - 6 - 26　海湾扇贝晚期壳顶幼虫（壳长 170 μm）　　图 2 - 6 - 27　海湾扇贝晚期壳顶幼虫

1. 口　2. 闭壳肌　3. 肛门　　　　　　　　　　　　　（壳长 199 μm）

1. 面盘　2. 足

③ 匍匐幼虫：孵化后 $8\sim9\ d$，至幼虫壳长平均 $180\ \mu m$ 以上时（大者 $200\sim220\ \mu m$），随眼点颜色加深变大，足逐渐发达，幼虫开始由浮游生活过渡到附着生活。此时的幼虫足呈棒状，可自由伸缩，处于半浮游半匍匐状态，不时寻找附着基附着，称为匍匐幼虫（图 2 - 6 - 28 和图 2 - 6 - 29）。

3. 稚贝期

孵化 $10\sim11\ d$ 后，面盘纤毛逐渐脱落，鳃丝形成，口完全移动到成体位置，次生壳开始形成，壳长 $230\ \mu m$，进入稚贝发育阶段（图 2 - 6 - 30）。以后鳃逐渐发育，消化器官分化，消化腺出现，后闭壳肌明显，次生壳进一步生成，并有放射肋出现，贝壳的外形越来越接近成体。鳃、壳也逐渐长大，完成变态（图 2 - 6 - 31 至图 2 - 6 - 33）。

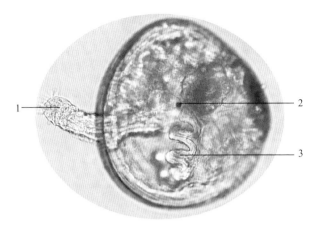

图2-6-28 海湾扇贝早期匍匐幼虫

1. 足 2. 眼点 3. 鳃原基

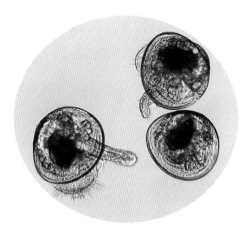

图2-6-29 海湾扇贝投放附着基时的幼虫

（壳长200 μm）

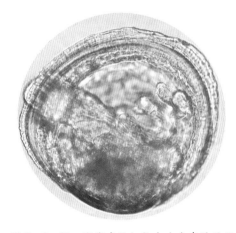

图2-6-30 海湾扇贝初长出次生壳的稚贝

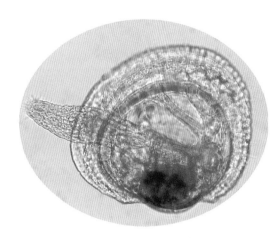

图2-6-31 海湾扇贝出现外套触须的稚贝

（壳长300 μm）

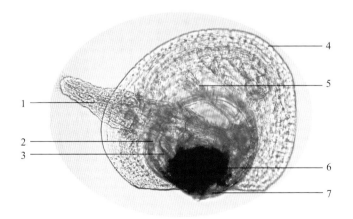

图2-6-32 海湾扇贝出现足丝槽的稚贝（壳长400 μm）

1. 足 2. 唇瓣 3. 口 4. 次生壳

5. 鳃丝 6. 消化腺 7. 胚壳

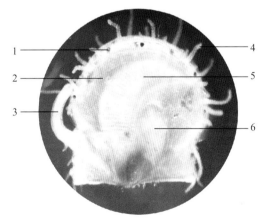

图2-6-33 海湾扇贝出现放射肋的稚贝

1. 外套眼 2. 有放射肋的贝壳 3. 足

4. 触手 5. 鳃 6. 后闭壳肌

115

七、中国明对虾

（一）概述

1. 名称

中国明对虾 *Fenneropenaeus chinensis*（Osbeck，1765），又称中国对虾。

2. 分类地位

节肢动物门 Arthropoda，甲壳亚门 Crustacea，软甲纲 Malacostraca，十足目 Decapoda，对虾科 Penacidae，明对虾属 *Fenneropenaeus*，中国明对虾 *Fenneropenaeus chinensis*。

3. 形态结构

中国明对虾体为长形，侧扁，外被较薄的甲壳，分为头胸部和腹部。头胸部由头胸甲包被，前缘中央向前突出形成额剑，额剑上下缘有齿。位于眼柄末端的 1 对复眼从头胸甲伸出。身体分节，由 20 个体节组成。头胸部有 13 个体节，腹部包括尾节在内有 7 个体节。附肢 19 对，包括第 1 触角、第 2 触角、大额、第 1 小额、第 2 小额以及 3 对额足、5 对步足、5 对游泳足和尾肢，尾肢和尾节构成尾扇。雄性第 1 步足的内肢特化成雄性交接器；雌性第 4、5 对步足基部特化成纳精囊。雄性生殖孔位于第 5 对步足基部；雌性生殖孔位于第 3 对步足基部。成体虾体呈青色，雌虾个体大于雄虾。旧时，因为成对出售，所以称为对虾（图 2-7-1）。

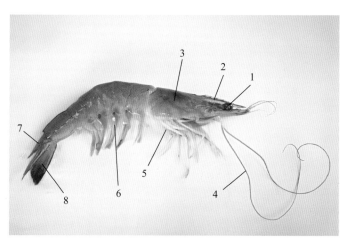

图 2-7-1 中国明对虾外形图
1. 头胸甲 2. 额剑 3. 眼 4. 触鞭 5. 步足
6. 游泳足 7. 尾节 8. 尾肢

消化器官主要位于头胸甲内，包括口、食道、胃、肝胰腺、肠，肠沿腹部后伸。精巢和卵巢均是分叶状的，成对排列，位于头胸甲内，而卵巢沿腹部背面伸出一叶。此外，头胸甲内还有鳃、心脏以

及类淋巴器官等。

4. 地理分布

主要分布于我国渤海和黄海长江口以北的地区（如山东、辽宁、河北），以及朝鲜西部沿海地区。我国东海及南海珠江口近海也有少量分布。

5. 生态学特点

中国明对虾属广温、广盐性的种类。黄渤海种群生活的水温范围在 8～26 ℃，最适水温 25 ℃左右。适宜盐度为 2～40，以 25～30 最好。喜欢夜间活动，白天通常隐蔽。以底栖甲壳类、多毛类等为食，是肉食为主的杂食性动物。具有洄游习性。每年 10 月之后，开始越冬洄游，到黄海东南部深海区越冬，来年春北上，回到黄渤海繁殖，又称为生殖洄游。同甲壳类的其他种类一样，中国明对虾生长过程中伴随着蜕皮。

6. 繁殖习性

对虾两性成熟期不同。在胶州湾自然海区，10 月下旬到 11 月初，雄虾性成熟，而雌虾要在来年 4—5 月性成熟。当雄虾性成熟后，即交配，将精荚送到雌虾纳精囊中。在繁殖季节雄虾可以多次交配。雌虾交配后不再蜕皮，直到卵巢成熟、产卵。交配后的雌虾于当年 12 月底由朝鲜半岛和我国的黄渤海成群结队地游到济州岛以西的深海区域越冬，然后从 2—3 月开始，自黄海开始向北洄游，进入渤海湾、莱州湾和辽东湾的咸淡水混合的河口地区产卵，进行繁殖活动。雌虾的排卵是分批进行的，在排卵的同时，储存在纳精囊中的精子相继排出，两者在海水中迅速完成受精。产卵量与个体大小和卵巢成熟度有关，产卵后大部分雌虾会死亡。

（二）发育

1. 卵子

卵子为圆形，浅橘黄色，直径 235～275 μm，属中黄卵，但卵黄含量较少。刚产出的卵子外有一层由黏液形成的胶质层（图 2-7-2）。

2. 胚胎发育

在水温 18～20 ℃ 的条件下，对虾胚胎发育经历受精、卵裂、囊胚、原肠胚、肢芽期和膜内无节幼虫 6 个时期，历时 30 h 孵化。

（1）受精卵。对虾卵子产出后 5～10 min，第 1 极体在动物极出现，20～25 min 后，出现第 2 极体。在第 1 极体释放后，受精膜逐渐举起，形成围卵腔。待第 2 极体释放后，受精卵达到最大直径 330～440 μm（图 2-7-3）。

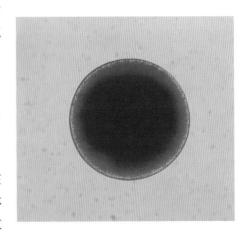

图 2-7-2 中国明对虾未受精卵

（2）卵裂期。在水温 18～20 ℃ 条件下，受精后 1 h，开始第 1 次卵裂，以后每隔半小时分裂一次。卵裂为完全卵裂，且分裂球大小均等。但中央部分的分裂沟不明显，分裂球的排列方式呈螺旋形。从第 1 次卵裂开始，在受精膜内又出现一层膜，包裹在胚体的外面。

① 2 细胞期。受精后约 1 h 开始第 1 次卵裂。第 1 次分裂为纵裂，形成 2 个分裂球（图 2-7-4）。

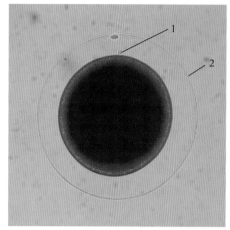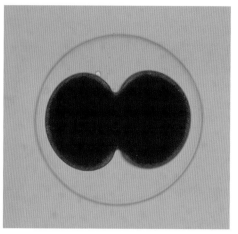

图 2-7-3　中国明对虾受精卵　　　　　　图 2-7-4　中国明对虾 2 细胞期

1. 极体　2. 受精膜

② 4 细胞期。受精后 1 h 30 min 开始第 2 次卵裂。第 2 次分裂仍为纵裂，与第 1 次分裂面垂直，形成 4 个分裂球（图 2-7-5）。

③ 8 细胞期。受精后约 2 h 开始第 3 次卵裂，第 3 次分裂为横裂，形成 8 个分裂球，上下两层细胞错位排列，表现出螺旋卵裂的特点（图 2-7-6）。

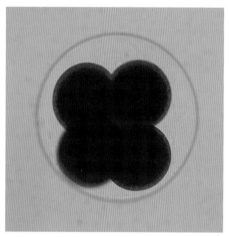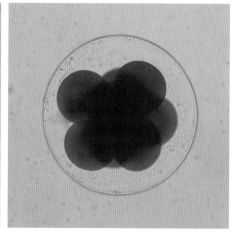

图 2-7-5　中国明对虾 4 细胞期　　　　　　图 2-7-6　中国明对虾 8 细胞期

④ 16 细胞期。受精后约 2 h 30 min，开始第 4 次卵裂。第 4 次分裂为纵裂，除细胞继续错位排列外，卵黄集中在各分裂球的中央（图 2-7-7）。

（3）囊胚期。受精后 3~4 h，分裂至 32 细胞时，到达囊胚期。胚体呈圆形，中央有一个囊胚腔（图 2-7-8）。

（4）原肠胚期。受精后 5~6 h 进入原肠胚期。在 64 细胞期，胚胎植物极开始变得扁平，并以内陷方式进行原肠作用，胚孔呈圆形，到 128 细胞时，胚孔缩小近似三角形。受精后 15~16 h，原肠作用完成（图 2-7-9 和图 2-7-10）。

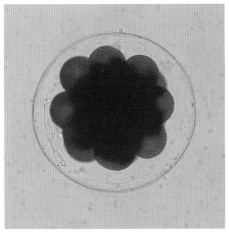

图2-7-7　中国明对虾16细胞期

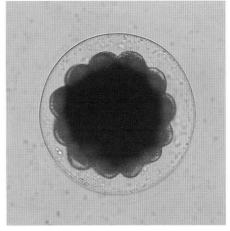

图2-7-8　中国明对虾囊胚

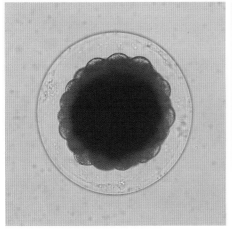

图2-7-9　中国明对虾原肠胚早期

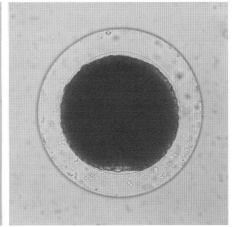

图2-7-10　中国明对虾原肠胚晚期

（5）肢芽期。受精后17～18 h，胚胎腹面依次出现第2触角原基、大颚原基和第1触角原基，并且这些附肢芽在逐渐长大（图2-7-11）。

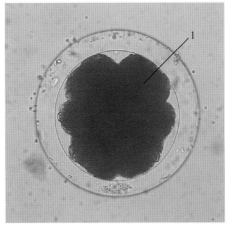

图2-7-11　中国明对虾肢芽期幼虫

1. 附肢芽

（6）膜内无节幼虫期。受精后23 h，第2触角和大颚分化出内肢和外肢，并在附肢的游离端长出刚毛。胚体的中央出现红色的眼点。胚胎开始在膜内转动（图2-7-12和图2-7-13）。

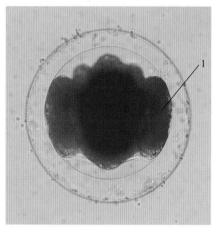 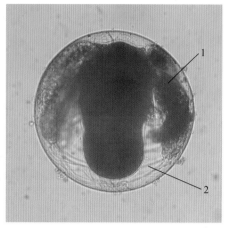

图2-7-12　中国明对虾早期膜内无节幼虫　图2-7-13　中国明对虾晚期膜内无节幼虫
　　　　　　　　　1. 附肢　　　　　　　　　　　　　　　　　1. 附肢　2. 刚毛

3. 幼虫发育

中国明对虾的幼虫发育经历无节幼虫、溞状幼虫和糠虾幼虫3个阶段。在幼虫发育过程中，伴随着蜕皮，即每蜕皮一次形态都有变化，所以每个幼虫发育阶段又可分为数期。在水温21～27 ℃的条件下，需要10～12 d发育至仔虾。

（1）无节幼虫。体呈卵圆形，不分节，具有第1触角、第2触角、大颚3对附肢，身体前端腹面中央有一红色眼点。至无节幼虫后期，出现第1小颚、第2小颚、第1颚足和第2颚足4对附肢芽，出现尾叉，体节有所增加。不摄食，营浮游生活，具有趋光性。在水温21～23 ℃条件下，无节幼虫经历4 d发育到溞状幼虫。在此期间，蜕皮6次，分为6期。各期典型特征如下：

Ⅰ期：尾棘1对，附肢刚毛光滑（图2-7-14）。

Ⅱ期：尾棘1对，附肢刚毛变成羽毛状（图2-7-15）。

Ⅲ期：尾棘3对，出现尾凹（图2-7-16）。

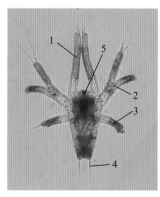 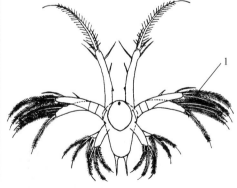 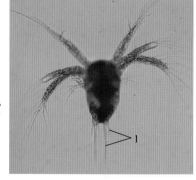

图2-7-14　中国明对虾　　　图2-7-15　中国明对虾Ⅱ期无节幼虫　　图2-7-16　中国明对虾Ⅲ期
　　　Ⅰ期无节幼虫　　　　　　　　（仿赵法箴）　　　　　　　　　　无节幼虫

1. 第1触角　2. 第2触角　　　　　1. 羽状刚毛　　　　　　　　　1. 尾棘

3. 眼点　4. 大颚　5. 尾棘

Ⅳ期：尾棘4对，出现4对附肢芽（图2-7-17）。

Ⅴ期：尾棘6对，出现头胸甲雏形（图2-7-18）。

Ⅵ期：尾棘7对，头胸甲雏形增大（图2-7-19）。

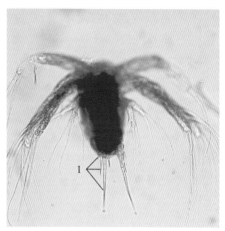

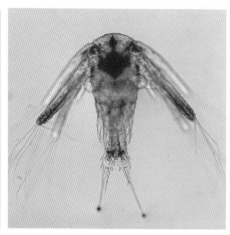

图2-7-17　中国明对虾Ⅳ期无节幼虫　　图2-7-18　中国明对虾　　图2-7-19　中国明对虾Ⅵ期无节幼虫

1. 尾棘　　　　　　　　　　　　Ⅴ期无节幼虫

1. 尾棘

（2）溞状幼虫。身体头部宽大，后部细长。身体分节明显，出现额剑和复眼，出现完整的口器和消化器官。颚足双肢型，尾肢生出，形成尾扇。开始摄食，以滤食性为主。营浮游生活，具趋光性。在水温21～23℃条件下，经历4d发育到糠虾幼虫。在此阶段，幼虫蜕皮3次，分为3期。各期典型特征如下：

Ⅰ期：无额剑，复眼位于头胸甲内，不能伸出自由活动（图2-7-20和图2-7-21）。

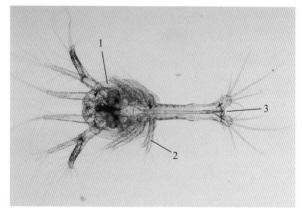

图2-7-20　中国明对虾Ⅰ期溞状幼虫腹面观

1. 头胸甲　2. 颚足　3. 尾凹

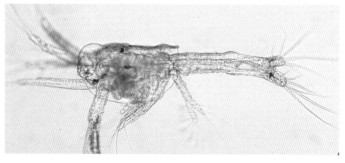

图2-7-21　中国明对虾Ⅰ期溞状幼虫侧面观

Ⅱ期：出现额剑，复眼具眼柄，可以伸出头胸甲外（图2-7-22至图2-7-24）。

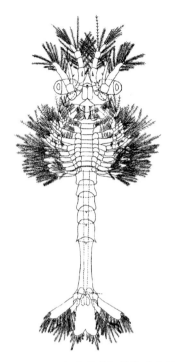

图2-7-22　中国明对虾Ⅱ期溞状幼虫
（仿赵法箴）

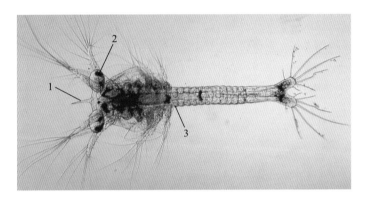

图2-7-23　中国明对虾Ⅱ期溞状幼虫腹面观
1. 额剑　2. 复眼　3. 步足芽

图2-7-24　中国明对虾Ⅱ期溞状幼虫侧面观

Ⅲ期：形成尾肢，并和尾节构成尾扇（图2-7-25和图2-7-26）。

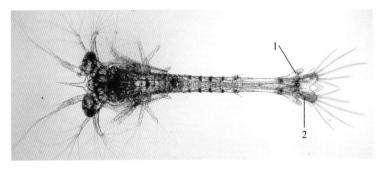

图2-7-25　中国明对虾Ⅲ期溞状幼虫背面观
1. 尾肢　2. 尾节

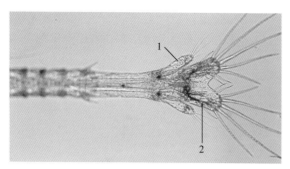

图 2 - 7 - 26　中国明对虾Ⅲ期溞状幼虫尾部
1. 尾肢　2. 尾节

（3）糠虾幼虫。头部和胸部愈合形成宽大的头胸部。腹部各节增大，尤其第 6 腹节显著伸长。头胸部与腹部分界明显。腹部附肢出现并发达。步足双肢型，内肢的长度逐渐超过外肢，并出现螯（钳）的构造，具有较强的扑食能力，以浮游动物为食。幼虫常在水体上层浮游，呈倒立状态。在水温 24～27 ℃条件下，经历 4 d 发育成仔虾。在糠虾幼虫阶段，幼虫蜕皮 3 次，分为 3 期。各期典型特征如下：

Ⅰ期：头部和胸部愈合成头胸部，游泳足肢芽出现，步足内肢比外肢短（图 2 - 7 - 27 至图 2 - 7 - 29）。

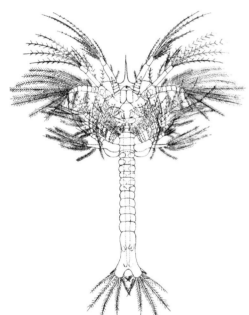

图 2 - 7 - 27　中国明对虾Ⅰ期糠虾幼虫
（仿赵法箴）

图 2 - 7 - 28　中国明对虾Ⅰ期糠虾幼虫背面观
1. 步足

图 2 - 7 - 29　中国明对虾Ⅰ期糠虾幼虫侧面观
1. 游泳足

Ⅱ期：游泳足伸长，分为两节。步足内肢明显增长，前3对出现钳的构造，后2对出现爪的构造。第3对步足内肢长于外肢（图2-7-30和图2-7-31）。

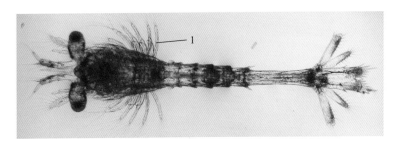

图2-7-30　中国明对虾Ⅱ期糠虾幼虫背面观
1. 步足

图2-7-31　中国明对虾Ⅱ期糠虾幼虫侧面观
1. 游泳足

Ⅲ期：游泳足明显增长似浆状，步足发达，内肢均比外肢长（图2-7-32和图2-7-33）。

图2-7-32　中国明对虾Ⅲ期糠虾幼虫背面观

图2-7-33　中国明对虾Ⅲ期糠虾幼虫侧面观

4. 仔虾期

仔虾又称后期幼虫。经蜕皮14次或更多，发育成幼虾。仔虾的形态与幼虾很相似。随蜕皮，额剑上下缘的齿数逐渐增多；交接器形成；尾部后缘的尾凹逐渐消失，尾节变尖。第1触角和第2触角的触鞭逐渐增长，节数增多（图2-7-34至图2-7-36）。依靠游泳足划水运动，遇到惊吓依靠腹部弓起后弹跳跃。在水温27～24℃条件下，每2 d蜕皮一次，经过10～12 d可生长到1 cm（图2-7-37）。

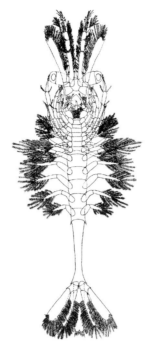

图2-7-34　中国明对虾 I 期仔虾（仿赵法箴）

图2-7-35　中国明对虾 I 期仔虾背面观

图2-7-36　中国明对虾 I 期仔虾侧面观

图2-7-37　中国明对虾 V 期仔虾

八、典型米虾

(一) 概述

1. 名称

典型米虾 *Caridina typus*，又称珍珠虾、大和藻虾。

2. 分类地位

节肢动物门 Arthropoda，甲壳亚门 Crustacea，软甲纲 Malacostraca，真虾总目 Eucarida，十足目 Decapoda，匙指虾科 Atyidae，米虾属 *Caridina*，典型米虾 *Caridina typus*。

3. 形态特征

典型米虾体长 2～4 cm。额角短而直，约伸至第 1 触角柄第 1 节末端到第 2 节中部，末半稍向下低垂，末端尖，略呈剑形；上缘光滑无齿；下缘具 1～4 齿，极少数个体可见 6 齿。头胸甲的前侧角圆，不具颊刺。腹部第 2 节较发达，侧甲宽大，前缘覆盖在第 1 腹节侧甲的后缘上方。尾节呈长方形，长约为末端宽的 3～4 倍，背侧具 4～7 对刺，约位于末端的 2/3。第 1 步足短粗，第 2 步足细长。雄性第 1 腹肢内肢略呈叶片状，内侧缘具细长的刺毛。第 2 腹肢呈棒状，约伸至内肢的 2/3（图 2-8-1）。

图 2-8-1 典型米虾的外形图

4. 地理分布

典型米虾主要分布于中国、日本、马达加斯加以及波利尼西亚群岛等地，喜栖息于具有岩石、鹅卵石底质的较大河流中。

5. 生态学特点

典型米虾习性温和，体色透明，喜食藻类和有机碎屑，具有洄游习性，对盐度适应性强，易于饲养，常作为水族箱中的"清道夫"，以及生态学与环境学研究的实验材料。

6. 繁殖习性

典型米虾通常在淡水中交配产卵，但其幼体孵化及发育需要在一定盐度水中进行（图2-8-2）。水温25.5℃时，受精卵孵化需要20 d左右。其孵化出的幼体为溞状幼体，经过9期变态发育为仔虾。研究表明，水温为27℃时，整个幼体发育过程经历（23±2）d。盐度15左右时，其溞状幼体发育至仔虾的存活率最高，而在盐度为0的条件下不能完成变态发育。

图2-8-2 抱卵的典型米虾

（二）发育

1. 胚胎发育

胚胎发育历经受精卵、卵裂期、囊胚期、原肠胚期、前无节幼体期、后无节幼体期、原溞状幼体期7个时期，最终孵化出溞状幼体。

（1）受精卵。呈青灰色，椭圆形，卵径0.45 mm×0.28 mm（长轴×短轴），卵黄丰富，外围一层无色的卵黄膜，也称为初级卵膜。刚产出的卵子外还有一层由黏液等外源物质形成的次级卵膜（图2-8-3）。

（2）卵裂期。呈深绿色，椭圆形，卵径0.47 mm×0.31 mm（长轴×短轴），卵裂期大概持续50 h左右。卵膜较为透明，其卵裂沟、细胞核、分裂球均较清楚（图2-8-4）。

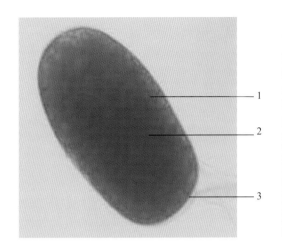

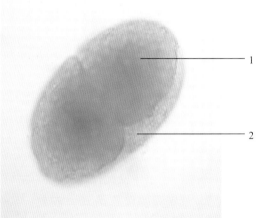

图 2-8-3 典型米虾受精卵
1. 次级卵膜 2. 卵黄 3. 卵柄

图 2-8-4 典型米虾卵裂期
1. 分裂球 2. 卵裂沟

　　（3）囊胚期。随着卵裂的不断进行，水温 25 ℃时，通常在产卵后第 3 d，胚胎的表面开始形成了一层囊胚细胞。此时卵仍然为深绿色，卵径 0.48 mm×0.31 mm（长轴×短轴）。囊胚层表面分泌出囊胚膜，位于卵黄膜下方（图 2-8-5）。

　　（4）原肠胚期。本期胚胎的一端出现月牙状透明区域，这是进入原肠胚期的重要标志（图 2-8-6）。囊胚细胞一部分由囊胚孔陷入，形成内胚层囊（原肠腔），未陷入的囊胚细胞部分成为外胚层。随着胚胎的发育，透明区域面积不断扩大。本期受精卵颜色仍为深绿色，但若仔细观察会发现颜色稍稍有些变浅，卵径略有增大，为 0.49 mm×0.33 mm（长轴×短轴）。

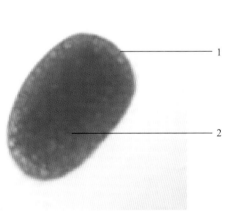

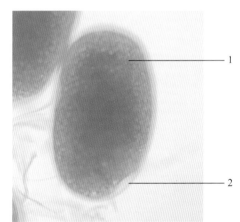

图 2-8-5 典型米虾囊胚期
1. 囊胚膜 2. 囊胚细胞

图 2-8-6 典型米虾原肠胚期
1. 囊胚细胞 2. 囊胚孔

　　（5）前无节幼体期。卵径明显增大，为 0.54 mm×0.35 mm（长轴×短轴），颜色明显浅于原肠胚期，呈浅绿色。卵一侧的透明区域约占整个卵的 1/4，可见附肢雏形，腹部出现分节。开始积累复眼色素，将发育为复眼（图 2-8-7）。

　　（6）后无节幼体期。受精卵产出后大约 8 d，进入后无节幼体期，从前无节幼体期发育到后无节幼体期大约需要 22 h。此期受精卵卵黄继续缩小，透明区域继续扩大，约占胚胎的 1/2。出现明显可见的黑色复眼，这是胚胎进入后无节幼体期的重要标志（图 2-8-8）。胚胎腹部透明区域隐约出现肠道。卵

黄减少，受精卵颜色继续变浅，呈浅灰绿色。卵径变化不明显，为 0.55 mm×0.35 mm（长轴×短轴）。

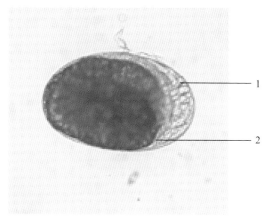

图 2-8-7　典型米虾前无节幼体

1. 胸腹部　2. 头部附肢

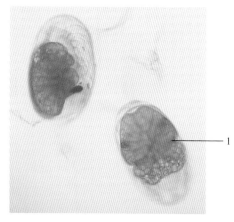

图 2-8-8　典型米虾后无节幼体

1. 复眼色素

（7）原溞状幼体期。受精卵产出后大约 10 d，进入原溞状幼体期。卵黄进一步减少，附肢继续发育，隐约可见分节。复眼增大，头部及胸部进一步发育分化。胸部背面的心脏开始跳动，但早期心率变化很大，心跳不均匀，会出现长时间间隔。后期心率逐渐稳定，每分钟 100 次左右。由于卵黄减少，本期受精卵颜色进一步变浅，呈现灰亮半透明状态。卵径与上期相比无明显变化。临近孵化的原溞状幼体在外力作用下可以提前破膜而出，但体质较弱，多为畸形，较难发育至下一期（图 2-8-9）。

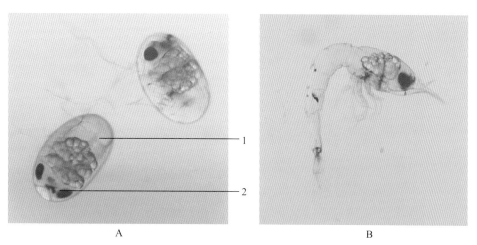

A   B

图 2-8-9　典型米虾原溞状幼体

A. 卵内的原溞状幼体期　B. 去卵膜的原溞状幼体期

1. 心区　2. 复眼

2. 幼体发育

典型米虾幼体发育只有溞状幼体一个发育阶段，其间蜕皮 9 次，每一次蜕皮发育的同时也伴随着形态的改变，其复眼、头胸部附肢、腹肢以及尾扇的形态特征变化可作为分期的依据。所以，溞状幼体又分为 9 期。刚孵化的幼体称为第 1 期溞状幼体（Z1），该期溞状幼体的复眼，没有眼柄，不能转动（图 2-8-10），而第 2 期溞状幼体的复眼则可以小幅转动（图 2-8-11）。Z2、Z3、Z4、Z5 的主要区别在尾节上，Z2 尾节分叉呈单枝型，Z3 尾节具外肢（图 2-8-12）。Z6 腹肢出芽，这是与 Z5 区别的重要特征（图 2-8-13）。

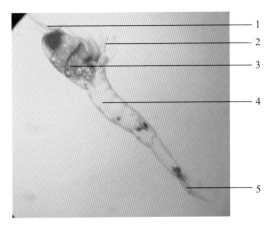

图 2-8-10　典型米虾第 1 期溞状幼体（Z1）

1. 第 2 触角　2. 胸部附肢　3. 头胸甲　4. 腹部　5. 尾肢

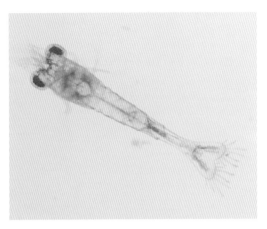

图 2-8-11　典型米虾第 2 期溞状幼体（Z2）

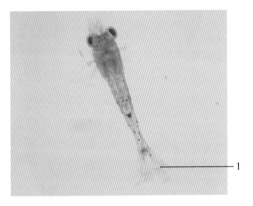

图 2-8-12　典型米虾第 3 期溞状幼体（Z3）

1. 外肢

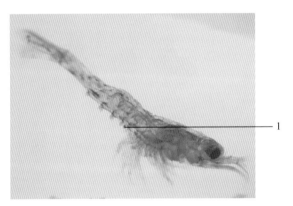

图 2-8-13　典型米虾第 6 期溞状幼体（Z6）

1. 腹肢

3. 仔虾

第 9 期溞状幼体（Z9）蜕壳 1 次即变为第 1 期仔虾（PL1），相比 Z9 最大的区别是生活习性的变化，Z9 的活动能力尽管相比 Z1 已经有了很大的提高，但还是浮游生活，而后期幼体则是底栖生活，可以不依靠水流向前正游（图 2-8-14）。

图 2-8-14　第 1 期仔虾

1. 第 1 触角　2. 第 2 触角　3. 步足　4. 腹肢　5. 尾肢

九、克氏原螯虾

(一) 概述

1. 名称

克氏原螯虾 *Procambarus clarkii*（Girard，1852），俗称小龙虾，又称红色沼泽螯虾或者淡水龙虾。

2. 分类地位

节肢动物门 Arthropoda，甲壳亚门 Crustacea，软甲纲 Malacostraca，十足目 Decapoda，螯虾科 Cambaridae，原螯虾属 *Procambarus*，克氏原螯虾 *Procambarus clarkii*。

3. 形态结构

体表具坚硬的外骨骼，身体分为头胸部和腹部，21 节组成，19 对附肢。头胸部由头部 6 节和胸部 8 节愈合而成，外披头胸甲。背侧向前伸出两侧具锯齿的额剑，额剑基部两侧各有一带眼柄的复眼。头胸部附肢有 13 对：头部 5 对，前 2 对为触角，后 3 对为口肢，分别为大颚和第 1、2 小颚；胸部 8 对，前 3 对为颚足，后 5 对为步（胸）足。腹部分节明显，包括尾节共计 7 节，附肢 6 对。尾肢与尾柄一起合称尾扇（图 2-9-1）。

性成熟后的雌、雄虾在外形上都显示出明显的性别差异。雄性个体大于雌性个体，雄虾螯足膨大，而雌虾螯足较小；雄虾第 1、第 2 腹足演变成白色、钙质的管状交接器，雌虾第 1 腹足退化，第 2 腹足羽状；雌虾第 3 步足基部有生殖孔，雄虾第 5 步足基部有生殖孔。

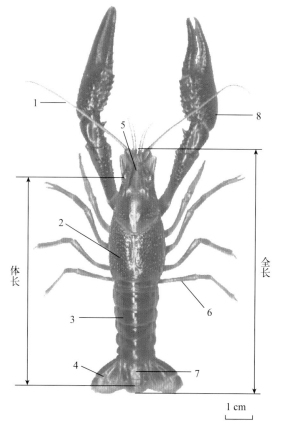

图 2-9-1 克氏原螯虾外形图

1. 大触角 2. 头胸甲 3. 腹部 4. 尾肢
5. 额剑 6. 胸足 7. 尾节 8. 螯足

131

4. 地理分布

原产于美国南部和墨西哥东北部（Hobbs，1974）。目前，除大洋洲与南极洲外，克氏原螯虾种群已广泛分布于其他5大洲的30多个国家和地区。

5. 生态学特点

克氏原螯虾对环境的适应能力很强，在湖泊、河流、池塘、河沟、水田均能生存，喜栖息于水草、树枝、石隙等隐蔽物中，其栖息地通常随季节的变化而出现季节性的移动。克氏原螯虾食性很杂，植物性饵料和动物性饵料均可食用，各种鲜嫩的水草、水体中的底栖动物、软体动物、大型浮游动物、各种鱼虾及同类的肉都是其喜食的饲料，对人工投喂的各种植物、动物下脚料及人工配合饲料也喜食。20世纪30年代传入我国，经过自然繁殖和人工养殖，已广泛分布于我国的各类水域，尤以长江中下游地区为多。

6. 繁殖习性

克氏原螯虾雌、雄异体，性成熟年龄为6～12个月，一年产卵一次，繁殖期时间跨度长，存在秋季产卵群体和春季产卵群体，主要集中在秋冬季交配、产卵和孵化，产卵高峰期为10—11月（徐增洪，2014）。在24～26 ℃的水温条件下，受精卵孵化后14～15 d，破膜成为幼体；在20～22 ℃的水温条件下，受精卵的孵化需20～25 d；10月底以后由于水温逐步降低，部分受精卵到第2年春季才孵化出膜。

(二) 发育

1. 胚胎发育

克氏原螯虾胚胎发育根据其形态特征可分为受精卵期、卵裂期、囊胚期、原肠胚期、卵内无节幼体期、卵内溞状幼体期6个时期。在水温25 ℃时，历时15～16 d孵化出膜，胚胎发育时序图及主要特征如下：

（1）受精卵。受精后的卵呈棕绿色，球形，含卵黄较多，不透明，卵径2 mm左右。质膜紧贴，卵质表面没有隆起（图2-9-2）。

（2）卵裂期。在水温25 ℃条件下，受精约8 h后，受精卵进入卵裂期，开始进行细胞分裂，方式为表面卵裂，同时卵质收缩，质膜分离，颜色略有加深。卵裂经历18 h（图2-9-3）。

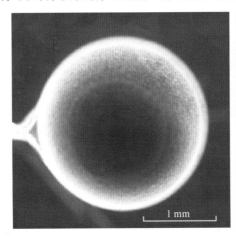 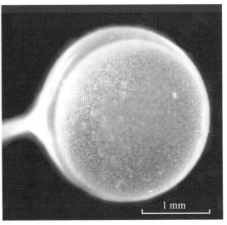

图2-9-2 克氏原螯虾受精卵　　　　　图2-9-3 克氏原螯虾卵裂期

（3）囊胚期。在水温 25 ℃条件下，受精 26 h 后，进入囊胚期，卵黄外周开始分裂，形成放射状排列的初级卵黄锥体，每个锥体表面有 1 个囊胚层细胞，为表面囊胚，且数量不断增多，卵黄中央部分不分裂，肉眼可见卵中央有一黄色发亮区域，即为中央质（图 2-9-4）。

受精 42 h 后，进入囊胚晚期，此时卵黄外周初级卵黄锥体逐渐消失，内部细胞则开始吸收卵黄，为下一阶段细胞内陷蓄积能量，颜色进一步加深（图 2-9-5）。

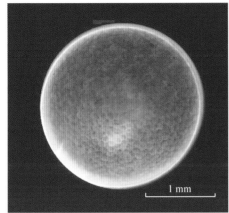
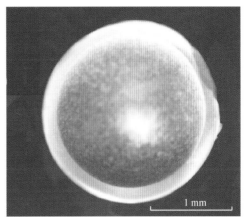

图 2-9-4　克氏原螯虾囊胚　　　　　　图 2-9-5　克氏原螯虾囊胚晚期

（4）原肠胚期。在水温 25 ℃条件下，受精 3 d 后，进入原肠胚早期。囊胚层细胞一部分从囊胚孔陷入，形成内胚层囊，未陷入的囊胚层部分则形成外胚层（图 2-9-6）。

受精 4 d 后，胚胎腹面后端中线处，先有一个由囊胚层加厚而形成的小圆形区，即内胚层原基。然后，在此原基前缘出现一个半环形沟，即为胚孔。内陷从这里开始，陷入的内胚层细胞不断吸收卵黄，从内向外扩展，靠近外胚层。最后呈圆柱形，内端部分充满卵黄（图 2-9-7）。

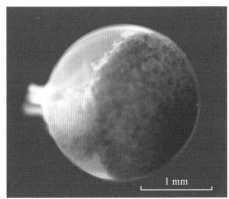
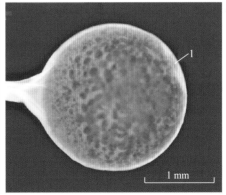

图 2-9-6　克氏原螯虾原肠胚早期　　　图 2-9-7　克氏原螯虾原肠胚中期

1. 胚孔

受精 6 d 后，进入原肠胚后期，胚孔前方两侧细胞迅速增殖，聚集成 2 个呈对称分布的细胞团，即为视叶原基，将来发育成 1 对复眼。原肠胚阶段卵呈圆球形，卵径无显著变化，颜色为灰褐色（图 2-9-8）。

（5）卵内无节幼体期。在水温 25 ℃条件下，受精 8 d 后，在胸腹褶与视叶原基之间，形成左右对称分布的 2 个细胞团，并持续增大，发育成大颚原基，在靠近大颚原基的位置，出现 1 对细胞群突起，此为大触角原基；随后，在大触角原基与视叶原基之间又出现一对细胞群突起，为小触角原基。这种具备

2 对触角原基与 1 对大颚原基的胚胎时期就是卵内无节幼体期，胚胎颜色为红褐色（图 2 - 9 - 9）。

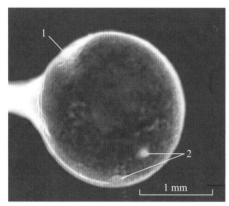

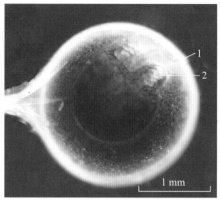

图 2 - 9 - 8　克氏原螯虾原肠胚晚期
1. 胚孔　2. 视叶原基

图 2 - 9 - 9　克氏原螯虾卵内无节幼体期
1. 触角原基　2. 大颚原基

　　受精 10 d 后，胚体头胸甲背部边缘处，可观察到淡黄色的囊状心脏出现，伴随微弱的间歇性心跳，至卵内无节幼体晚期，心跳次数每分钟可达 80 次左右；同时，2 对小颚原基和 3 对颚足原基出现（图 2 - 9 - 10）。

　　（6）卵内溞状幼体期。在水温 25 ℃条件下，受精 11 d 后，进入卵内溞状幼体早期。1 对视叶及后续其他腹肢原基开始陆续出现，同时左右两个胸腹褶朝腹面弯曲而转向前方，形成尾节（图 2 - 9 - 11）。

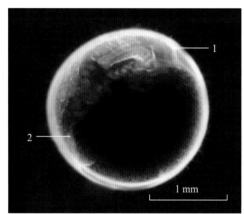

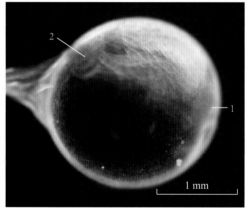

图 2 - 9 - 10　克氏原螯虾卵内
无节幼体晚期
1. 心脏　2. 胸腹褶

图 2 - 9 - 11　克氏原螯虾卵内
溞状幼体早期
1. 心脏　2. 视叶

　　受精 12 d 后，胚胎视叶进一步扩增，其外侧开始出现细小的暗红色色素点，并逐步密集沉积，随后形成细窄弯曲的柳眉状，复眼清晰可见，此时为卵内溞状幼体中期，胚胎颜色为暗红色（图 2 - 9 - 12）。

　　受精 14 d 后，进入卵内溞状幼体晚期，此时色素物质进一步扩增，复眼区域逐渐变宽，颜色加深，眼柄形成并逐步加厚，单眼清晰可辨。腹部附肢长度增加并出现分节，透明区域逐步增加至胚体的 1/2。心跳频率增加，间隙次数减少，并且趋于稳定，节律性增加，心跳次数增至每分钟 150 次左右（图 2 - 9 - 13）。

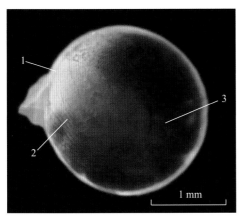

图 2-9-12　克氏原螯虾卵内
溞状幼体中期

1. 心脏　2. 胸足原基　3. 复眼

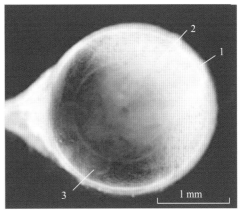

图 2-9-13　克氏原螯虾卵内
溞状幼体晚期

1. 心脏　2. 胸足　3. 复眼

2. 幼体发育

在水温 25 ℃条件下，克氏原螯虾幼体发育历时 8～9 d，根据其外部形态特征可分为 4 个阶段即Ⅰ期幼体、Ⅱ期幼体、Ⅲ期幼体、Ⅳ期幼体。幼体发育时序图及主要特征如下：

（1）Ⅰ期幼体。在水温 25 ℃条件下，克氏原螯虾受精后 15～16 d，孵化出膜，进入幼体发育阶段。刚破膜的幼体为Ⅰ期幼体，头胸甲透明且膨大，占整个身体的 1/2，头胸部充满卵黄；身体侧卧并弯曲，不能爬行；眼睛扁平，无眼柄，不能转动；胸肢 5 对，尚不具摄食能力；腹肢 4 对，较成体少 1 对；尾部不能打开，呈扇形；胸肢、腹肢、尾部、第 1 至 2 触角均无刚毛（图 2-9-14）。

（2）Ⅱ期幼体。在水温 25 ℃条件下，孵化后 2～3 d，幼体进行第一次蜕壳，开始进入Ⅱ期幼体发育阶段，此时已具备爬行能力。眼睛突起，眼柄出现，但不均匀，内侧高外侧低，呈斜坡形。头胸部卵黄囊呈 "U" 形，随着进一步发育，慢慢缩小成 "V" 形；腹部可伸直，能爬行；开始长出眼柄；胸肢仍 5 对，具备摄食能力；腹肢仍 4 对；尾部仍呈扇形。第 1、2 触角开始长长伸直，且长出刚毛，胸肢、腹肢和尾部的边缘也都开始长出刚毛（图 2-9-15）。

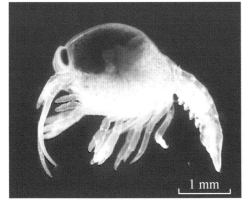

图 2-9-14　克氏原螯虾Ⅰ期幼体

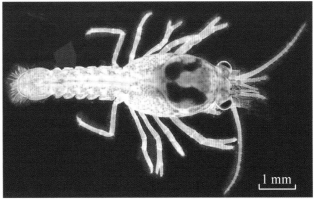

图 2-9-15　克氏原螯虾Ⅱ期幼体

（3）Ⅲ期幼体。在水温 25 ℃条件下，孵化后 5～6 d，幼体进行第 2 次蜕壳，开始进入Ⅲ期幼体发育阶段。眼柄开始长长、长粗，但内外侧眼柄仍不对称；头胸部卵黄囊呈 "V" 形，随着进一步发育，会逐渐消失；胸肢 5 对，第 1 胸足螯钳能自由张合，可有效捕食和抵御小型生物；第 1、2 触角的环节数增加，尾部可自由张合，四周刚毛开始变长变粗；腹部颜色加深，但仍可看到消化肠道，腹肢可在水中自由摆动（图 2-9-16）。

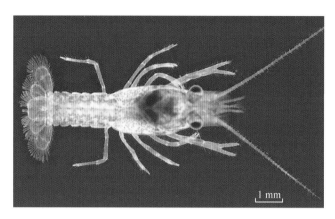

图 2-9-16　克氏原螯虾Ⅲ期幼体

（4）Ⅳ期幼体。在水温 25 ℃ 条件下，孵化后 8～9 d，幼体进行第 3 次蜕壳，卵黄囊消失，克氏原螯虾幼体发育阶段结束。该阶段幼体眼柄发育已基本成型，头胸部卵黄囊消失；第 1 腹肢出现，腹肢 5 对，布满刚毛；头胸甲壳颜色变深，肉眼已看不到腹内消化肠道（图 2-9-17）。

图 2-9-17　克氏原螯虾Ⅳ期幼体

十、中华绒螯蟹

(一) 概述

1. 名称

中华绒螯蟹 *Eriocheir sinensis*，又称河蟹、大闸蟹。

2. 分类地位

节肢动物门 Arthropoda，甲壳亚门 Crustacea，软甲纲 Malacostraca，十足目 Decapoda，方蟹科 Grapsidae，绒螯蟹属 *Eriocheir*，中华绒螯蟹 *Eriocheir sinensis*。

3. 形态结构

身体也分为头胸部、腹部及附肢等部分。头部 6 节与胸部 8 节愈合，覆盖以整片的头胸甲。头胸甲呈圆方形，边缘有细颗粒，前半部窄于后半部，背面较隆起，前面有 6 枚突起，前后排列，前 2 枚较大，后 4 枚小，居中间 2 枚较小而不明显，各个突起均有细颗粒。额分为 4 齿，齿缘有锐颗粒。眼窝缘近中部的颗粒较锐。前侧缘具 4 齿，第 1 齿最大，末齿最小。后缘宽而平直（图 2 - 10 - 1）。

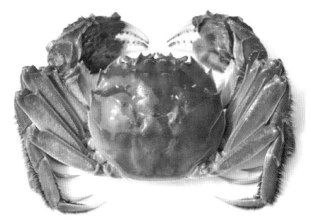

图 2 - 10 - 1 中华绒螯蟹外部形态

螯足粗壮，雄性明显大于雌性。长节背缘近末端有一齿突，内、外缘均有小齿。腕节内缘末半部具一颗粒隆线向后伸至背面基部，内末角具一锐刺，其后又有颗粒。雄性掌、指节基半部的内、外面均密具绒毛，而雌性的绒毛仅着生于外侧，内侧无毛。螯足的主要功能为取食、掘穴、防御与进攻。

后4对步足为爪状，主要用于爬行。腹肢不发达，雄性腹肢退化，仅存第1、2对腹肢，形成交接器；雌性具有4对腹肢，内、外肢明显，密生刚毛，用于抱卵，腹部则扁平、退化，折叠于头胸部腹面。腹甲分为7节（Ⅰ～Ⅶ），第1、2节愈合，第3节至第7节分节明显。雄性腹部呈钟形，雌性腹部宽大呈半圆形（图2-10-2和图2-10-3）。

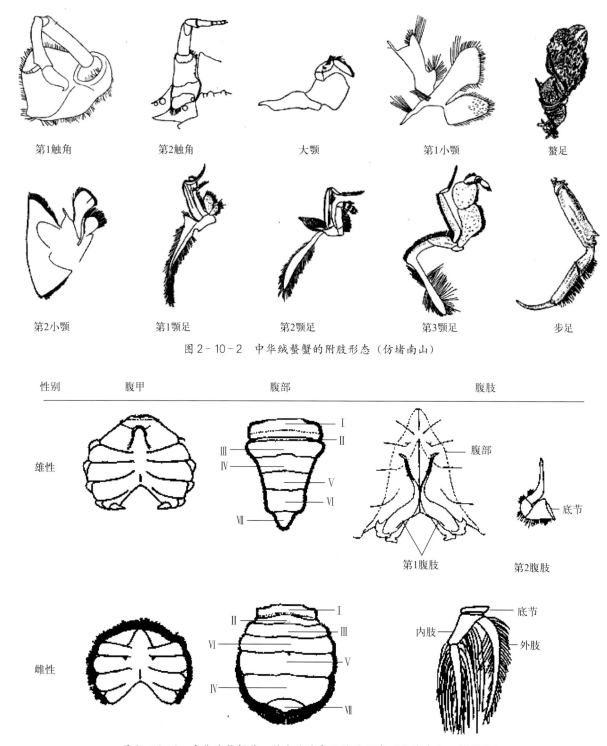

图2-10-2　中华绒螯蟹的附肢形态（仿堵南山）

图2-10-3　中华绒螯蟹雌、雄个体腹部及腹肢形态（仿堵南山、杨思谅）

消化系统由消化道及消化腺组成。消化道包括口、食道、胃、肠以及肛门组成。消化腺为一大型致密腺体，位于头胸部中央、心脏之前方，包被在中肠前端及幽门胃之外，也称为中肠腺或肝胰脏。

雌、雄蟹生殖系统差异显著。雄性生殖系统由精巢、输精管及储精囊等组成。精巢左右两叶，位于胃两侧，在胃和心脏之间处相互联合，成熟时充满头胸甲前方两侧腔内。精巢下方各有一输精管，其前部细而盘曲，中部具有分泌功能，后部为粗大的储精囊，通过末端的射精管开口于末节胸板上或末对胸足座节上处的雄孔。副性腺1对，位于头胸部后侧方，由许多树杈状盲管组成，其分泌物由位于储精囊与射精管间的开口处注入射精管。副性腺为雄性生殖系统的重要组成部分，通常在精巢发育后期开始形成，至成熟期后已非常发达，其分泌物中含有强嗜酸性物质，可能参与精荚传递、破裂，以及受精等系列反应。

雌性生殖系统包括卵巢和输卵管。卵巢为左右相连的两叶，呈"H"状，位于消化道两侧，成熟时充满头胸甲前侧缘，向后则延伸至腹部前端，少有延伸至整个腹部。输卵管短，由外胚层发育而来，由体壁内陷形成纳精囊，用于交尾后存储雄性的精子，开口于胸节的腹甲上。卵巢壁由致密的结缔组织膜构成，内为生殖上皮，被结缔组织分为许多卵囊。卵巢外没有明显的肌纤维，在卵巢成熟过程中，整个卵巢的体积扩张。卵子在卵囊壁上发育、成熟。此外，还有呼吸、循环、神经以及排泄等系统。

4. 分布

在我国南北均有分布，通海的江河基本都能形成种群。随着远洋运输业的发展，中华绒螯蟹幼体随着大型船舶的压仓水漂洋过海，到北欧等沿海诸国"侨居"。

5. 生态学特点

中华绒螯蟹对温度、盐度的适应范围广，食性杂。其在淡水中生长，但要在河口附近的浅海中繁殖后代。初孵幼体为溞状幼体，经过5次蜕壳后，发育为大眼幼体，再经过一次蜕壳即成为仔蟹。各期幼体均具有明显的趋光习性，仔蟹行为习性逐渐趋向于成蟹，多为昼伏夜出。成蟹喜栖于泥岸的洞穴，或匿藏于石砾及水草丛中，通常于沿岸浅水或泥滩区域摄食。

6. 繁殖习性

每年秋季性成熟的成蟹汇聚到通海的河道中，顺流而下至河口区域，并在此交配、产卵、越冬。翌年春季，孵化出溞状幼体，随着幼体的生长发育，其由河口逐渐进入内陆水系，在河道、湖泊、沼泽等淡水水域中生长成熟（图2-10-4）。

图2-10-4 抱卵的中华绒螯蟹

(二) 发育

1. 胚胎发育

在水温 6～23 ℃、盐度 7 以上，中华绒螯蟹受精卵均能发育，随着水温升高，胚胎发育的速度也会加快。胚胎发育经历受精卵、卵裂期、囊胚期、原肠胚期、中轴器官形成期、眼点期、心跳期、原溞状幼体期等多个时期，最终孵化出溞状幼体。

（1）受精卵。圆形，酱紫色或土黄色，直径 290～310 μm，卵黄丰富，外围一层无色的卵黄膜，也称为初级卵膜。刚产出的卵子外还有一层由黏液等外源物质形成的次级卵膜（图 2 - 10 - 5）。

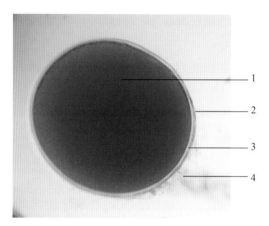

图 2 - 10 - 5　中华绒螯蟹受精卵

1. 卵黄　2. 次级卵膜　3. 初级卵膜　4. 卵柄

（2）卵裂期。胚胎发育始于卵裂，中华绒螯蟹卵裂为不等螺旋形的完全卵裂。自排卵至第 1 次卵裂，在水温 15 ℃时历时 78 h，而 18 ℃时历时 30 h（图 2 - 10 - 6）。

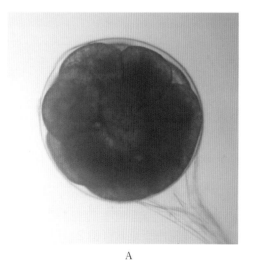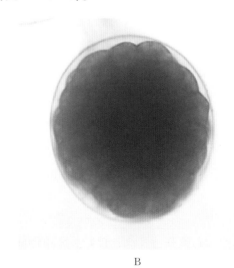

A　　　　　　　　　　　　　　　　　　B

图 2 - 10 - 6　中华绒螯蟹卵裂期

A. 早期　B. 晚期

（3）囊胚期。随着卵裂的不断进行，胚胎的表面形成了一层囊胚细胞。卵黄的外周部分也分裂，形成放射状排列的初级卵黄锥，其表面即对应着一个囊胚细胞。卵黄中央部分并不分裂，囊胚层表面分泌出囊胚膜，位于卵黄膜下方（图2-10-7）。

（4）原肠胚期。囊胚细胞一部分由囊胚孔陷入，形成内胚层囊（原肠腔），未陷入的囊胚细胞部分成为外胚层。内胚层细胞不断吸收卵黄，逐渐由内向外扩张，靠近外胚层，最后呈圆柱形，胞核与胞质位于外端，而内端部分充满卵黄，形成次级卵黄锥体（巨大细胞），最后卵黄逐渐被吸收而消失。次级卵黄锥体随后破裂，其中内端的卵黄进入原肠腔，而含有细胞核的外端部分则成为肠壁（图2-10-8）。

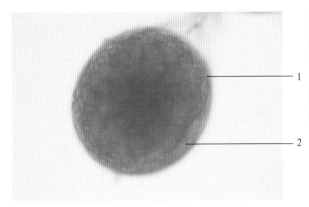

图2-10-7　中华绒螯蟹囊胚
1. 囊胚膜　2. 囊胚细胞

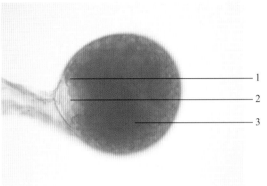

图2-10-8　中华绒螯蟹原肠胚
1. 囊胚细胞　2. 囊胚孔　3. 原肠腔

（5）中轴器官形成期。卵的一侧出现无色透明区，之后，无色透明区开始扩大形成新月形，占卵面积的1/5左右，卵径明显增大，卵黄色泽开始变淡。在透明区清晰可见附肢雏形（图2-10-9）。

（6）眼点期。胚体头胸部前下方两侧出现橘红色眼点，随后眼点色素加深。透明区占整个卵面积的1/2左右，整个卵黄区背面观呈大蝴蝶状，色泽变淡并转为透明（图2-10-10）。

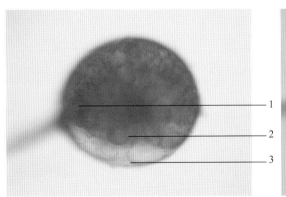

图2-10-9　中华绒螯蟹中轴器官形成期
1. 胸腹部　2. 眼部　3. 头部附肢

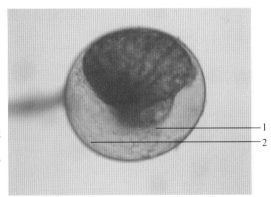

图2-10-10　中华绒螯蟹眼点期
1. 复眼色素　2. 腹部分节

（7）心跳期。卵黄背面透明区出现心脏原基，随后出现间歇心跳。眼点边缘出现星芒状突起，复眼逐渐形成，心跳开始连续，接着头胸甲形成，卵黄区背面观呈小蝴蝶状（图2-10-11）。

（8）原溞状幼体期。卵黄继续缩小，两侧卵黄渐近分离状态，心跳加快。头胸部出现额刺、侧刺、背刺的原基，胚胎进入原溞状幼体。其形态已近似溞状幼体，但附肢无长的刚毛，只2对触角与2对颚足末端有短刚毛，头胸甲及其刺的边缘无锯齿。这期幼体一般在卵膜内度过，不良条件下也会出现早产现象。胚胎继续发育，心跳频率达到每分钟180～200次时，幼体借助尾部摆动与额刺共同作用，破膜而出，成为Ⅰ期溞状幼体（图2-10-12）。

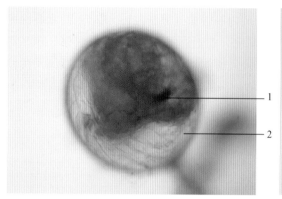

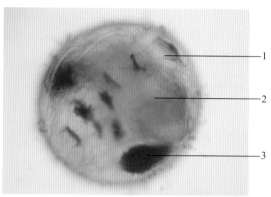

图 2-10-11 中华绒螯蟹心跳期
1. 复眼 2. 心区

图 2-10-12 中华绒螯蟹原溞状幼体
1. 心脏 2. 卵黄 3. 复眼

2. 幼体发育

（1）溞状幼体期。中华绒螯蟹受精卵需在半咸水或海水中才能孵化出溞状幼体，适合盐度范围9～33，其长时间处于淡水中就会死亡。溞状幼体通常分为5期，每期也称为1龄，即蜕皮1次，其体长1.6～5.2 mm。溞状幼体身体分头胸部与腹部两部分，头胸部近乎球形，覆有一头胸甲。借颚足的划拨而游动，杂食性，但以动物性饵料为主。近两对颚足基部的头胸甲边缘有锯齿，同时由头胸甲还发出各种大型的刺；前端为略向下弯曲的额刺，刺的上缘有锯齿；背侧中央为一长而向后弯曲的背刺；左右两侧各有一个较为短小而向下倾斜的侧刺；侧刺后缘末部也带细的锯齿。腹部细长，原只分6节，从Ⅲ期开始，分为7节。尾节末端分叉，Ⅰ、Ⅱ期溞状幼体尾叉内侧有3对刚毛，Ⅲ、Ⅳ期幼体增加至4对，Ⅴ期幼体通常为5对。从Ⅲ期幼体开始复眼逐渐突起而有柄，此期还出现第3对颚足。另外，2对颚足外肢末端的羽状刚毛数随着幼体发育而增加，通常每期增加2根，由Ⅰ期幼体的4根增加至Ⅴ期幼体的12根（图2-10-13和图2-10-14）。

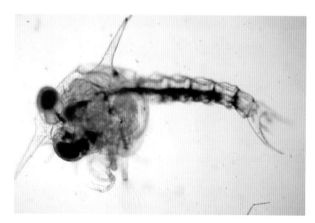

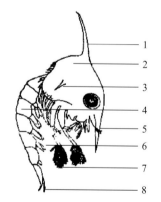

图 2-10-13 Ⅳ期溞状幼体

图 2-10-14 Ⅴ期溞状幼体手绘图（仿堵南山）
1. 背刺 2. 头胸甲 3. 侧刺 4. 腹部 5. 额刺
6. 腹肢 7. 颚足外肢刚毛 8. 尾叉

（2）大眼幼体期。Ⅴ期溞状幼体蜕皮1次成为大眼幼体（十足幼体），也就是养殖行业中所说的蟹苗。自然水域中的幼体透明而带灰绿色闪光，体长一般在4.9～5.4 mm。身体扁平，分为头胸部与腹部两部分。头胸甲的额刺、背刺以及侧刺都已消失，但额缘中央内凹，左右两侧形成尖角。腹部分为 7 节，各腹节的后侧角延长，倒数第 2 腹节的后侧角特别长，形成 2 个刺。尾节后缘呈圆形，无尾叉。眼柄长，位于其末端的复眼突露在头胸甲前部左右两侧。第 1 触角原肢 3 节，内肢 1 节，外肢 4 节。第 2 触角呈鞭状，共 11 节。头部除两对触角外，还有 1 对大颚与 2 对小颚。3 对颚足与 5 对步足已与幼蟹近似，但刚毛较少。第 1 步足指节为钳状，第 2 至第 5 步足指节呈爪状。腹肢 5 对，前 4 对双枝型，末 1 对单枝型，其羽状刚毛突出于尾节末端之外。大眼幼体在水中既能爬行，又能游泳。爬行时利用 5 对步足，并将腹部卷曲在头胸部之下。游泳时则将步足提起，向后弯曲，同时将腹部伸直，拨动腹肢，行动十分迅速。这种幼体仍保持杂食，偏肉食性，用螯足捕食枝角类、桡足类等浮游水生动物（图 2-10-15 和图 2-10-16）。

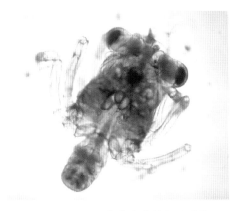

图 2-10-15　中华绒螯蟹大眼幼体

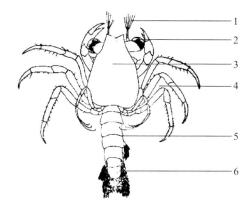

图 2-10-16　中华绒螯蟹大眼幼体手绘图（仿堵南山）
1. 触角　2. 复眼　3. 头胸甲　4. 第 4 步足　5. 腹部　6. 尾节

　　（3）仔蟹。大眼幼体蜕皮 1 次，就变成 1 龄仔蟹。其头胸甲长度略大于宽度，前者为 2.9 mm 左右，后者为 2.6 mm 左右。头胸甲表面有较多的刚毛，额缘只有 2 个突起。腹部已弯贴在头胸部之下。5 对步足与成蟹相似，后 4 对的指节无齿与刚毛。两性腹肢已显得不同，雌蟹 4 对，双枝型；雄蟹只 2 对，变成交接肢。在水温约 23 ℃下，从 1 龄溞状幼体发育成为 1 龄幼蟹，需 30 d 左右。随后每隔约 5 d，蜕皮 1 次，共蜕皮 5~6 次，方才完全具备成蟹的外形（图 2-10-17 和图 2-10-18）。

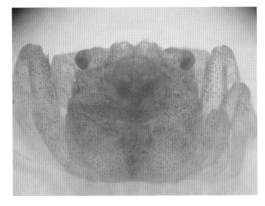

图 2-10-17　中华绒螯蟹仔蟹

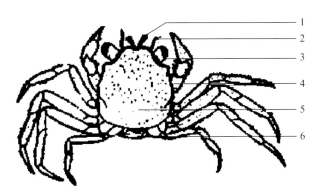

图 2-10-18　中华绒螯蟹仔蟹手绘图（仿堵南山）
1. 第 1 触角　2. 第 2 触角　3. 复眼　4. 螯足　5. 头胸甲　6. 腹部

十一、中华虎头蟹

(一) 概述

1. 名称

中华虎头蟹 *Orithyia sinica*，又称乳斑虎头蟹、鬼头蟹。

2. 分类地位

节肢动物门 Arthropoda，甲壳亚门 Crustacea，软甲纲 Malacostraca，十足目 Decapoda，馒头蟹科 Calappidae，虎头蟹属 *Orithyia*，中华虎头蟹 *Orithyia sinica*。

3. 形态特征

头胸甲呈卵圆形，长大于宽，背面隆起，密布粗颗粒，各区有对称的疣状突起，约 14 枚。额具 3 枚锐齿，中齿大而突出。眼窝大，上眼窝缘有 2 枚钝齿和颗粒。前侧缘有 2 枚疣状突起，后侧缘具 3 刺。两性螯足不对称，较大螯足的可动指短于不动指。腕节内缘有 3 刺，中齿锐长。掌节背面中央末端有 1 刺，背缘有 2 刺。最后 1 对步足呈浆状，末 2 节宽扁，指节卵圆形。两性腹部均分为 7 节，第 1 节中部具 1 枚突起；第 2~3 节具 3 枚突起，以中央 1 枚为锐长，突起之间有粗颗粒。雄性第 1 腹肢粗壮，末端具小齿。全身为褐黄色。鳃区各具 1 枚紫红色斑点，背面观与中国民间传统的布艺老虎相似，以此而得名 (图 2 - 11 - 1)。

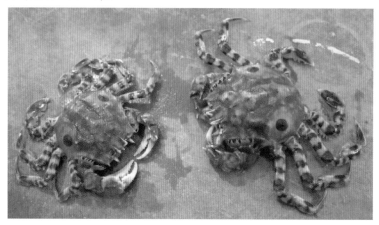

图 2 - 11 - 1 中华虎头蟹外形图

144

4. 地理分布

中华虎头蟹在我国南北沿海均有分布，辽宁丹东鸭绿江和辽河口有一定自然群体，国外发现于朝鲜、越南等地。

5. 生态学特点

生活于河口浅海沙底海区，杂食偏肉食，成体以摄食底栖贝类为主。其游泳能力弱，能随着水流做短距离迁徙，仔蟹与成蟹具有明显的潜沙习性，昼伏夜出，当遇见危险时，能迅速潜入沙中。通常可被底拖网或流刺网捕获，具有一定研究与经济价值。

6. 繁殖习性

分布于北方辽宁沿海的成蟹在每年 8—9 月即有交配行为，翌年的 7 月中下旬自然海区中开始出现抱卵蟹。该蟹的受精卵卵径较大，在 550 μm 左右，成蟹抱卵量一般在 8 万～10 万粒（图 2-11-2）。水温 25 ℃ 时，胚胎发育约需 18～22 d，此时卵径达到 820 μm 左右。初孵幼体为溞状幼体，分为 3 个时期，然后变为大眼幼体。大眼幼体经 1 次蜕壳，成为仔蟹。

图 2-11-2 抱卵的中华虎头蟹

（二）发育

1. 胚胎发育

中华虎头蟹受精卵在水温 25 ℃ 左右时需要 18～22 d 孵化，随着水温升高，胚胎发育的速度加快。胚胎发育经历受精卵、卵裂期、囊胚期、原肠胚期、中轴器官形成期、眼点期、心跳期、原溞状幼体期等多个时期，最终孵化出溞状幼体。

（1）受精卵。圆形，橙色或橘黄色，直径 550 μm，卵黄丰富，外围一层无色的卵黄膜，也称为初级卵膜。刚产出的卵子外还有一层由黏液等外源物质形成的次级卵膜（图 2-11-3）。

（2）卵裂期。胚胎发育始于卵裂，中华虎头蟹卵裂为不等螺旋形的完全卵裂。25 ℃ 左右时，排卵后第 1 天即可分裂数次，通常可至 32 细胞期。该蟹受精卵的卵膜较为透明，其卵裂沟、细胞核、分裂球均较清楚（图 2-11-4）。

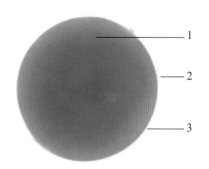
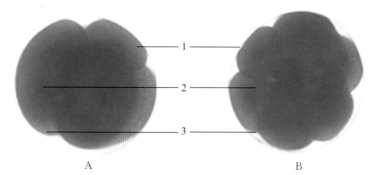

图 2-11-3　中华虎头蟹受精卵 　　　　图 2-11-4　中华虎头蟹卵裂期
1. 卵黄　2. 次级卵膜　3. 初级卵膜 　　1. 分裂球　2. 细胞核　3. 分裂沟

（3）囊胚期。随着卵裂的不断进行，水温 25 ℃时，通常在产卵后第 3 天，胚胎的表面开始形成了一层囊胚细胞。此时，卵径增大到 590 μm 左右，卵黄的外周部分也分裂开成多数放射状排列的初级卵黄锥体，其表面即对应着一个囊胚细胞。卵黄中央部分并不分裂，囊胚层表面分泌出囊胚膜，位于卵黄膜下方（图 2-11-5）。

（4）原肠胚期。产卵后第 4 天左右，此时卵径增大到 620 μm 左右。囊胚细胞一部分由囊胚孔陷入，形成内胚层囊（原肠腔），未陷入的囊胚细胞部分成为外胚层。内胚层细胞不断吸收卵黄，逐渐由内向外扩张，靠近外胚层，最后呈圆柱形，胞核与胞质位于外端，而内端部分充满卵黄，形成次级卵黄锥体（巨大细胞），最后卵黄逐渐被吸收而消失。次级卵黄锥体随后破裂，其中内端的卵黄进入原肠腔，而含有细胞核的外端部分则成了肠壁（图 2-11-6）。

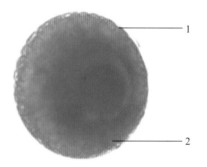
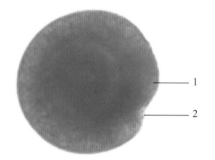

图 2-11-5　中华虎头蟹囊胚期 　　　　图 2-11-6　中华虎头蟹原肠胚期
1. 囊胚膜　2. 囊胚细胞 　　　　　　1. 囊胚细胞　2. 囊胚孔

（5）中轴器官形成期。卵的一侧出现无色透明区，之后，无色透明区开始扩大形成新月形，约占卵面积的 1/5 左右，卵径明显增大，卵黄色泽开始变淡。在透明区清晰可见附肢雏形（图 2-11-7）。

（6）眼点期。胚体头胸部前下方两侧出现褐色眼点，随后眼点色素加深。透明区面积不断扩大，卵黄消耗较快，色泽由浅黄转为灰色（图 2-11-8）。

（7）心跳期。卵黄背面透明区出现心脏原基，随后出现间歇心跳。眼点边缘出现星芒状突起，复眼逐渐形成，心跳开始连续，接着头胸甲形成，卵黄区背面观呈蝴蝶状（图 2-11-9）。

（8）原溞状幼体期。卵黄继续缩小，两侧卵黄渐近分离状态，此时卵径 820 μm 左右。头胸部出现两个暗红色的管状结构，为背刺和额刺。胚胎进入原溞状幼体，其形态已接近溞状幼体。这期幼体一般在卵膜内度过，不良条件下也会出现早产现象。胚胎继续发育，心跳频率达到 260～280 次/min 时，幼体借助尾部摆动与额刺共同作用，破膜而出，成为Ⅰ期溞状幼体（图 2-11-10）。

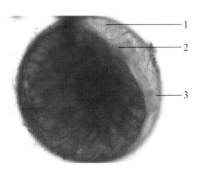

图 2-11-7　中轴器官形成期

1. 头部附肢　2. 眼部　3. 胸腹部

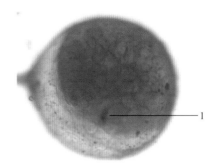

图 2-11-8　中华虎头蟹眼点期

1. 复眼色素

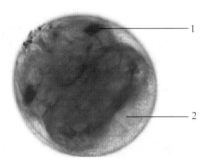

图 2-11-9　中华虎头蟹心跳期

1. 复眼　2. 心区

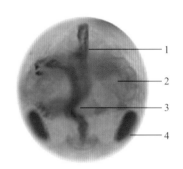

图 2-11-10　中华虎头蟹原溞状幼体期

1. 心脏　2. 卵黄　3. 背刺　4. 复眼

2. 幼体发育

（1）溞状幼体期。中华虎头蟹溞状幼体阶段分为 3 个时期。海水盐度 28，水温 (25.1±0.8)℃ 时，Ⅰ期溞状幼体经过 4~5 d 发育至Ⅱ期溞状幼体；Ⅱ期溞状幼体经过 4~5 d 发育至Ⅲ期溞状幼体；Ⅲ期溞状幼体经过 5~6 d 发育至大眼幼体。

幼体分头胸部和腹部，头胸甲上下与左右各具 1 刺，位于上方的背刺与下方的额刺尤其长，其尖端间距约为体长的 3 倍。前侧各生有 1 对复眼。腹部分 6 节，最后 1 节呈叉状，其上具有棘刺，Ⅰ期溞状幼体尾叉棘刺 5 对，随着蜕壳，每期幼体棘刺数目增加 1 对。另外，Ⅰ期溞状幼体第一颚足外肢羽状刚毛数 4 根，随着幼体蜕壳，每期也增加 1 对。Ⅰ期溞状幼体腹部 2~5 节上肢芽不明显，Ⅱ期溞状幼体腹部肢芽明显，至Ⅲ期时肢芽明显长大，呈棒状（图 2-11-11）。

（2）大眼幼体期。Ⅲ期溞状幼体蜕皮 1 次成为大眼幼体（十足幼体）。海水盐度 28，水温 (25.1±0.8)℃ 时，大眼幼体经

图 2-11-11　中华虎头蟹Ⅱ期溞状幼体期

1. 背刺　2. 头胸甲　3. 额刺　4. 腹部　5. 颚足外肢刚毛　6. 尾叉

过 5~6 d 发育至Ⅰ期仔蟹。大眼幼体形态与仔蟹相似，身体扁平，分为头胸部与腹部两部分。头胸

甲的额刺、背刺以及侧刺都已消失。腹部能够卷曲于头胸甲下，游泳时伸展，腹部游泳足发达，生有刚毛；具有螯足与其他 4 对步足，但最后 1 对步足尚没有出现桨状。体长 3.96~4.19 mm，头胸甲长 2.68~3.04 mm，头胸甲宽 2.51~2.68 mm（图 2-11-12）。

（3）仔蟹。大眼幼体蜕皮 1 次，就变成 1 龄仔蟹。其头胸甲长度略大于宽度，甲壳略透明，下方有较多色素体。复眼较大。第二触角分节明显。腹部已折于头胸部之下。5 对步足与成蟹相似，最后 1 对步足呈桨状。具有潜沙习性（图 2-11-13）。

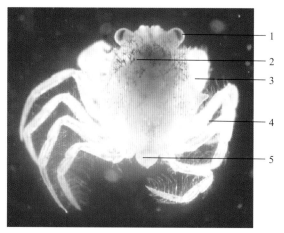

图 2-11-12 中华虎头蟹大眼幼体期
1. 复眼 2. 色素体 3. 螯足 4. 步足 5. 腹部

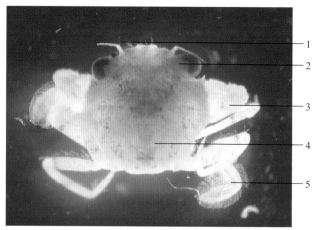

图 2-11-13 中华虎头蟹仔蟹
1. 第二触角 2. 复眼 3. 螯足 4. 头胸甲 5. 第 5 步足

十二、中间球海胆

(一) 概述

1. 名称

中间球海胆 *Strongylocentrotus intermedius*（A. Agassiz，1864），又称虾夷马粪海胆。

2. 分类地位

棘皮动物门 Echinodermata（Phylum），有棘亚门 Echinozoa，海胆纲 Echinoidea，真海胆亚纲 Euechinoidea，海胆总目 Echinacea，拱齿目 Camarodonta，球海胆科 Strongylocentrotidae，球海胆属 *Strongylocentrotus*，中间球海胆 *Strongylocentrotus intermedius*。

3. 形态结构

壳呈低半球形，体型中等。口面（反面）平坦且稍向内凹，反口面（正面）隆起稍低，顶部较平坦。步带区与间步带区幅宽不等，赤道部以上步带区幅宽为间步带区的2/3，两区自口面观为接近于圆形的正五边形。体表颜色变异较大，有黄褐色、绿褐色等。大棘针形，短而尖锐，长度为5～8 mm，在水中管足细长，呈淡黄色或淡红色透明（图2-12-1和图2-12-2）。

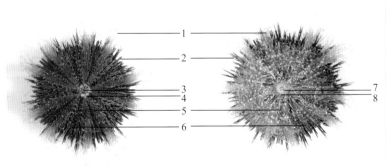

反口面（正面） 口面（反面）

图2-12-1 中间球海胆外形图

1. 管足 2. 棘刺 3. 肛门 4. 生殖孔（板）
5. 步带区 6. 间步带区 7. 口（亚里士多德提灯） 8. 围口膜

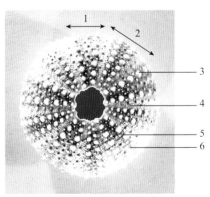

图2-12-2 中间球海胆外壳

1. 间步带区 2. 步带区 3. 大疣
4. 管足孔 5. 中疣 6. 细疣（小疣）

海胆为雌雄异体，但从外观上很难区分。在繁殖季节，雌雄海胆生殖腺色泽稍有不同，但这需要剖开外壳后才能辨别。海胆生殖腺紧贴在步带区内侧，呈纺锤状。生殖腺通常为黄色、橘黄色、土黄色、白色等。正形海胆有生殖腺5瓣，由肠系膜悬挂在生殖腔间步带内侧。各个生殖腺的末端在反口面渐变细，形成一条很短的生殖导管，开口于相应生殖板上的生殖孔（图2-12-3和图2-12-4，视频2-12-1和视频2-12-2）。

图2-12-3 中间球海胆的性腺　　视频2-12-1　　图2-12-4 中间球海胆外壳内部　　视频2-12-2
　　　　　　　　　　　　中间球海胆产卵　　　　　　　　　　　　　　中间球海胆排精

4. 地理分布

中间球海胆主要分布在日本东北地区、北海道及以北沿岸的潮间带和潮下带海区。在朝鲜半岛、中国东北地区、萨哈林岛（库页岛）以及千岛群岛的北太平洋沿岸也有分布。

5. 生态学特性

中间球海胆多栖息于潮间带及浅水域的沙砾、岩礁地带，水深5~20 m处分布较多。幼海胆生长在水深2~3 m处，长大后逐渐向深水处移居。海胆对饵料藻类选择性不强，壳径8 mm以下稚海胆主食底栖硅藻及有机碎屑，后期改食大型藻类，如海带、石莼、马尾藻等。1989年5月从日本北海道引入辽宁大连，经多年的生态调查，认为其适于在我国北方沿海特别是辽东和山东半岛养殖。

6. 繁殖习性

中间球海胆性成熟为2龄，雌雄异体，1年中有2个繁殖季节，为春季5—6月和秋季9—11月，适宜繁殖水温10~20 ℃。繁殖主要在秋季，由于雌、雄性腺发育不同步，在有些地区雌海胆从春季至秋季断断续续产卵。我国北方地区自然繁殖季节为9—11月，海区水温12~23 ℃；繁殖盛期10月中旬，水温17~18 ℃。我国北方的育苗生产单位多在9—11月利用育苗设施的相对空闲时间进行人工育苗。性腺指数10%~25%、壳径6 cm左右的中间球海胆平均产卵量500万粒左右，约5 g，雌、雄海胆分别从生殖板上的5个生殖孔中排出卵与精子（视频2-12-1和视频2-12-2）。

（二）发育

中间球海胆的发育过程可分为胚胎发育、浮游幼虫、底栖变态三个主要阶段，包括卵裂期、囊胚期、原肠胚期、棱柱幼虫期、长腕幼虫期、稚胆期和幼海胆期等主要发育时期。

1. 胚胎发育

中间球海胆胚胎发育经过受精、卵裂、囊胚、原肠胚4个时期，在水温19~20 ℃条件下，经历

12 h发育至囊胚，然后孵化。

（1）受精期。中间球海胆未受精卵卵径 100 μm 左右，橙色，卵黄膜与卵的质膜紧贴（图 2‑12‑5）。受精后，卵黄膜与卵的质膜立即分开，出现较宽的围卵腔，卵黄膜举起形成受精膜。受精膜的形成标志着受精过程完成（图 2‑12‑6）。

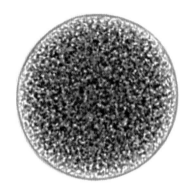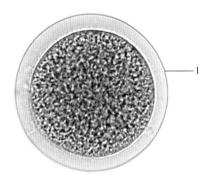

图 2‑12‑5 中间球海胆未受精卵　　　　　图 2‑12‑6 中间球海胆受精卵

1. 受精膜

（2）卵裂期。在水温 19～20 ℃ 条件下，受精后 1 h 25 min，进入卵裂期。卵裂经历 12 h，分为 2 细胞期、4 细胞期、8 细胞期、16 细胞期、64 细胞期和多细胞期。各期主要特征如下：

①2 细胞期。在水温 19 ℃ 条件下，受精后 1 h 25 min 左右，进行第一次卵裂。海胆的第一次卵裂为经裂，即直接通过卵的动物极和植物极产生两个大小相等的子细胞（图 2‑12‑7）。

②4 细胞期。在水温 19 ℃ 条件下，受精后 1 h 45 min，进行第二次卵裂。海胆的第二次卵裂也为经裂，卵裂面与第一次卵裂面垂直（图 2‑12‑8）。

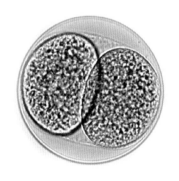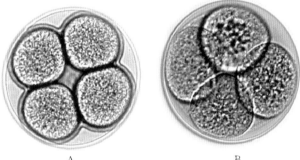

A　　　　　　　　　　B

图 2‑12‑7 中间球海胆 2 细胞期　　　　　图 2‑12‑8 中间球海胆 4 细胞期

③8 细胞期。在水温 20 ℃ 条件下，受精后 2 h 35 min，进行第三次卵裂。海胆的第三次卵裂为纬裂，卵裂面与卵的主轴垂直（图 2‑12‑9）。

④16 细胞期。在水温 20 ℃ 条件下，受精后 3 h 30 min，海胆进行第四次卵裂。动物极半球进行经裂，形成 8 个一组的等体积大小细胞，称中卵裂球；植物极半球进行不均等的纬裂，形成中间一层 4 个大卵裂球和植物极的 4 个小卵裂球（图 2‑12‑10）。

⑤32 细胞期。在水温 20 ℃ 条件下，受精后 4 h 45 min，受精卵形成实心的多细胞球状结构，外形如桑葚，此时细胞尚无明显分化，此期又称为桑葚胚期（Morula stage）（图 2‑12‑11）。

⑥64 细胞期。在水温 20 ℃ 条件下，受精后 5 h 40 min，受精卵分裂为 64 个细胞，形成紧实的细胞团，也称为紧实桑葚胚（图 2‑12‑12）。

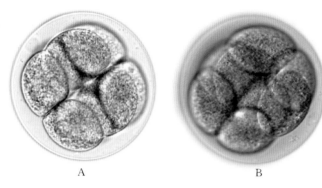
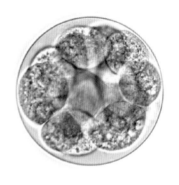

图 2-12-9　中间球海胆 8 细胞期　　　　　图 2-12-10　中间球海胆 16 细胞期

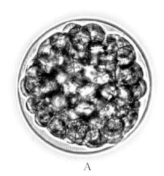

图 2-12-11　中间球海胆 32 细胞期　　　　图 2-12-12　中间球海胆 64 细胞期

A. 实体 64 细胞　B. 压平后 64 细胞

（3）囊胚期。在水温 19 ℃条件下，受精后 12 h，胚胎的中央出现一个空心的囊胚腔，此时的胚胎称为囊胚。海胆的囊胚为腔囊胚，早期 128 个细胞围成一个中空的球形，囊胚壁由排列紧密的单层细胞构成，囊胚腔内充满囊胚液（图 2-12-13）。

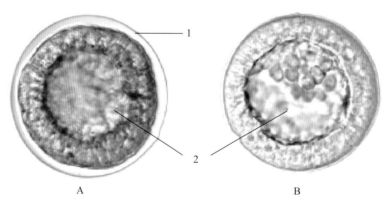

图 2-12-13　中间球海胆囊胚

A. 未破膜的囊胚　B. 破膜的囊胚

1. 受精膜　2. 囊胚腔

随着继续卵裂，囊胚腔扩大，细胞变细，细胞表面长出许多纤毛，特别是动物极的纤毛又长又硬，称为顶纤毛束。海胆纤毛摆动使胚胎在受精膜内转动，并分泌消化酶，分解外面的受精膜，使囊胚从受精膜内孵化出来。

（4）原肠胚期。在水温 19 ℃条件下，受精后 16 h，进入上浮囊胚期，又称原肠胚早期。囊胚孵化后，植物极一侧开始变扁平，细胞加厚，成为植物极板，植物极板中央的小细胞内表面伸出的线状伪足收缩，使细胞脱离囊胚细胞层进入囊胚腔内，成为初级间质细胞。伪足与囊胚腔相连，占据囊胚腔预定腹侧面，形成稳固联系。初级间质细胞融合形成索状合胞体，最终形成幼虫碳骨针的轴。

相同条件下，受精后 22 h，进入原肠胚期。初级间质细胞在囊胚腔内迁移时，仍然留在植物极板上的细胞移动填补初级间质细胞内移形成的空隙。植物极板进一步变扁平，并向内弯曲、内陷。当植物极板内陷深及胚腔的 1/4～1/2 时，内陷停止。所陷入的部分称为原肠，而原肠在植物极的开口称为胚孔（图 2 - 12 - 14）。

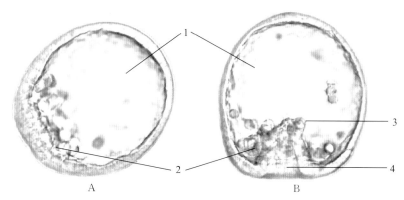

图 2 - 12 - 14 中间球海胆原肠胚早期
1. 囊胚腔 2. 初级间质细胞 3. 线状伪足 4. 胚孔

早期原肠内陷完成后，原肠大幅度拉长，变成又细又长的管状结构。原肠顶端形成次级间质细胞，伸出线状伪足，穿过囊胚腔液，直达囊胚腔壁的内表面。当原肠最顶端接触到囊胚腔壁时，次级间质细胞分散进入囊胚腔。次级间质细胞在囊胚腔中分裂，形成中胚层器官。囊胚腔壁接触到原肠的位置最终形成口，口和原肠最顶端形成相通的消化管，海胆的胚孔最终成为肛门（图 2 - 12 - 15）。

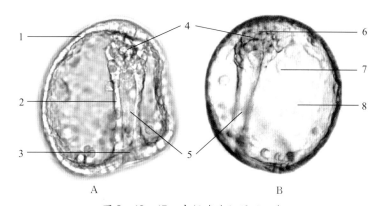

图 2 - 12 - 15 中间球海胆原肠胚期
1. 外胚层 2. 内胚层 3. 胚孔（形成肛门） 4. 次级间质细胞 5. 原肠（形成消化道）
6. 原肠与囊胚腔壁结合处（形成口） 7. 中胚层 8. 原肠腔

2. 幼虫发育

中间球海胆幼虫发育主要包括棱柱幼虫与长腕幼虫 2 个阶段，在水温 18～19 ℃条件下，经历 20 d 的浮游幼虫变态为底栖生活的稚海胆。

（1）棱柱幼虫期。在水温 19 ℃条件下，受精后 48 h，进入棱柱幼虫期。早期原肠胚只有植物极为一平面，到后期原肠胚新形成一平面，形似棱柱体，称为棱柱幼虫。新形成的平面成为口端面，幼虫的口即位于此平面。与此平面相反端为反口端。

口后腕是最早生出的一对幼虫腕。三射骨针，一支伸至幼虫反口端，一支进入口后腕，第三支形成横肢。在体腔形成之后，细管状原肠的前端即向口端面弯曲，与新生的铲形口凹接触而开口于外界，这是消化管的雏形。胚胎表面纤毛已大部分消失，只在口端面周缘及侧壁上保留有纤毛。此期内，消化道未开通，尚不能摄食，幼虫趋光性很强，多密聚于水表层（图 2 - 12 - 16）。

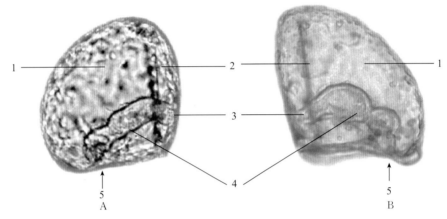

图 2 - 12 - 16　中间球海胆棱柱幼虫

1. 体腔　2. 骨针　3. 胚孔（形成肛门）　4. 消化道　5. 口

（2）长腕幼虫期（Pluteus larvae stage）。在水温 18 ℃条件下，受精后 52 h，进入长腕幼虫期，此发育期约需 19 d。长腕幼虫包括二腕幼虫、四腕幼虫、六腕幼虫和八腕幼虫。各期特征如下：

① 二腕幼虫期。在水温 18 ℃条件下，受精后 52 h，进入二腕幼虫期。幼虫口前叶由弧形变成一平面形，同时在相对面的左右两侧，突出一对肉芽的幼虫腕，此时幼虫消化道形成，开始从外界摄取食物（图 2 - 12 - 17）。

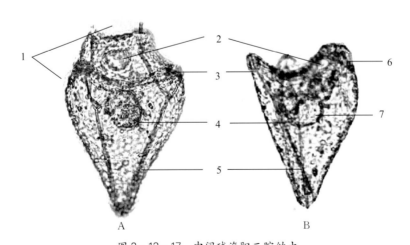

图 2 - 12 - 17　中间球海胆二腕幼虫

1. 纤毛　2. 口　3. 腕　4. 肛门　5. 骨针　6. 口前叶　7. 消化管

② 四腕幼虫期。在水温 18 ℃条件下，受精后 75 h，进入四腕幼虫期。口后腕（肛门腕）随着口后针的加长而成为最长的一对腕；由三射骨针横肢上所生出的前侧针支持的前侧腕（口腕）伸长，此时幼虫具有 4 个腕，其边缘生有长纤毛带，用于游泳和辅助摄食。幼虫的胃较大，呈圆囊

形（视频2-12-3）。幼虫主要摄食浮游性的单胞藻，例如纤细角刺藻、牟氏角毛藻、等鞭金藻等（图2-12-18）。

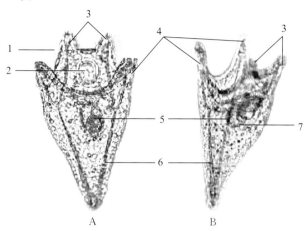

图 2-12-18　中间球海胆四腕幼虫

1. 纤毛　2. 口　3. 前侧腕（口腕）

4. 口后腕（肛门腕）5. 肛门　6. 骨针　7. 胃

视频 2-12-3

中间球海胆四腕幼虫胃蠕动

③ 六腕幼虫期。在水温 18 ℃条件下，受精后第 8 d，进入六腕幼虫期。发育至四腕幼虫后不久，在前侧腕和口后腕之间又生出一对后背腕，此时幼虫称为六腕幼虫。六腕幼虫随着发育个体越来越大，结构也越来越复杂。从六腕幼虫开始形成后背腕，位于幼虫身体两侧，向前侧腕和口后腕之间的口端面周缘部伸出，受到后背针的支撑。幼虫的胃明显可见，主要包含摄食的角毛藻等饵料（图2-12-19）。

④ 八腕幼虫期。在水温 18 ℃条件下，受精后第 13 d，进入八腕幼虫期。在幼虫的前侧腕的内侧，突出一对口前腕，至此幼虫的 4 对腕全部形成。当口前腕生出不久，在接近幼虫腕基部的部分，纤毛带成水平方向，突出于身体的表面，形成两半环状的纤毛带，称为前肩片。同时，在幼虫的后端，以同样方式形成两条半环状的纤毛带，称为后肩片。其排列在幼虫的左右两侧，前后肩片随着幼虫的发育明显突出于体表，成为幼虫的运动器官。肩片出现后不久，幼虫身体左侧逐渐变得平坦，前庭复合体（海胆基）明显可见（图2-12-20）。

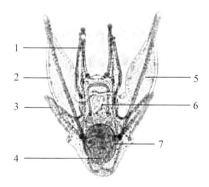

图 2-12-19　中间球海胆六腕幼虫

1. 前侧腕　2. 口后腕　3. 后背腕　4. 胃

5. 骨针　6. 口　7. 背弓

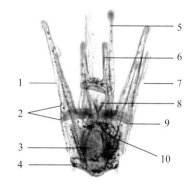

图 2-12-20　中间球海胆八腕幼虫

1. 口后腕　2. 色素　3. 胃　4. 后肩片（后纤毛带）

5. 口前腕　6. 前侧腕　7. 后背腕　8. 口

9. 前肩片（前纤毛带）　10. 前庭复合体（海胆基）

3. 稚胆

在水温 18 ℃条件下，受精后第 22 d，进入稚胆期。随着幼体发育，前庭复合体不断增大，挤压幼虫的胃，发育至稚胆时，前庭复合体的体积可超过胃的体积。前庭复合体中 5 只初级管足，冲破前庭腔伸出体壁，成为幼虫的运动器官。幼虫腕逐渐消失，幼虫棘由体表生出，并增多。消化道改变，幼虫由浮游生活转入底栖生活。幼虫借助管足顶端的吸盘附在底质上，变态至稚海胆。生活方式由浮游向底栖改变，幼虫的摄食习性也由摄食浮游单细胞藻类转向摄食底栖硅藻类。稚胆在波纹板上生长 30~50 d，壳径可达 0.3 cm 以上，此时需从波纹板上剥离，并投喂石莼、囊藻等，壳径达 0.5 cm 后投喂海带（图 2-12-21）。

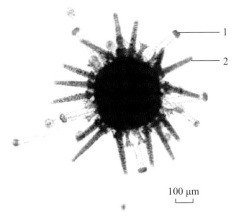

100 μm

图 2-12-21　中间球海胆稚胆
1. 管足　2. 棘

4. 幼胆

在水温 18 ℃条件下，受精后 9~10 个月，当壳径达 1.0 cm 以上时即为幼胆，外形与成胆无区别，可下海养殖。主要摄食海带等大型褐藻（图 2-12-22）。

图 2-12-22　中间球海胆幼胆啃食海带

十三、仿刺参

(一) 概述

1. 名称

仿刺参 *Apostichopus japonicus*（Selenka，1867），又名海参。

2. 分类地位

棘皮动物门 Echinodermata，海参纲 Holothuriodea，楯手目 Synallactida，刺参科 Stichopodidae，仿刺参属 *Apostichopus*，仿刺参 *Apostichopus japonicus*。

3. 形态结构

仿刺参身体呈圆筒形，背面和腹面形态不同，背面隆起，有 4~6 行排列不规则的圆锥形肉刺，腹面平坦，管足密集，排成 3 条不规则的纵带。口在身体前端偏腹面，口周有形状不同的触手。肛门在身体后端，周围有不明显的小疣（图 2-13-1）。

图 2-13-1　仿刺参外形图
1. 头部　2. 尾部　3. 疣足

消化管包括口、食道、胃和肠。肠比较长，分为上行肠和下行肠。生殖腺 2 束，位于背部肠系膜两侧。呼吸器官为树枝状的呼吸树。体壁较厚，分为上皮层和真皮层，内有形态不一的骨片。水管系统呈五辐射对称排列，这是一个集运动、附着、气体交换、物质运输和感觉于一体的多功能系统，也是在无脊椎动物中棘皮动物分类地位高的原因所在。

4. 地理分布

仿刺参主要分布于北太平洋地区，如俄罗斯的萨哈林岛（库页岛）和符拉迪沃斯托克、日本北海道、朝鲜半岛以及我国辽宁、河北、山东沿岸浅海。

5. 生态学特点

仿刺参是典型的狭盐性海洋动物，最适生长温度是 15～23 ℃，盐度范围为 29～32。仿刺参以海底沉积物或细泥沙为食，其栖息地既要有硬质附着基用于附着，又要有含有有机碎屑的泥沙底质用于摄食，因此藻类丰富的岩礁区是仿刺参最喜爱的地方。仿刺参具有夏眠习性，7～9 月，当水温超过 25 ℃时仿刺参会进入夏眠阶段，通过降低自身能量消耗，储存体力和能量。仿刺参再生能力非常强，若环境不适或遇到攻击，可以将内脏（包括消化道、呼吸树、生殖腺）排出体外，经过一段时间的静止后，会再生出新的内脏器官。此外体壁、肌肉带甚至身体缺失一部分，都可修复。

6. 繁殖习性

仿刺参雌雄异体，体外受精。成熟的仿刺参性周期为 1 年，性成熟年龄为 2 龄。自然产卵水温为 17～22 ℃，产卵季节在山东半岛为 5 月底至 7 月中旬，盛期在 6 月中旬至 6 月底，大连地区为 6 月底至 8 月底，7 月上旬到 8 月中旬为盛期。在池塘人工养殖条件下，产卵时间会明显提前。亲参排精和产卵都在晚上进行，一般先排精再产卵，两者间隔时间为 10～60 min。精子从受精孔排出时呈白色烟雾状，在持续 5～10 min 的排精过程中，水质呈现乳白色浑浊。卵子从生殖孔产出后，呈橘红色带状，慢慢散开沉向池底。雌参可产卵 1～3 次，每次持续 5～15 min，产卵量 200 万～300 万粒。

（二） 发育

1. 卵子

仿刺参未受精卵卵径 170～180 μm，均黄卵，卵黄含量少，分布均匀（图 2 - 13 - 2）。

2. 胚胎发育

仿刺参的胚胎发育经历受精卵、卵裂、囊胚和原肠胚 4 个时期，在囊胚阶段孵化。

（1）受精卵。仿刺参以体外受精方式受精。受精时间为第一次成熟分裂中期。受精后，卵黄膜离开卵子表面举起，形成受精膜。受精后 15～20 min 放出第一极体，40～45 min 放出第二极体（图 2 - 13 - 3）。

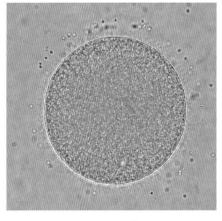
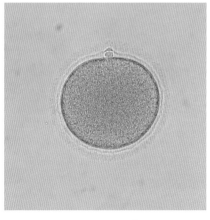

图 2 - 13 - 2　仿刺参未受精卵　　　　图 2 - 13 - 3　仿刺参受精卵

（2）卵裂期。仿刺参的卵裂为完全均等卵裂。在水温 20～21 ℃条件下，受精后大约 1 h 开始第 1 次卵裂。第 1、2 次为纵裂，形成 4 个完全等大的分裂球，两次分裂时间间隔约 30 min，第 3 次卵裂为横裂，形成 8 个等大的分裂球，并排列成上下两层。以后纵、横裂交替进行，形成 32、64、128 分裂球，从动物极看上去，分裂球呈辐射状排列（图 2 - 13 - 4 至图 2 - 13 - 10）。

（3）囊胚期。在水温 20～21 ℃条件下，受精后 6 h，进入囊胚期。仿刺参的囊胚为典型的有腔囊胚。直径 200～210 μm，分裂球数目为 512 个，囊胚表面生有纤毛。在卵膜内转动约 2 h，即受精后 12～15 h 孵化。刚孵化的囊胚呈圆形，直径约 200 μm，在海水中自由旋转，以右旋转为主，以后逐渐变为椭圆形，且动物极较宽，植物极较窄（图 2 - 13 - 11）。

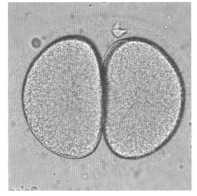
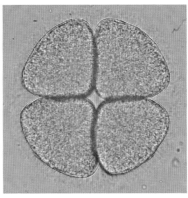
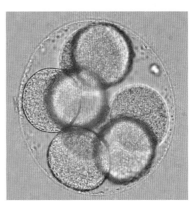

图 2 - 13 - 4　仿刺参 2 细胞期　　　　图 2 - 13 - 5　仿刺参 4 细胞期　　　　图 2 - 13 - 6　仿刺参 8 细胞期

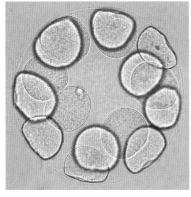
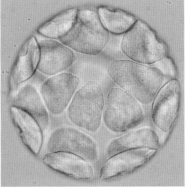
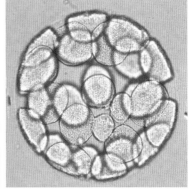

图 2 - 13 - 7　仿刺参 16 细胞期　　　　图 2 - 13 - 8　仿刺参 32 细胞期　　　　图 2 - 13 - 9　仿刺参 64 细胞期

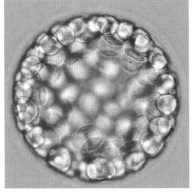
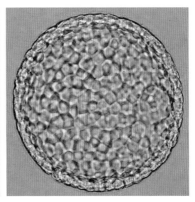

图 2 - 13 - 10　仿刺参多细胞期　　　　图 2 - 13 - 11　仿刺参囊胚期

（4）原肠胚期。在水温 20～21 ℃ 条件下，受精后 16 h 囊胚植物极变得扁平，植物极细胞内陷形成原肠腔，此时为原肠早期。椭圆形的胚体长约 190 μm，宽 179 μm（图 2-13-12）。到原肠晚期，胚体更加拉长（图 2-13-13）。部分细胞迁移到原肠顶端，称为原始间叶细胞，这些细胞将来形成幼虫的骨针。同时原肠从原来直立方向逐渐向胚胎一侧倾斜，该侧将成为腹面。在弯曲过程中与腹面形成的凹陷接近，该凹陷就是口凹。在原肠与口凹连接并打通后形成口，原来的原口成为肛门。在原肠的上方左侧出现体腔囊原基，并逐渐增大（图 2-13-14 和图 2-13-15）。

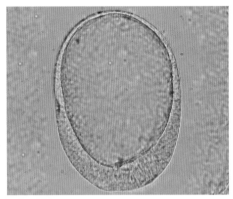

图 2-13-12 仿刺参原肠胚早期

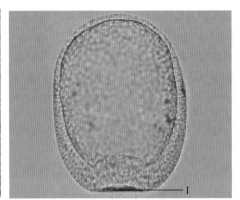

图 2-13-13 仿刺参原肠胚早期示原口内陷
1. 原口（胚孔）

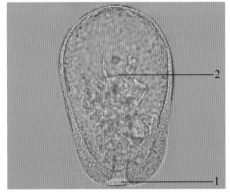

图 2-13-14 仿刺参原肠胚晚期
1. 原口（胚孔）2. 间叶细胞

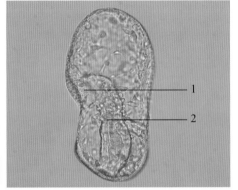

图 2-13-15 仿刺参原肠胚晚期示消化道形成
1. 口凹 2. 消化道

3. 幼虫期

仿刺参幼虫发育经过耳状幼虫、樽形幼虫和五触手幼虫 3 个阶段，然后变态为稚参。

（1）耳状幼虫期。原肠胚后，胚体逐渐变得背腹扁平，周身的纤毛在有些地方已消失，只在身体两侧留下左右两条纤毛带。不久两条纵列纤毛带的首尾端相互连接起来，位于口凹前面的是口前环，而在肛门前面的为肛门环。此时胚体外形很像人的外耳壳，由此而得名。在耳状幼虫的发育过程中，纤毛环的某些部位生长特别快，在幼虫体表形成六对褶皱状的突起，称为幼虫臂。幼虫臂左右对称排列，按位置不同进行命名：近口部的突起称为口前臂，近肛门的突起称为口后臂，体后端的后侧突起称为后侧臂。从背部上方看有前背臂、间背臂和后背臂。耳状幼虫生长过程中，消化道由简单的直管状逐渐分化为界限分明的口、食道、胃、肠和肛门。胃为椭圆形，与食道相连。肠为管状，上段与胃相连，后段开口于肛门。在幼虫早期，体腔系统开始分化，在幼虫左侧、食道与胃交接的地方，体腔囊从顶端分离出来，在向左侧的移动过程中分化为左前体腔、水体腔和左后体腔。左前体腔退化，很小。水体腔囊状，并逐渐变为半圆形，凹面朝向胃，5个初级口触手和5条辐水管从水体腔外侧生出。

在幼虫臂有5对透明的球状体，是纤毛带在幼虫臂基部的增生和加厚，纤毛环消失后，该结构也就不存在了。耳状幼虫在整个幼虫发育阶段经历的时间最长，在水温22～24℃条件下，一般需10～18 d。

耳状幼虫按照幼虫臂生成、消化道分化以及体腔在整个发育阶段的演化等又分为小耳状幼虫、中耳状幼虫和大耳状幼虫。

① 小耳状幼虫。受精后36 h进入小耳状幼虫阶段。周身具有纤毛，四处游动。体长250～400 μm，具有口前臂和口后臂，消化道明显地分为口、食道、胃、肠和肛门，口在腹面中央凹陷，肛门在底部变扁平，可见食道的蠕动和胃的收缩，需要投饵（图2‐13‐16和图2‐13‐17）。

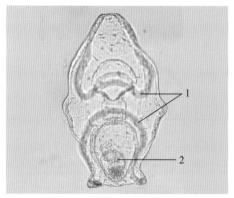 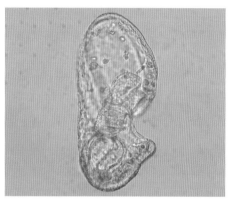

图2‐13‐16　仿刺参小耳状幼虫正面观　　图2‐13‐17　仿刺参小耳状幼虫侧面观

1. 纤毛环　2. 胃

② 中耳状幼虫。体长410～460 μm，有6对幼虫臂，水体腔成半圆形，球状体开始出现（图2‐13‐18）。

③ 大耳状幼虫。体长800～900 μm，有6对粗壮的幼虫臂，水体腔外侧生出5个囊状的初级口触手，5对球状体出现（图2‐13‐19至图2‐13‐21）。

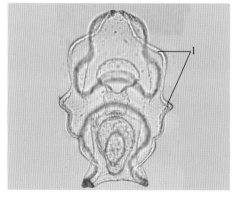 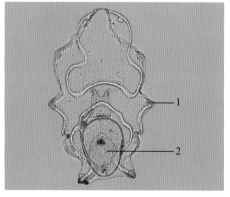

图2‐13‐18　仿刺参中耳状幼虫　　　　图2‐13‐19　仿刺参大耳状幼虫

1. 幼虫臂　　　　　　　　　　　　　　1. 幼虫臂　2. 胃

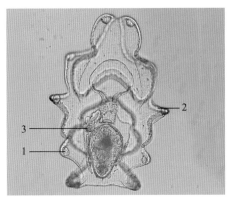
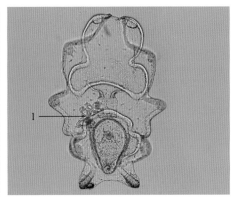

图 2-13-20　仿刺参大耳状幼虫　　　　　图 2-13-21　仿刺参大耳状幼虫

示球状体形成　　　　　　　　　　示体腔形成

1. 球状体　2. 幼虫臂　3. 体腔　　　　　　　1. 体腔

（2）樽形幼虫期。又称桶形幼虫期。大耳状幼虫后期，幼虫身体急剧收缩变小，体长缩至 400 μm，只有大耳幼虫的一半。外部形态的主要变化是体表纤毛环。口前纤毛环和肛门环只保留中间部分和左右各一段，侧纤毛环只在前背、中背、后背各突起部分，以及间背与后背突出之间的凹陷处两侧保留 4 段，这些保留部分相互连接形成 5 条纤毛环。同时口缘外胚层加厚，下陷为前庭。口位置由早期的位于第 2 至第 3 纤毛环之间，前移到幼虫前端中央。初级口触手形成，但没有伸出体表之外。辐水管在环水管的各触手之间形成，并向后方延伸至背中线。神经在触手基部的环水管前形成，并沿辐水管的外侧延伸，形成神经环和 5 条辐神经。石灰质的骨片在体壁开始形成时为 X 形，在触手基部也可以见到同样的骨片（图 2-13-22）。早期樽形幼虫游泳活跃，多近水体中上层；晚期，由于纤毛数量的减少，游泳能力减弱，转入底层活动。樽形幼虫在水温 20～24 ℃ 的情况下，一般需要 1～2 d 变成五触手幼虫。

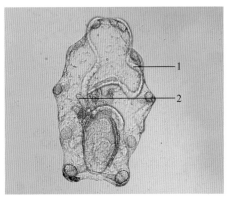
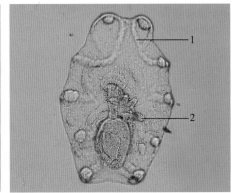

图 2-13-22　仿刺参樽形幼虫（早期）　　　图 2-13-23　仿刺参樽形幼虫

1. 纤毛环　2. 初级口触手　　　　　　　1. 纤毛环　2. 初级口触手

（3）五触手幼虫期。5 个初级口触手从前庭伸出，纤毛环逐渐退化至完全消失，X 形骨片数增加，各骨片相互延伸结合成为骨板，几乎覆盖全部体壁。左前体腔周围的间叶细胞形成一个钙质板，包在左前体腔的外面，形成成体的筛板，筛板上有筛孔，左前体腔与后体腔之间保持相通。五触手幼虫完全营底栖生活，以有机碎屑为食。在水温 22～24 ℃ 下，发育时间为 2～3 d（图 2-13-24）。

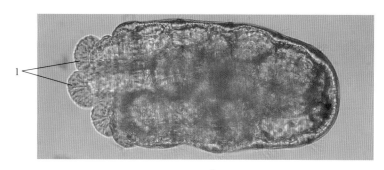

图 2 - 13 - 24　仿刺参五触手幼虫
1. 触手

4. 稚参

　　身体逐渐拉长，并在身体表面形成不规则的钙质骨片。第一管足在幼虫腹部后端肛门的下方形成，不久在第一管足的前方偏右侧长出第二管足。身体背面长出许多刺状突起，称为肉刺或疣足，此时幼虫外部形态与成体相似。最初长度为 0.3~0.4 mm，2 个月后可达 4~5 mm。伴随着色素增多，体色也由无色、半透明、透过体表可看清内脏器官，转变为淡褐色、红色、褐色、深褐色（图 2 - 13 - 25 和图 2 - 13 - 26）。

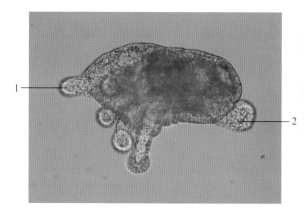

图 2 - 13 - 25　刚开始变态的仿刺参稚参
1. 管足　2. 触手

图 2 - 13 - 26　完成变态的仿刺参稚参

5. 幼参

外部形态同成体。以人工配合饵料或含腐殖质的底泥为食（图 2 - 13 - 27）。

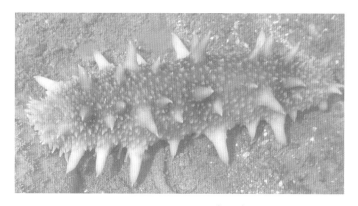

图 2 - 13 - 27　仿刺参幼参

163

十四、半滑舌鳎

(一) 概述

1. 名称

半滑舌鳎 *Cynoglossus semilaevis* (Günther, 1873)。

2. 分类地位

脊索动物门 Chordata，脊椎动物亚门 Vertebrate，硬骨鱼纲 Osteichthyes，鲽形目 Pleuronecti-formes、鳎亚目 Soleoidei、舌鳎科 Cynoglossidae、舌鳎属 *Cynoglossus* (Buchanan – Hamilton, 1822)、半滑舌鳎 *Cynoglossus semilaevis*。

3. 形态结构

半滑舌鳎体延长，侧扁，呈舌形，背、腹缘凸度相似。头部颇短，头长短于头高。眼颇小，均在左侧，上眼前缘在下眼前方，上眼至背鳍基底间的距离约为头长的 3/7。口弯曲呈弓状，左右不对称，无眼侧的弯度较大。口小，右下位，吻延长呈钩状突，向后下方延伸，包覆下颌。两眼位于头部左侧。有眼侧有 2 鼻孔，后鼻孔无管，前鼻孔有管。肛门位于无眼侧 (图 2 - 14 - 1 和图 2 - 14 - 2)。

图 2 - 14 - 1　半滑舌鳎外形图

A. 雌鱼　B. 雄鱼

4. 地理分布

半滑舌鳎是我国特有的近海大型底栖名贵海水鱼类，我国沿海均有分布，以渤海、黄海居多。对渤海海域的调查表明，半滑舌鳎几乎在整个渤海均有分布，其中在渤海湾的南部和莱州湾的中西部数

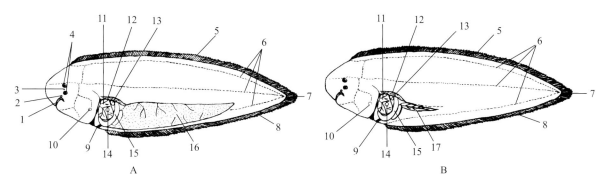

图 2‑14‑2　半滑舌鳎整体结构示意图
A. 雌鱼　B. 雄鱼
1. 吻　2. 前鼻孔　3. 后鼻孔　4. 眼　5. 背鳍　6. 侧线　7. 尾鳍　8. 臀鳍
9. 排泄孔　10. 心脏　11. 肝　12. 肾　13. 脾　14. 胆囊　15. 肠　16. 卵巢　17. 精巢

量最多，在辽东湾的数量较少且多数分布在湾的中南部。

5. 生态学特性

（1）生活习性。半滑舌鳎具有广温、广盐的特性，其生存适宜温度范围为 3～30 ℃，在渤海可自然越冬。养殖实验证明，半滑舌鳎在 7 ℃时仍能摄食，适宜生长的温度为 15～25 ℃。对盐度的适应范围较广，最适生长盐度范围 15～33。人工养殖过程中，半滑舌鳎淡化养殖取得成功，经盐度缓慢地降低过渡后，可在盐度为 2～4 的低盐水体中良好生长。工厂化养殖条件下，生长的溶解氧要求达到 5 mg/L 以上，低于 2 mg/L 时易发生浮头现象。

（2）摄食习性。半滑舌鳎为底栖生物食性鱼类，营养级指数为 2.7。其食性较为广泛，包括十足类、口足类、双壳类、鱼类、多毛类、棘皮动物类、腹足类、头足类及海葵类等 9 个生物类群的 50 多个种，占主导地位的有日本鼓虾、鲜明鼓虾、隆线强蟹、泥足隆背蟹、口虾蛄、鹰抓虾、矛尾虾虎鱼、六丝矛尾虾虎鱼、沙蚕等 10 多种生物。食物个体大小为 0.4～9.9 cm，一般为 2～8 cm。半滑舌鳎是一种底栖比目鱼类，平时游动甚少，喜栖息于泥沙底质海域，栖息水深 5～15 m，觅食时起水很少，喜食沉性饵料，摄食时先以吻部碰触食物，然后咬住食物，慢慢吞咽。半滑舌鳎胃容积较小，但只要有食物就会有摄食行为，胃饱满度低，一般在Ⅰ～Ⅱ级，胃排空率一般为 30%。半滑舌鳎性格温驯，无互相残食现象。

6. 繁殖习性

半滑舌鳎雌雄个体差异较大，雌性个体的平均体长为 523 mm，雄性个体的平均体长为 280 mm。每年 6 月大部分个体游至近海水域，栖息水深为 8～15 m，直到 8 月开始在栖息地进行产卵前的索饵肥育。9 月进入产卵期，产卵水温 23～27.5 ℃，水温降到 22 ℃以下时产卵完全结束。半滑舌鳎在渤海的产卵场范围很广，遍及渤海湾、莱州弯及辽东湾中部。中心产卵场在河口附近水深 10～15 m 的海区。产卵场虽然都处在河口附近，但均避开河水直接冲积、水质浑浊的河口浅水区域。产卵场的表层盐度为 29～32。资源调查结果显示，渤海半滑舌鳎产卵期为 2 个月。产卵初期开始于 8 月下旬，结束于 10 月上旬，盛期为 9 月上旬、中旬。

自然海域中特别是在黄渤海海域，半滑舌鳎的主要繁殖特征为：

（1）雌雄个体大小有显著差异。从已完全性成熟的个体来看：雌鱼最小体长为 490 mm 左右，最大体长可达 735 mm；而雄鱼的最大体长为 420 mm 左右，最小体长只有 198 mm，其中 210～310 mm

的个体占绝对数量。

（2）半滑舌鳎的卵巢极为发达，性成熟的体长为
560～700 mm 的个体的卵巢重量一般为 110～370 g；怀
卵量为 92 200～259 400 粒左右，绝大多数为 150 000 粒
左右。与此相反，雄鱼的精巢极不发达，完全性成熟的
精巢，无论体积或重量都只有成熟卵巢的 1/900～1/200
（图 2 - 14 - 3）。

图 2 - 14 - 3　性成熟的半滑舌鳎卵巢和
精巢体积对比

（二）发育

1. 胚胎发育

半滑舌鳎受精卵为光滑透明，圆形浮性卵，卵径为 1.18～1.31 mm。多油球，油球数一般
97～125 个，随胚胎发育数量和分布位置也变化，油球径为 0.04～0.11 mm。受精卵孵化的密度一
般为 5×10^5～8×10^5 粒/m³，pH 8.0～8.2，DO 5 mg/L 以上，最适盐度 30～33，适宜水温 22～
24 ℃。

（1）卵裂期。受精卵的分裂属盘状卵裂、均等分裂型。卵子受精后 15 min 原生质开始向动物极
一端集中，随之产生卵周隙，30 min 出现胚盘，盘高 0.26 mm，盘底直径 0.68 mm。分散的油球开始
向植物极一端聚集，形成一个环绕植物极的油球环。1 h 30 min 细胞开始分裂，3 h 30 min 为多细胞
期，油球数量减少，聚集在植物极一端（图 2 - 14 - 4）。

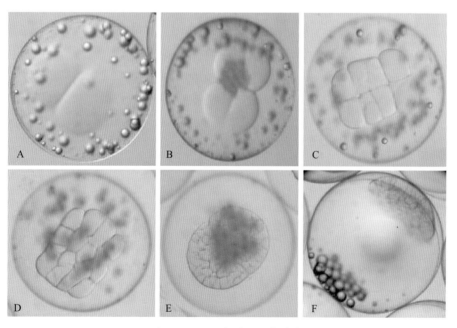

图 2 - 14 - 4　半滑舌鳎卵裂期

A. 2 细胞期　B. 4 细胞期　C. 8 细胞期　D. 16 细胞期　E. 多细胞期　F. 桑葚期

（2）囊胚及胚盾期。受精后 4 h 30 min 形成高囊胚，5 h 30 min 形成低囊胚，胚高占整个卵黄囊的
1/3 并逐渐扩大到 1/2，囊胚腔不明显。受精后 13 h，胚盾出现，胚环边缘加厚，舌状小丘前伸到胚
盘的 1/2。油球不规则地分散在植物极半部（图 2 - 14 - 5）。

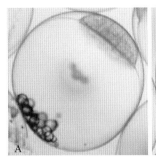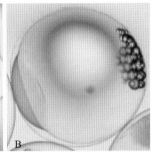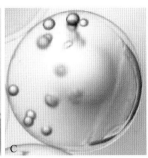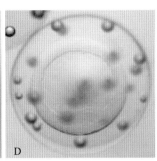

图 2-14-5　半滑舌鳎囊胚及胚盾期

A. 高囊胚期　B. 低囊胚期　C. 原肠早期　D. 原肠中期

（3）胚体形成。受精后 15 h，胚体雏形形成。当胚盘包卵黄囊 3/5 时，胚盾的前端较窄，基部则宽，在胚盾的中央出现了一道隆起的神经脊，约再经 2 h，脊索管隐显。头部产生收缩，并在两侧出现两个膨大椭圆状的视囊，肌节 8~12 对。油球集中在胚孔周围。此时，在视囊后、神经管的两侧出现少量的褐色、点状的色素细胞（图 2-14-6）。

（4）原口关闭。受精后 20 h 30 min，原口完全关闭，克氏泡出现，肌节 16 对，胚体完全形成。脑室膨大，但尚未分化。听囊原基隐约可见。胚体上的褐色点状色素细胞增多，尤以神经管两侧最为密集。受精后 23 h 30 min，胚体变得细长，头部增大并紧紧贴附在卵黄囊上，脑开始分化。心脏出现，嗅窝隐现，克氏泡消失。胚体上的褐色色素细胞变为小星状，数量显著增多，自头部至尾部均匀分布，在胚体两侧的卵黄囊上也有少量分布（图 2-14-7）。

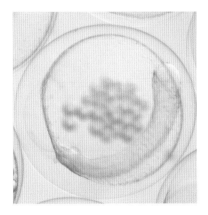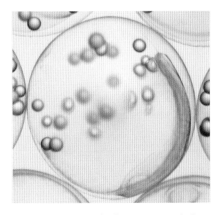

图 2-14-6　半滑舌鳎胚体形成　　　　图 2-14-7　半滑舌鳎原口闭合期

（5）胚体下包卵黄囊 4/5。受精后 25 h 30 min，胚胎下包卵黄囊 3/5，肌节 38 对。脑分化为前、中、后三部分，尾芽上出现鳍膜并开始脱离卵黄囊。胸鳍芽出现，位于听囊后第 3~4 对肌节处。视囊内侧至胸鳍上方的背部，褐色星状色素细胞增大，胚体两侧卵黄囊上的小星状褐色色素细胞亦较前期增多。受精后 29 h 左右，胚体包卵黄囊 4/5，头部前端抬起离开卵黄囊，脑部凸起并分化为清晰的五个部分。视囊呈淡灰色，晶体开始变为暗褐色。心脏开始拉长。油球数量减少，约为 40 个左右，聚集在胚体尾部的卵黄囊处。胚体背部自嗅囊至尾部，布有不规则的星状和小颗粒状的褐色色素细胞，胚体两侧卵黄囊上的星状色素细胞有所减少，但整个卵黄囊上分散着小星状的褐色色素细胞（图 2-14-8）。

（6）孵化期。受精后 32 h，胚体几乎包住整个卵黄囊，胚胎和卵黄囊在卵膜内做不规则的转动。

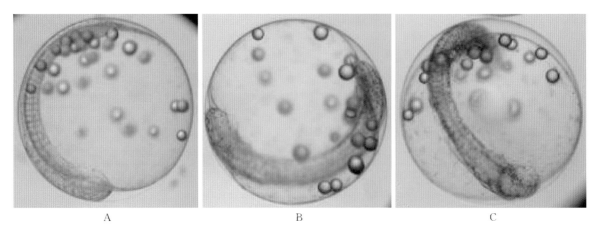

图 2-14-8 半滑舌鳎胚体下包卵黄囊 4/5 时期

A. 胚体包卵黄 1/2 B. 胚体包卵黄 2/3 C. 胚体包卵黄 4/5

背、臀鳍膜完全形成。视囊外突呈肾状。卵黄囊上分散着的小星状色素细胞变为枝状，以胚体两侧的背面最为密集。受精后 34 h，胚体已包住整个卵黄囊，卵膜弹性减弱。听囊清晰。整个胚体的背面布满褐色星状和枝状色素细胞。视囊后缘的内侧出现一个近似圆形的色素圈。胸鳍上方各有一块黑色色素斑。卵黄囊上的星状色素较前期增多。自延脑后至吻端前出现一个环形的孵化腺。再过 2 h，卵膜完全失去弹性，个别仔鱼开始孵出，37～37.5 h 仔鱼相继孵出。仔鱼孵出时绝大多数个体由头部破膜而出（图 2-14-9）。

图 2-14-9 半滑舌鳎孵化期

2. 仔鱼期

（1）前期仔鱼。

① 初孵仔鱼。全长 2.56～2.68 mm。头长 0.48 mm，头高 0.23 mm。背、臀鳍膜较宽，约为体宽的 1.5 倍。卵黄囊呈梨状，前钝圆后稍尖，长径 1.14 mm，短径 0.79 mm。油球相互融合或聚集使数量减至 40 余个，多数聚集在卵黄囊的后半部。直肠形成，肛门前位，肛前距 1.24 mm。仔鱼头部、体部和卵黄囊上分布星状黑色素细胞（图 2-14-10）。

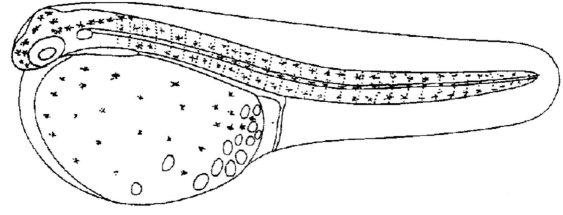

图 2-14-10 半滑舌鳎初孵仔鱼

② 出现感觉器官。孵化后 6 h 的仔鱼，自吻端至体部的 1/2 处出现 8～10 对管状的感觉器官。

背、臀鳍膜上出现大小基本一致的泡状结构，体部上的星状黑色素细胞开始聚集，在体部两侧形成5条黑色素带（图2-14-11）。

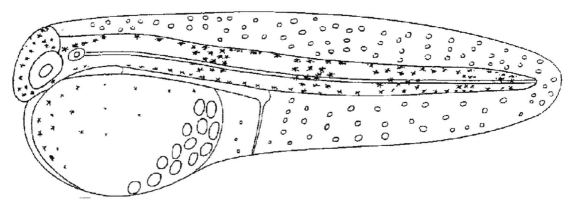

图2-14-11　半滑舌鳎孵化后6h仔鱼

③ 出现冠状幼鳍原基。孵化后13h的仔鱼，全长4.24~4.28 mm，肛前距1.41~1.47 mm。胃已拉长近似葫芦状，肠道变粗，直肠的后上方出现一个透明的圆形膀胱，肛门尚未开口。延脑后出现冠状幼鳍原基。孵化后21h的仔鱼，全长4.60~4.64 mm（4.62±0.02 mm），肛前距1.48~1.53 mm（1.51±0.02 mm）。口窝形成，咽、胃和肠相通，肠道内壁产生褶皱。尾部鳍膜分化出20余条辐射状的弹性丝。冠状幼鳍原基近似三角形（图2-14-12）。

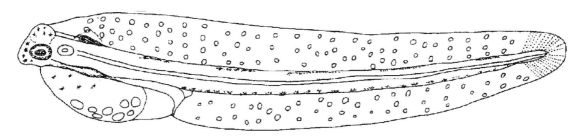

图2-14-12　半滑舌鳎孵化后13h仔鱼

1日龄仔鱼，全长5.03~5.16 mm。卵黄囊大部分被吸收，肛门开口于体外。耳石清晰可见，围心腔和腹腔之间出现隔膜组织，心室壁增厚。冠状幼鳍原基增大，胸鳍芽明显（图2-14-13）。

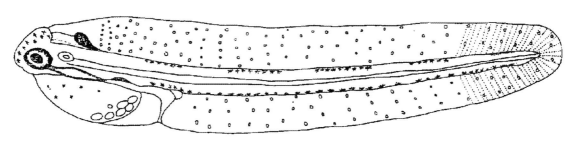

图2-14-13　半滑舌鳎孵化后1日龄仔鱼

1.5日龄仔鱼，冠状幼鳍原基明显增高，其末端达背鳍膜边缘。头部黑色素细胞的分布和形状变化不大，体部两侧的5条黑色素带的颜色有所加浓。背、臀鳍膜上的泡状结构明显减少（图2-14-14）。仔鱼性情活泼，在不同水层水平浮游，频繁改变游动方向，巡游模式基本建立。

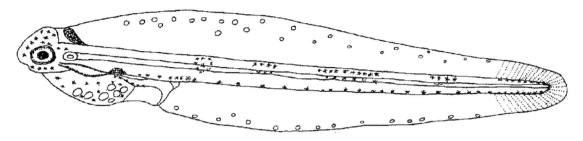

图2-14-14 半滑舌鳎孵化后1.5日龄仔鱼

④ 冠状幼鳍出现。2日龄仔鱼，全长5.41 mm，卵黄囊明显缩小。口已初开。胃膨大呈葫芦状并与肠相通。肠道粗大，内褶增多并开始出现不规则的蠕动。鳃弧2～4对。冠状幼鳍形成，其末端突出背鳍膜。背、臀鳍膜上的泡状结构消失。胸鳍基本形成，约为听囊的1.5倍。体部上的5处色素带较前期更浓密。肠道表面也出现数个星状黑色素细胞（图2-14-15）。少数仔鱼开始觅食，逐渐建立外源性摄食关系。

图2-14-15 半滑舌鳎孵化后2日龄仔鱼

（2）后期仔鱼。

① 卵黄囊消失。3日龄仔鱼，全长5.44～5.56 mm。卵黄囊全部被吸收。口完全裂开，口裂0.28 mm。胃形成，咽、食道、肠相通，肠道弯曲。鳔泡出现，呈圆形。上、下颌及鳃盖骨形成，鳃弧上出现鳃丝。胸鳍进一步增大并具3～4条鳍条。冠状幼鳍增高，为0.26 mm，冠状幼鳍上布满星状褐色色素细胞。头部仍布有星状黑色素，下颌也布有数个星状褐色色素细胞，体部上的5处色素带和腹缘的色素细胞较前期更加浓密，腹囊和肠道表面也布有星状黑色素。肠道蠕动及血液流动均有规律。仔鱼具捕食能力，胃内见有残存食物，外源性摄食关系已建立（图2-14-16）。

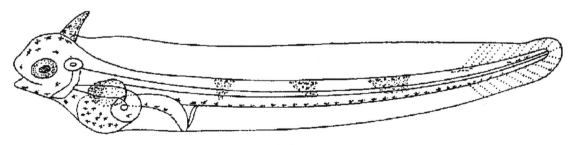

图2-14-16 半滑舌鳎3日龄仔鱼

② 冠状幼鳍鳍条出现。4日龄仔鱼，全长5.68～5.72 mm。冠状幼鳍继续增高，为0.80 mm，冠状幼鳍内出现鳍条。口裂0.34 mm，下颌内沿见有数个小细齿。体部上的5处色素带逐渐向背鳍膜转移（图2-14-17）。

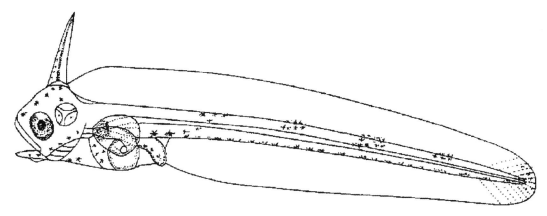

图 2 - 14 - 17　半滑舌鳎 4 日龄仔鱼

5 日龄仔鱼，全长 5.7～5.78 mm。冠状幼鳍 1.10 mm。下颌出现 2 对绒毛齿（图 2 - 14 - 18）。

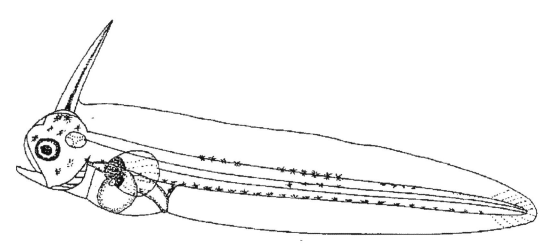

图 2 - 14 - 18　半滑舌鳎 5 日龄仔鱼

6 日龄仔鱼，全长 6.28 mm。背、臀鳍膜均出现褶皱，尾鳍膜出现数条鳍条。冠状幼鳍 1.48 mm。口裂 0.40 mm。鳃弧发育完善，鳃耙隐现。围心腔形成，胸间隔明显。肠道弯曲复杂，肠道内充满食物。背鳍膜上的星状黑色素有所增加，臀鳍膜上出现星状黑色素分布（图 2 - 14 - 19）。

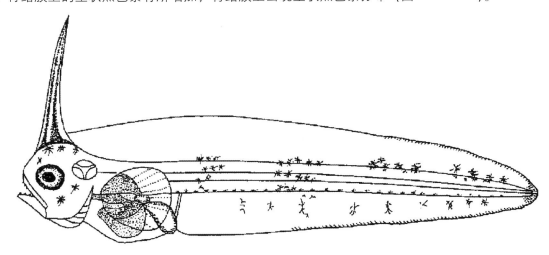

图 2 - 14 - 19　半滑舌鳎 6 日龄仔鱼

　　8 日龄仔鱼，全长 7.10 mm。冠状幼鳍 1.80 mm。下颌略长于上颌，上、下颌各具 4 对绒毛齿。鳃耙 4 对。鳔泡有所增大。12 日龄仔鱼，全长 8.06～8.10 mm。冠状幼鳍 2.10 mm，星状黑色素分布更为浓密。听囊增大，其直径与眼径大小相近。肝已分化成 2 片，肠道盘曲更复杂。背、臀鳍膜上星状黑色素的分布较前增多并出现弹性丝，胸部、腹部和鳔泡表面出现星状黑色素分布（图 2-14-20）。

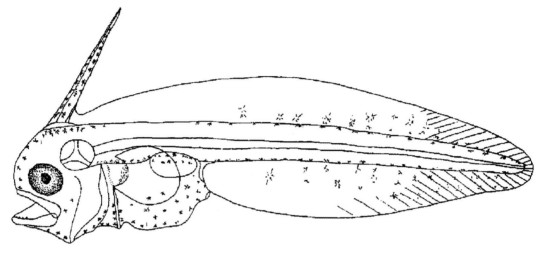

图 2-14-20　半滑舌鳎 12 日龄仔鱼

3. 稚鱼期

　　（1）背、臀鳍条形成。18 日龄稚鱼，全长 10.1～10.36 mm，个体发育进入稚鱼期。冠状幼鳍 4.00～4.20 mm。背、臀鳍担鳍骨分化完全，背鳍条（118）和臀鳍条（91）已形成，但其边缘仍保留着胚胎性鳍膜。胸鳍条 16 条。腹鳍出现，位于胸鳍下方。耳石呈三角形。上、下颌上的绒毛齿增至 6～8 对。体部明显加宽。鳔泡仍然很明显。鱼体各部位的褐色色素细胞较后期仔鱼浓密。冠状幼鳍基部增厚并明显地向前延伸，冠状幼鳍基部的前端已伸达眼睛的前缘，头顶部（前脑的前上方）开始向下凹陷（图 2-14-21）。

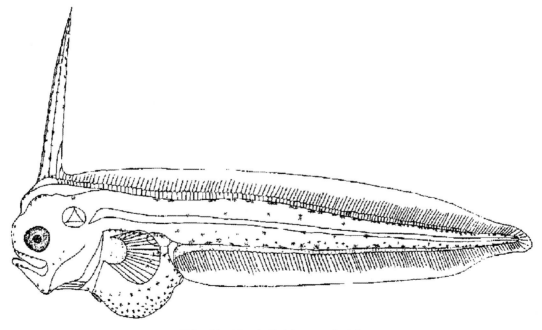

图 2-14-21　半滑舌鳎 18 日龄稚鱼

（2）左右两眼仍完全对称。24 日龄稚鱼，全长 13.42～13.76 mm，肛门处体高 1.80～2.10 mm。冠状幼鳍增高到最长，达 5.00 mm。背、臀鳍条完全形成。鱼体进一步变宽，肌肉加厚，脊椎间隙的结缔组织已形成。神经棘和血管棘清晰可见。体表两侧出现不规则的波纹，褐色色素细胞有所减少。冠状幼鳍基部的前端向前突出成为半圆形，其末端呈游离状。头顶部下凹更为明显（图 2-14-22）。此时，稚鱼左右两眼仍处于完全对称的位置（图 2-14-23）。

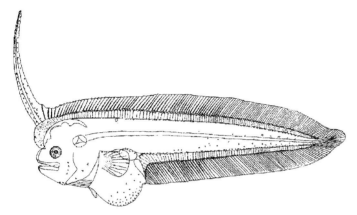 

图 2-14-22 半滑舌鳎 24 日龄稚鱼　　图 2-14-23 半滑舌鳎 24 日龄稚鱼眼位示意图

（3）右眼开始向上移动。25 日龄稚鱼，全长 13.80 mm（图 2-14-24）。右眼开始向上移动（图 2-14-25）。冠状幼鳍开始萎缩并分化出一条略长于第一背鳍条的鳍条，冠状幼鳍 3.18 mm。胸鳍较前缩小，单腹鳍，具鳍条 4 条。肛门开始逐渐向右侧推移。冠状幼鳍基部的前端更为突出，游离部分呈三角形，其末端已达吻部中部。臀鳍条间膜上出现星状褐色色素细胞。

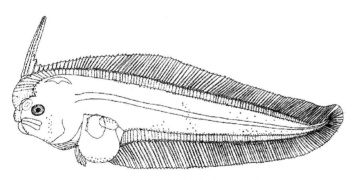 

图 2-14-24 半滑舌鳎 25 日龄稚鱼　　图 2-14-25 半滑舌鳎 25 日龄稚鱼眼位示意图

（4）右眼转到头顶。27 日龄稚鱼，全长 14.60 mm，体长 13.80 mm。冠状幼鳍继续缩短，仅为 1.38 mm（图 2-14-26）。右眼已转到头顶（图 2-14-27）。上颌骨开始歪曲。脊索末端向上弯曲，尾下骨形成。臀鳍继续发育，鳍条的起点位置已前伸到腹部的 1/2 处，臀鳍与腹鳍之间出现鳍间膜。肛门偏位于鱼体的右侧（即无眼侧）。臀鳍条间膜上的星状褐色色素细胞增多，背鳍条间膜上也出现星状褐色色素细胞，体表星状褐色色素细胞也明显增多。

（5）右眼转到左侧。29 日龄稚鱼，全长 15.20～15.40 mm，体长 14.00～14.20 mm（图 2-14-28）。右眼完全转到左侧（图 2-14-29）。冠状幼鳍完全萎缩，仅略长于邻近的背鳍条。胸鳍完全退化、消失。各鳍鳍条发育完全，鳍式为：背鳍 125，臀鳍 96，腹鳍 4，尾鳍 8，与成鱼一致。背鳍前端的突起与眼部及吻部完全愈合，头部轮廓光滑。外部形态与成体基本相似。鱼体各部的色素细胞更加浓密。鳍条间膜上出现橘红色色素细胞。稚鱼游动方式为侧偏游。

173

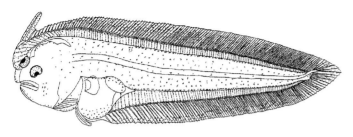

图 2-14-26 半滑舌鳎 27 日龄稚鱼

图 2-14-27 半滑舌鳎 27 日龄稚鱼眼位示意图

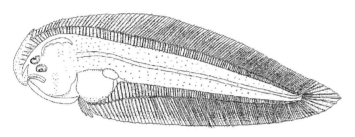

图 2-14-28 半滑舌鳎 29 日龄稚鱼

图 2-14-29 半滑舌鳎 29 日龄稚鱼眼位示意图

4. 幼鱼期

（1）鳞片开始出现。57 日龄幼鱼，全长 25.92～27.36 mm，体长 23.40～24.70 mm。有眼侧侧线基本形成，尾部出现少量鳞片，个体发育进入幼鱼期（图 2-14-30）。

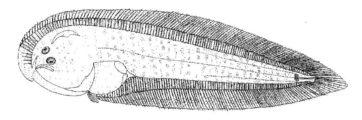

图 2-14-30 半滑舌鳎 57 日龄幼鱼

（2）鳞片完全。79 日龄幼鱼，全长 30.36～30.68 mm，体长 28.00～28.30 mm。有眼侧呈棕褐色，无眼侧呈白色。鳔退化、消失。鳞片发育完全，有眼侧具侧线 3 条。外部形态特征与成鱼相同，惟各部的大小比例略有差异（图 2-14-31）。幼鱼营底栖生活，贴池壁（无眼侧）能力强，不集群，具趋光性。150～270 日龄幼鱼，全长 37.40～51.40 mm，体长 35.00～48.80 mm。肛门处体宽 12.0～20.1 mm。有眼侧体色渐深。随着幼鱼的生长发育，鱼体渐长，同时加宽、增厚。

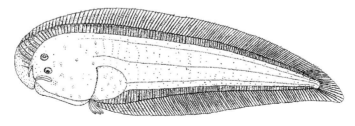

图 2-14-31 半滑舌鳎 79 日龄幼鱼

十五、条斑星鲽

(一) 概述

1. 名称

条斑星鲽 *Verasper moseri*。

2. 分类地位

脊索动物门 Chordata，脊椎动物亚门 Vertebrate，硬骨鱼纲 Osteichthyes，鲽形目 Pleuronecti-formes，鲽亚目 Pleuronectoidei，鲽科 Pleuronectidae，星鲽属 *Verasper*，条斑星鲽 *Verasper moseri*。

3. 形态结构

体长为卵圆形，尾柄短而高。头短，吻短略尖。头长为吻长的 5.0～5.3 倍。眼大，均位于头部右侧，上眼紧邻头的背缘。口中大，近前位。左右侧线同样发达，胸鳍上方的侧线呈弯弓状。背鳍起点于头部背缘凹处，多数鳍条不分支，仅后方少数鳍条分支；背鳍上有 6～7 个黑色条形斑。臀鳍与背鳍相对，起点约在胸鳍基底后下方；臀鳍上有 5～6 个黑色条形斑。腹鳍短小。尾鳍上有 4～5 个较小斑点 (图 2 - 15 - 1)。

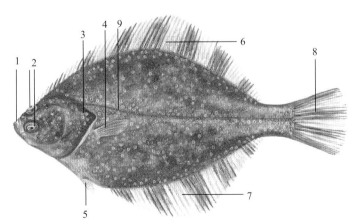

图 2 - 15 - 1 条斑星鲽外形图

1. 吻 2. 眼 3. 鳃盖 4. 胸鳍 5. 腹鳍 6. 背鳍 7. 臀鳍 8. 尾鳍 9. 侧线

4. 地理分布

条斑星鲽为冷温性大型鲽形目鱼类。主要分布于日本茨城县以北的太平洋沿岸和若狭湾以北的日本海沿岸，我国黄海和渤海也有分布。

5. 生态学特点

（1）生活习性。条斑星鲽具有生长速度快、耐低温、抗逆能力强的优良特性，是东北亚地区公认的名贵鱼类。条斑星鲽为冷温性大型底栖鱼类，多栖息在近海水域或海湾内，底质为沙底、泥沙底或海藻繁盛的礁石区域。生活水深一般为 10～40 m，冬季移至约 200 m 深海，春季游回到沿岸产卵。生存水温范围 1～23 ℃，适宜生长水温 13～20 ℃，适宜生长盐度 25～33。

（2）摄食习性。条斑星鲽为底栖杂食性鱼类，主要摄食虾类、蟹类、小型贝类、棘皮动物、头足类动物及小鱼等。人工养殖时可投喂小杂鱼和配合饲料。

（3）生长习性。条斑星鲽生长寿命一般可达 10 年以上，最长可达 14 年，成熟个体的体长为 30～60 cm。目前，发现的最大个体为雌性，其体长为 67.4 cm，体重为 8 kg。据报道，在日本长岛为 5～8 cm 的苗种，经 4 年的人工养殖，雌雄鱼体重分别可达 3 kg 和 0.7 kg。

6. 繁殖习性

条斑星鲽雌雄个体差异较大，同龄雌鱼个体大于雄鱼。条斑星鲽雌鱼全长可达 67 cm 以上，体重可达 8 kg。雌性个体 3 龄时初次性成熟，直至 8 龄时都可以用于苗种生产。自然条件下，在日本北海道太平洋沿岸的繁殖期为 3—5 月，天然产卵场在水深数米至数十米处。卵为悬浮性卵。人工饲育条件下性成熟的条斑星鲽亲鱼的怀卵量（F）为：平均全长 55.73 cm、体重 3 282 g 的雌亲鱼，平均卵巢重量有眼侧为 130.1 g，无眼侧为 138.9 g。两侧卵巢重量之和（GW）与全长（TL）以及体重（BW）之间成指数函数关系：$GW = 5.62e^{007TL}$，$r^2 = 0.68$；$GW = 56.7e^{00044BW}$，$r = 0.83$。平均怀卵量约 57.8×10^4 粒。怀卵量与全长之间成指数函数关系：$F = 18.8e^{0.006TL}$，$r^2 = 0.75$；与体重之间成直线相关关系：$F = 0.244BW - 222.7$，$r^2 = 0.87$。

（二）发育

受精卵在 (9 ± 0.5) ℃水温下历时 196.3 h 脱膜孵出，其各期发育阶段特征及发育速度如下：

1. 胚胎发育

（1）受精卵。条斑星鲽的受精卵为悬浮性卵，圆球形，卵径 1.7～1.9 mm，卵黄透明、均匀，无油球。卵子受精后，受精膜举起，胚盘形成，卵周隙扩大（图 2-15-2）。

（2）卵裂期。受精后 3 h 30 min，胚盘经裂，在胚盘顶部中央出现一纵沟，将胚盘分成 2 个均等的细胞（图 2-15-3）；随后胚盘发生第 2～4 次经裂（图 2-15-4 至图 2-15-6），卵裂沟与前 1 次卵裂垂直，分裂球等大，进入 16 细胞期；12 h 15 min，发生第 5 次经裂，进入 32 细胞期（图 2-15-7），卵裂球大小不一；14 h 30 min，胚盘发生第 1 次纬裂，形成排列不均的 2 层细胞（图 2-15-8）；细胞不断分裂，在动物极处排成多层，形成表面粗糙的圆帽状细胞群，进入桑

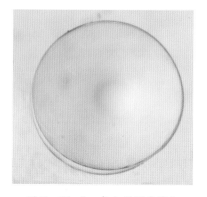

图 2-15-2　条斑星鲽受精卵

葚胚期（图2-15-9）。

（3）囊胚期。受精后26 h 20 min，圆帽状细胞群表面变得光滑，细胞继续分裂增多，形成高囊胚（图2-15-10）；29 h 50 min，进入低囊胚期（图2-15-11），细胞不断分裂，囊胚层边缘开始变薄并向扁平发展，为原肠下包作用做好准备，开始形成原肠腔。

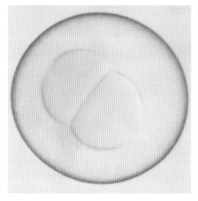
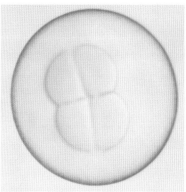
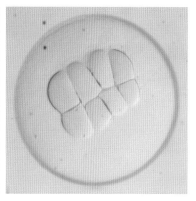

图2-15-3 条斑星鲽2细胞期　　　图2-15-4 条斑星鲽4细胞期　　　图2-15-5 条斑星鲽8细胞期

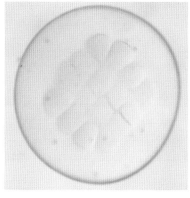
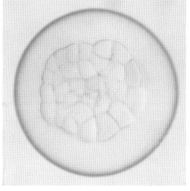
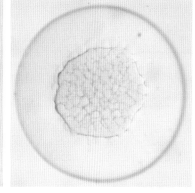

图2-15-6 条斑星鲽16细胞期　　　图2-15-7 条斑星鲽32细胞期　　　图2-15-8 条斑星鲽64细胞期

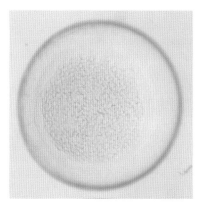
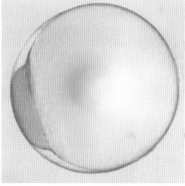
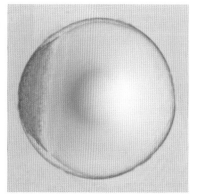

图2-15-9 条斑星鲽桑葚胚期　　　图2-15-10 条斑星鲽高囊胚期　　　图2-15-11 条斑星鲽低囊胚期

（4）原肠胚期。受精后46 h 50 min，原肠腔形成，原肠胚边缘下包，进入原肠早期（图2-15-12）；胚盘继续下包，胚盘背部中线处胚盾渐明显（图2-15-13）。受精后84 h 30 min，原肠腔壁加厚，胚体雏形形成（图2-15-14），并于其前端略为膨大成脑泡原基，胚胎进入原肠后期（图2-15-15）。

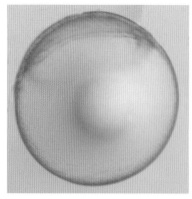 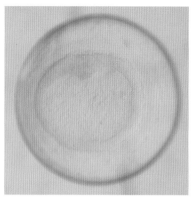

图 2-15-12　条斑星鲽原肠早期　　图 2-15-13　条斑星鲽胚盾形成

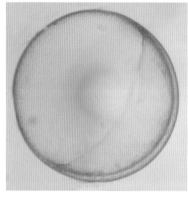

图 2-15-14　条斑星鲽原肠中期　　图 2-15-15　条斑星鲽原肠后期

（5）神经胚期。受精后 98 h 10 min，原口即将关闭，胚体头部形成，胚体头部两侧向外隆起，形成视囊。胚体一部分明显加厚，形成神经板，神经板两侧加厚，隆起，形成神经褶，成为神经沟，神经褶从神经沟中部愈合并逐渐向两端愈合，形成神经管，体节 5～6 对，克氏泡原基形成（图 2-15-16）。

（6）器官发生期。受精后 156 h 40 min，原口完全关闭，胚体下包 1/2，胚体的头部和尾部明显，胚体体节 6～8 对，胚体分布少量色素，点状色素遍布全身，尾部较为密集，头部相对较少（图 2-15-17）。当胚体下包 3/4 时，体节 30 多对；心脏隆起，心跳 20～40 次/min；晶体形成，卵黄囊上分布 6～8 个枝状黑色素。胚体尾端有 2 个小的不易发现的椭圆形亮泡状结构，可能是膀胱原基。在头部卵膜上形成一个圆圈状结构，为孵化圈（孵化酶的密集区）（图 2-15-18）。

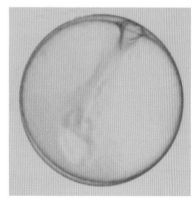 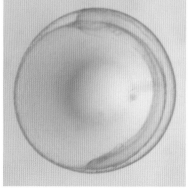 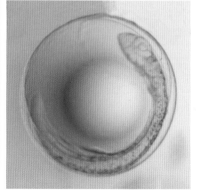

图 2-15-16　条斑星鲽神经胚期　　图 2-15-17　条斑星鲽胚体下包　　图 2-15-18　条斑星鲽胚体下包
　　　　　　　　　　　　　　　　　　　　　　卵黄囊 1/2 时期　　　　　　　　　卵黄囊 3/4 时期

（7）肌肉效应期。胚胎已绕卵黄囊约4/5，尾部扭转明显，胚体呈"V"形附在卵黄囊上（图2-15-19）。卵黄囊缩小，和胚体头部间出现空隙，为头部破膜做准备。头部色素增多，卵黄囊上色素增多。头部的孵化圈范围扩大。胚体出现间断性收缩（肌肉效应），肌肉扭动频率10～15次/min，心跳40～50次/min。

（8）孵化期。胚体扭动幅度和频率加大，肌肉扭动频率20～30次/min。卵黄囊进一步缩小，胚体头部先将卵膜顶破（图2-15-20），随着胚体的扭动，胚体按照先头部后尾部顺序脱膜而出（图2-15-21）。

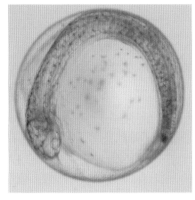 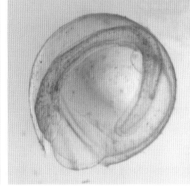 

图2-15-19 条斑星鲽胚体　图2-15-20 条斑星鲽胚体开始脱膜　图2-15-21 条斑星鲽胚体正在脱膜
肌肉效应期

2. 仔鱼期

（1）卵黄囊仔鱼。

① 初孵仔鱼。全长（4.92±0.29）mm（$n=40$），卵黄囊较大，呈扁椭圆形，长径（1.92±0.30）mm，短径（1.22±0.35）mm。头长占全长的11.2%，肛前长占全长的45.3%，眼径为头长的52.5%。消化肠管平直，紧贴卵黄囊背部边缘分布。仔鱼肌节数38。头部向下贴在卵黄上，分化为5部分，耳石清晰。仔鱼胸鳍原基出现。靠近尾部躯干两侧鳍膜上各有一枝带状黑色素区，其中点状色素小区5～7个，颜色较淡，卵黄囊及膀胱上分布枝状淡黄色色素。躯干上除尾部外分布有淡黄色的枝状和点状色素。背鳍膜起始于头顶部后方，中间部高约0.4 mm，略高于两端。初孵仔鱼腹部朝上或呈横卧状态在水面漂浮，集群分布，活动能力较弱（图2-15-22）。

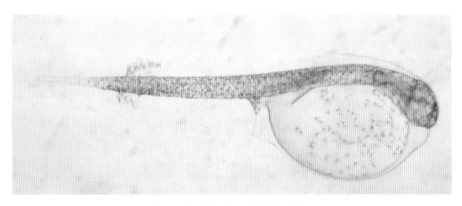

图2-15-22 条斑星鲽初孵仔鱼

② 2日龄仔鱼。全长（5.77±0.14）mm，卵黄囊体积减小约55%。头长占全长的10.9%，肛前

长占全长的 45.9%，眼径为头长的 63.2%。仔鱼头部脱离卵黄囊抬起，肠道开始膨大。头部和躯干点状色素增多，头部及躯干中前部呈淡黄色。背鳍膜上色素带延长加密，呈淡黄色。眼囊开始沉积淡黄色色素。仔鱼在水体中做间歇性蹿动。肠道后端与膀胱连接处膨大，内部出现缢痕（图 2‑15‑23）。

图 2‑15‑23 条斑星鲽孵化后 2 日龄仔鱼

③ 4 日龄仔鱼。全长（6.35±0.30）mm，卵黄囊吸收 70%，由椭圆形变成梨形，向后收缩。头长占全长的 8%，肛前长占全长的 39.4%，眼径为头长的 49.2%。仔鱼胸鳍鳍膜长约 0.7 mm。躯干除尾部无色素分布外其他部分体色加深，主要为枝状色素和点状色素，整体呈淡黄色。背鳍膜上色素带延长，达 0.5~0.6 mm，尾端部仍透明无色素。膀胱腔扩大，肠道内出现褶皱。眼囊边缘点状黑色素密集，呈淡黑色。卵黄囊和膀胱上枝状色素密集（图 2‑15‑24）。

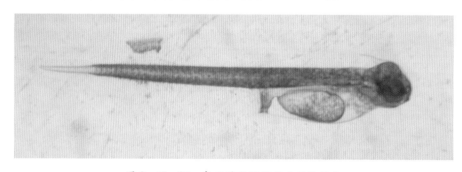

图 2‑15‑24 条斑星鲽孵化后 4 日龄仔鱼

④ 7 日龄仔鱼。全长（6.65±0.28）mm，卵黄囊 87% 被吸收。仔鱼肛门开通，开口，口裂约 0.45 mm。眼囊和晶体变黑。头长占全长的 8.9%，肛前长占全长的 39.9%，眼径为头长的 50.4%。消化系进一步发育，肠内可见 4~5 个褶皱，肠道长度约 4.5 mm。躯干前中部、头部、腹部、膀胱上点状和枝状淡黄色色素密集，体色呈黑色。躯干后部两侧的背鳍膜和腹鳍膜上色素带延长，颜色加深，呈对称分布（图 2‑15‑25）。

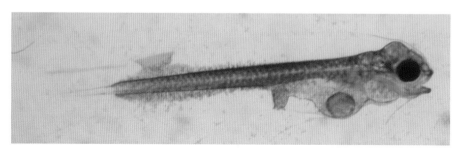

图 2‑15‑25 条斑星鲽孵化后 7 日龄仔鱼

⑤ 9 日龄仔鱼。全长（6.82±0.25）mm，卵黄囊消耗殆尽。头长占全长的 9.8%，肛前长占全长的 39.8%，眼径为头长的 48.6%。消化系统发育完善，肠内可见 4～5 个褶皱，肠道长度约 4.5 mm。仔鱼开始摄食轮虫。躯干两侧鳍膜上色素带颜色加深，向前分别延伸到头后部和膀胱后部（图 2 - 15 - 26）。

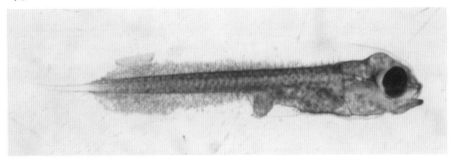

图 2 - 15 - 26　条斑星鲽孵化后 9 日龄仔鱼

（2）弯曲前仔鱼。

① 15 日龄仔鱼。全长（7.23±0.31）mm。头长占全长的 14.6%，肛前长占全长的 44.9%，眼径为头长的 40.5%。消化道第一个生理弯曲形成，肠道饱满，饵料类型主要是卤虫无节幼体，少量轮虫。仔鱼摄食时，头部向上调整位置，然后迅速攻击食物，吞食。躯干两侧鳍膜上色素带延长，颜色加深。躯干上的色素开始有星状的成体黑色素分布，体呈棕黑色。仔鱼活力强，对外界刺激的反应较快，趋光分布（图 2 - 15 - 27）。

图 2 - 15 - 27　条斑星鲽孵化后 15 日龄仔鱼

② 19 日龄仔鱼。全长（8.02±0.45）mm。头长占全长的 20.8%，肛前长占全长的 46.4%，眼径为头长的 39.4%。体高开始明显增加。肠道内饵料全部为卤虫无节幼体。鱼体呈黑色（图 2 - 15 - 28）。

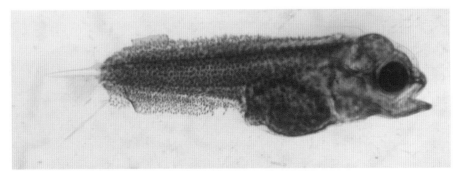

图 2 - 15 - 28　条斑星鲽孵化后 19 日龄仔鱼

（3）弯曲仔鱼。21日龄仔鱼。全长（8.31±0.23）mm。头长占全长的23.6%，肛前长占全长的45.2%，眼径为头长的32.3%。脊索末端椎骨开始上翘，形成尾扇。仔鱼活力强，在水体中游动活泼，积极摄食卤虫无节幼体。仔鱼除尾部和背臀鳍膜边缘外，都密布点状、星状和枝状黑色素和黄色素。鱼体呈青黑色（图2-15-29）。

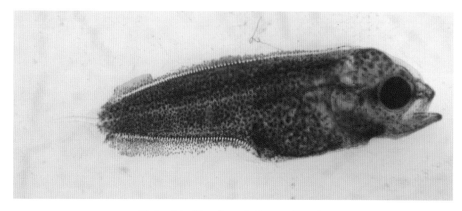

图2-15-29 条斑星鲽21日龄仔鱼

（4）弯曲后仔鱼。28日龄仔鱼。全长（9.32±0.54）mm，体宽（4.14±0.22）mm。头长占全长的26.4%，肛前长占全长的41.9%，眼径为头长的26.9%。尾椎弯曲过程完成，上曲的尾椎成为尾鳍的一部分。个体生长加快，体表色素逐渐变为均匀分布的圆点状黑色素，头部黑色素较躯干少。腹部膨大，体宽迅速拉长，向扁平发展。鱼体为棕黑色（图2-15-30）。

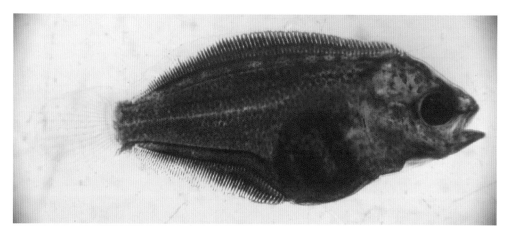

图2-15-30 条斑星鲽28日龄仔鱼

3. 稚鱼期

（1）32日龄稚鱼。全长（10.22±0.41）mm。头长占全长的30.3%，肛前长占全长的40.8%，眼径为头长的26.1%。仔鱼左眼开始上升，进入变态期，仔鱼多数时间在水体中下部游动。仔鱼全部摄食卤虫无节幼体，开始进行配合饲料诱导。鱼体呈稍微透亮的暗黄色（图2-15-31）。

（2）36日龄稚鱼。全长（11.61±0.21）mm。头长占全长的31.7%，肛前长占全长的39.6%，眼径为头长的26.6%。约55%苗种左眼上升约1/2，体色变淡，除尾部外其他身体部位均分布点状和星状成体黑色素，背鳍上隐约可见3~4个黑色素密集带（图2-15-32）。

图 2 - 15 - 31　条斑星鲽 32 日龄稚鱼

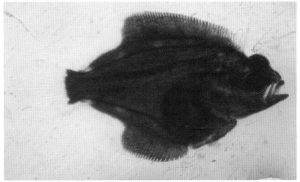

图 2 - 15 - 32　条斑星鲽 36 日龄稚鱼

（3）42 日龄稚鱼。全长（13.81±0.48）mm。头长占全长的 26.3%，肛前长占全长的 34.1%，眼径为头长的 29.2%。左眼上升头顶正中央，右侧可见。背鳍的前 2/3 部分和臀鳍的 1/3 部分的鳍膜边缘着黑色素。鼻孔分化形成。鱼苗平向游泳，开始不断向底部栖息，尝试伏底。此时鱼苗摄食卤虫无节幼体和配合饲料，摄食量大，肠胃饱满，生长迅速，约 67% 的苗种处于变态期（图 2 - 15 - 33）。

（4）50 日龄稚鱼。全长（16.50 ± 3.45）mm，体宽（10.28 ± 2.15）mm，头长占全长的 29.03%，肛前长占全长的 29.67%，眼径为头长的 26.3%。左眼转过头顶。鱼苗 90% 以上伏底，开始营底栖生活。苗种无眼侧色素逐渐褪去，个体外观上与成体除色素外已无区别（图 2 - 15 - 34）。苗种完全摄食配合饲料。

图 2 - 15 - 33　条斑星鲽 42 日龄稚鱼

图 2 - 15 - 34　条斑星鲽 50 日龄稚鱼

4. 幼鱼期

全长（30.50 ± 6.62）mm，体宽（15.25 ± 3.64）mm，头长占全长的 26.82%，肛前长占全长的 28.32%，眼径为头长的 25.7%。体呈灰褐色。胸鳍条 11 根，与成体一致，尾鳍条末端开始分叉。侧线形成。尾鳍着色。背鳍上形成 9～10 个间隔排列的黑色色素条斑，臀鳍上 7～8 个黑色素条斑，体态与成鱼相似（图 2 - 15 - 35）。

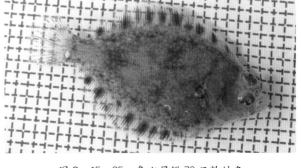

图 2 - 15 - 35　条斑星鲽 70 日龄幼鱼

十六、大黄鱼

(一) 概述

1. 名称

大黄鱼 *Larimichthys crocea*。

2. 分类地位

脊索动物门 Chordata，脊椎动物亚门 Vertebrata，硬骨鱼纲 Osteichthyes，鲈形目 Perciformes，石首鱼科 Sciaenidae，黄鱼属 *Larimichthys*，大黄鱼 *Larimichthys crocea*。

3. 形态结构

大黄鱼体型延长，侧扁，背缘和腹缘广弧形，尾柄细长。头侧扁，大而尖钝。吻钝尖，吻长大于眼径。眼中大，上侧位，位于头的前半部。大黄鱼全身被鳞，鳞小，鱼体背侧及上侧面黄褐色，下侧面和腹面金黄色，背鳍及尾鳍灰黄色，臀鳍、胸鳍和腹鳍黄色，唇橘红色。背鳍与侧线间具鳞8~9行，侧线鳞56~57个。鱼体各部比例为：体长为头长的3.9~4.3倍，头长为眼径的3.7~4.1倍，体长为体高的3.7~4.1倍，尾柄长为尾柄高的3.1~3.9倍（图2-16-1）。

鱼鳔侧枝的分枝情况和小黄鱼有明显区别。大黄鱼的鳔侧枝的前小枝和后小枝一样长，而小黄鱼的鳔侧枝的前小枝明显比后小枝长。

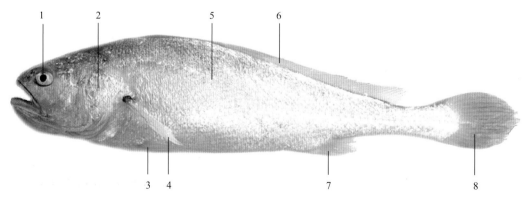

图2-16-1 大黄鱼外形图

1. 眼 2. 鳃盖 3. 腹鳍 4. 胸鳍 5. 侧线 6. 背鳍 7. 臀鳍 8. 尾鳍

4. 地理分布

大黄鱼自然种群分布范围较广，南至我国南海的雷州半岛、北至我国黄海以及朝鲜的西南部外海。我国沿海大黄鱼常分为 3 个种群：黄海南部至东海中部的岱衢族，福建嵛山以南至珠江口以东的闽-粤东族，珠江口以西至琼州海峡的硇洲族。

5. 生态学特性

大黄鱼为近海暖水性集群洄游鱼类，主要栖息在水深 80 m 以内的近海水域的中下层，厌强光，喜逆流。黎明、黄昏或大潮时多上浮，白昼或小潮时下沉。

大黄鱼对水温的适应范围为 10~32 ℃，最适生长温度为 18~25 ℃，当水温低于 14 ℃ 或超过 30 ℃ 时，大黄鱼摄食减少或停止。大黄鱼的生长盐度范围为 15~35，最适生长盐度为 22~30。不同地理种群的大黄鱼对温度和盐度的适应范围会有所差异。大黄鱼适应海水的 pH 为 7.85~8.35，对溶氧量的要求一般在 4 mg/L 以上。大黄鱼为肉食性鱼类，幼鱼主要摄食磷虾、桡足类、糠虾、甲壳类等浮游动物。成鱼主要摄食小型鱼类及甲壳动物，多在晚间及小潮时摄食。大黄鱼一般在 3 龄前生长较快，而后趋于缓慢。体长在 1 龄达到生长高峰，从 2 龄开始生长速度迅速降低。在同龄大黄鱼中，雌鱼的生长速度明显比雄鱼快。

6. 繁殖习性

大黄鱼具有明显的生殖、索饵与越冬洄游的习性。每年春季，生殖腺发育成熟的鱼群分批从外海越冬区集群游向浅海和近海产卵场产卵，亲鱼产卵后分散在河口和岛屿一带海区进行索饵育肥；在秋末冬初水温急剧降低时，大黄鱼游向深水区越冬。

大黄鱼的繁殖力随年龄、体长、体重的增长而提高，但高龄鱼（5 龄以上）的繁殖力会下降。此外，大黄鱼的繁殖力与营养条件及栖息水域有一定的关系。当水温达到 18~19.5 ℃ 时开始从外海向近海作生殖洄游，进入产卵场。水温在 22~25 ℃ 为大黄鱼的生殖盛期，低于 18 ℃ 或超过 28 ℃，均不适合大黄鱼的繁殖。盐度在 22~30 最适宜大黄鱼繁殖。大黄鱼产卵场多在河口附近或岛屿、内湾的近岸浅水区。3—6 月为春季产卵盛期，9—11 月为秋季产卵盛期，性成熟鱼群产卵时会发出"咕咕"的声音，多在傍晚至午夜产卵。大黄鱼为分批产卵鱼类，产卵可延续数天。

（二）发育

1. 胚胎发育

大黄鱼在水温 23 ℃、盐度 27 时的胚胎发育经历受精卵、卵裂期、囊胚期、原肠胚期、卵黄栓形成期、眼泡出现期、胚孔闭合期、晶体出现期、尾芽期、心跳期、肌肉效应期、出膜期，大约经过 26 h 38 min，受精卵孵化完成。

（1）受精卵。受精卵呈圆球形，属浮性卵，油球位于卵中央（图 2-16-2）。

（2）卵裂期。在水温 23 ℃、盐度 27 的情况下，卵裂期经历 4 h 10 min 左右，分为 2 细胞期、4 细胞期、8 细胞期、16 细胞期、32 细胞期、64 细胞期和多细胞期。各期特征如下：

① 2 细胞期。受精后 55 min 左右，胚盘扩大且顶部中央出现纵裂沟，把细胞纵裂为 2 个大小相同的细胞（图 2-16-3）。

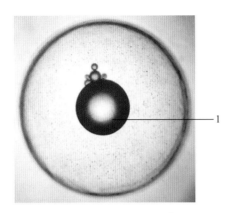

图 2－16－2　大黄鱼受精卵

1. 油球

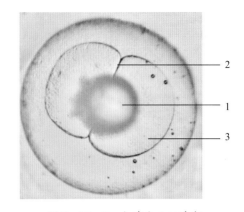

图 2－16－3　大黄鱼 2 细胞期

1. 油球　2. 纵裂沟　3. 细胞

②4 细胞期。受精后 1 h 5 min 左右，开始第 2 次纵裂，分裂沟与原分裂沟成直角相交，经裂成 4 个细胞（图 2－16－4）。

③8 细胞期。受精后 1 h 25 min 左右，开始第 3 次纵裂，在第 1 分裂面两侧各出现 1 条与之平行的凹沟，并与第 2 分裂面垂直，形成两排各 4 个大小不同的细胞（图 2－16－5）。

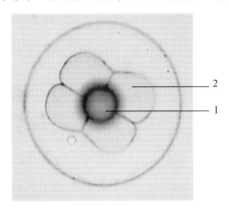

图 2－16－4　大黄鱼 4 细胞期

1. 油球　2. 细胞

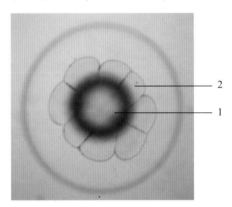

图 2－16－5　大黄鱼 8 细胞期

1. 油球　2. 细胞

④16 细胞期。受精后 1 h 45 min 左右，开始第 4 次分裂，出现垂直于第 1 与第 3 分裂面的凹沟，平行于第 2 分裂沟，纵裂成 16 个大小不同的细胞（图 2－16－6）。

⑤32 细胞期。受精后 2 h 5 min 左右，开始第 5 次分裂，通过经裂形成 32 个排列不规则的细胞（图 2－16－7）。

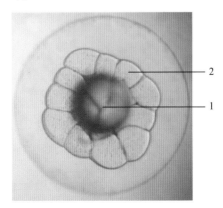

图 2－16－6　大黄鱼 16 细胞期

1. 油球　2. 细胞

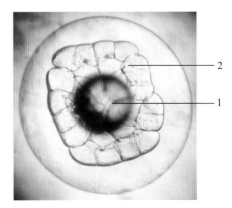

图 2－16－7　大黄鱼 32 细胞期

1. 油球　2. 细胞

⑥ 64 细胞期。受精后 2 h 30 min 左右，开始第 6 次分裂，通过经裂形成 64 个排列不规则的细胞（图 2 - 16 - 8）。

⑦ 多细胞期。细胞继续分裂，细胞数目不断增加，体积逐渐变小，形成多细胞期（图 2 - 16 - 9）。

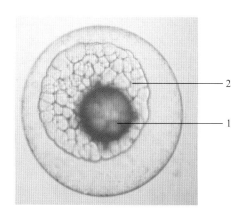

图 2 - 16 - 8　大黄鱼 64 细胞期
1. 油球　2. 细胞

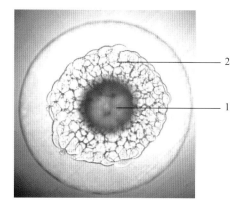

图 2 - 16 - 9　大黄鱼多细胞期
1. 油球　2. 细胞

（3）囊胚期。大黄鱼的囊胚经历高囊胚、低囊胚两个时期。

① 高囊胚期。受精后 5 h 5 min 左右，细胞分裂得更细，界限不清，在胚盘上堆积成帽状突出于卵黄上，胚盘周围细胞变小，形成高囊胚期（图 2 - 16 - 10）。

② 低囊胚期。受精后 6 h 30 min 左右，细胞被分裂成愈来愈小且数多，胚盘中央隆起部逐渐降低向扁平发展，并下包形成低囊胚期（图 2 - 16 - 11）。

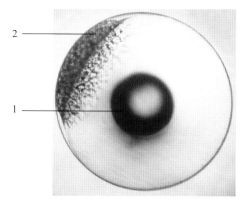

图 2 - 16 - 10　大黄鱼高囊胚期
1. 油球　2. 囊胚层

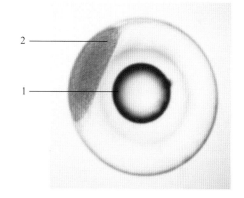

图 2 - 16 - 11　大黄鱼低囊胚期
1. 油球　2. 囊胚层

（4）原肠胚期。

① 原肠胚初期。受精后 7 h 30 min 左右，胚盘边缘细胞增多，从四周向植物极下包，细胞内卷形成环状的胚环（图 2 - 16 - 12）。

② 原肠胚中期。受精后 9 h 20 min 左右，胚盘扩大，开始下包卵黄 1/3，继续内卷形成胚盾（图 2 - 16 - 13）。

③ 原肠胚晚期。受精后 10 h 10 min 左右，胚盘向下包卵黄 1/2，神经板形成，胚盾不断向前延伸，出现胚体雏形（图 2 - 16 - 14）。

（5）卵黄栓形成期。受精后 11 h 左右，胚盘下包 3/5，胚体包卵黄 1/3，并出现 1 对肌节，卵黄栓形成（图 2 - 16 - 15）。

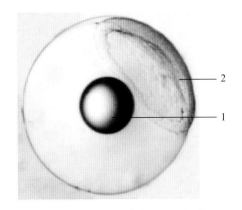

图 2 - 16 - 12　大黄鱼原肠胚初期
1. 油球　2. 胚环

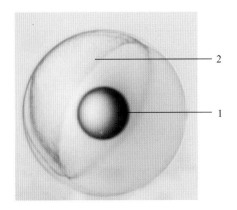

图 2 - 16 - 13　大黄鱼原肠胚中期
1. 油球　2. 胚盾

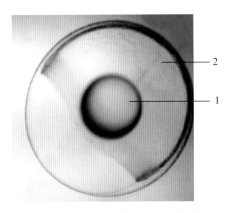

图 2 - 16 - 14　大黄鱼原肠胚晚期
1. 油球　2. 胚体雏形

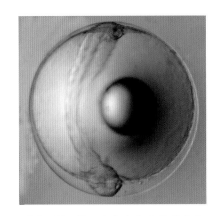

图 2 - 16 - 15　大黄鱼卵黄栓形成期

（6）眼泡出现期。受精后 11 h 50 min 左右，胚孔即将封闭，在前脑两侧出现 1 对眼泡。此时胚体包卵黄约 1/2，两侧视囊出现。肌节 4～6 对（图 2 - 16 - 16）。

（7）胚孔闭合期。受精后 13 h 50 min 左右，胚孔关闭，胚体后部出现小的克氏泡，头部腹面开始出现心原基，肌节为 9 对（图 2 - 16 - 17）。

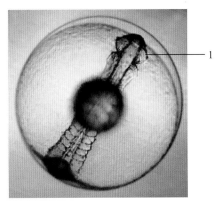

图 2 - 16 - 16　大黄鱼眼泡出现期
1. 眼泡

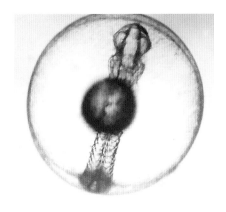

图 2 - 16 - 17　大黄鱼胚孔闭合期

（8）晶体出现期。受精后 15 h 50 min 左右，胚体包卵黄 3/5，视囊晶体出现，克氏泡未消失，肌

节为 12～14 对（图 2 - 16 - 18）。

（9）尾芽期。受精后 17 h 50 min 左右，胚体包卵黄 4/5，耳囊呈小泡状出现，克氏泡消失。胚体后端出现雏状尾芽，尾鳍褶出现，肌节 18 对（图 2 - 16 - 19）。

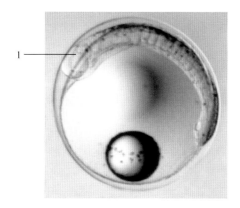

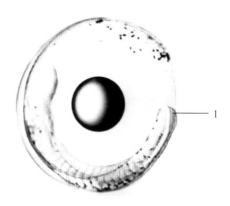

图 2 - 16 - 18　大黄鱼晶体出现期

1. 晶体

图 2 - 16 - 19　大黄鱼尾芽期

1. 尾芽

（10）心跳期。受精后 20 h 35 min 左右，心脏搏动开始每分钟 100 次左右，胚体颤动，尾从卵黄上分离出来，并延伸占胚体的 1/3，肌节 25 对（图 2 - 16 - 20）。

（11）肌肉效应期。受精后 24 h 30 min，胚体全包卵黄，尾鳍可伸到头部，胚体不断颤动，心跳约 140 次/min（图 2 - 16 - 21）。

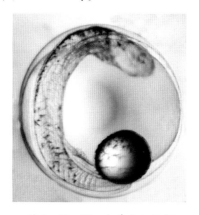

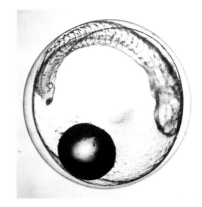

图 2 - 16 - 20　大黄鱼心跳期　　　图 2 - 16 - 21　大黄鱼肌肉效应期

（12）出膜期。受精后 26 h 38 min 左右，卵膜显得松弛而有皱纹，膜内胚体不断颤动，尾部摆动剧烈，最后仔鱼破膜而出（图 2 - 16 - 22）。

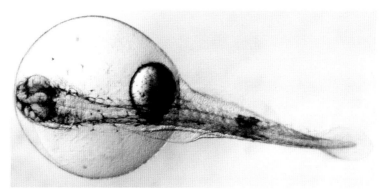

图 2 - 16 - 22　大黄鱼出膜期

2. 仔鱼期

大黄鱼受精卵在水温 23 ℃、盐度 27 时经过 26 h 38 min 孵化出来。初孵仔鱼全长 2.76 mm，头紧贴在卵黄囊上，卵黄囊长径 1.25 mm，短径 1.06 mm，油球径 0.324 mm，心跳 150 次/min，第 16～18 肌节处有棕红色素块。刚出膜仔鱼游动能力较差，靠油球作用浮在水中，时常做间断性窜动。

（1）1 日龄仔鱼。全长 3.31 mm，卵黄囊长径为 0.763 mm，油球径为 0.377 mm。脑分化明显，中脑突起显著，在眼前方有一圆形的暗块为嗅囊，听囊明显。肠细直，肛门未外开。背鳍褶增高，上有一油滴状结构，肌节 26（8＋18）（图 2‑16‑23）。

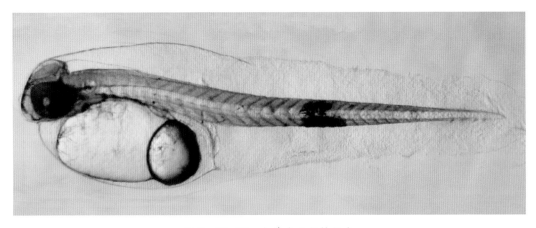

图 2‑16‑23　大黄鱼 1 日龄仔鱼

（2）3 日龄仔鱼。全长 4.17 mm，口径 0.40 mm，油球径 0.24 mm，鳔长径为 0.22 mm。卵黄囊变小，肠蠕动明显，中肠膨大，后端加粗。口张合明显，已开始摄食轮虫。肩带明显，胸鳍增大，可向外垂直张开。第一鳃弓出现，但未见鳃丝和鳃耙（图 2‑16‑24）。

图 2‑16‑24　大黄鱼 3 日龄仔鱼

（3）5 日龄仔鱼。全长 4.20 mm，口径 0.56 mm，鳔长径 0.31 mm，油球径 0.17 mm。脑部发达，端脑两端突起，大脑半球形成，听囊清晰，眼球黑色素增加。肝分左右两叶，左大右小，位于食道的下部、肠的前部。肠的后半部为直肠，胃尚未形成，第 2～4 对鳃弓均有锯齿状鳃丝，未见鳃耙（图 2‑16‑25）。

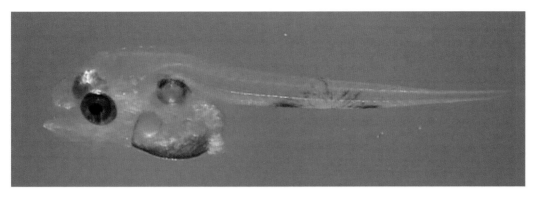

图 2-16-25　大黄鱼 5 日龄仔鱼

（4）10 日龄仔鱼。全长 4.96 mm，口径 0.67 mm，仔鱼的上下颌骨已具绒毛状细齿，第一鳃弓出现 4～5 个乳头状鳃耙和锯齿状鳃丝，仔鱼的脊索后部形成 2 个尾鳍的支鳍骨原基（图 2-16-26）。

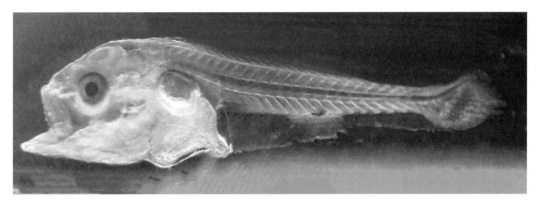

图 2-16-26　大黄鱼 10 日龄仔鱼

（5）15 日龄仔鱼。全长达到 6.75 mm，口径 1.12 mm，鳔管已完全与食道相通，摄食能力显著增强，胃中的食物储存量显著增加；鱼的臀鳍支鳍骨原基开始出现，有 5～6 个，集群性强（图 2-16-27）。

图 2-16-27　大黄鱼 15 日龄仔鱼

3. 稚鱼期

（1）18 日龄稚鱼。全长达到 8.272 mm，口径 1.429 mm，鳔长径 0.720 mm。胃已出现，肠为 2 道弯曲，胃与肠的连接处出现 2 个明显的笋状突起，为幽门盲囊。各鳍均已出现，尾鳍基本完备，尾鳍褶已经消失，背鳍为Ⅷ-30，臀鳍基及腹肌出现，但不明显（图 2-16-28）。

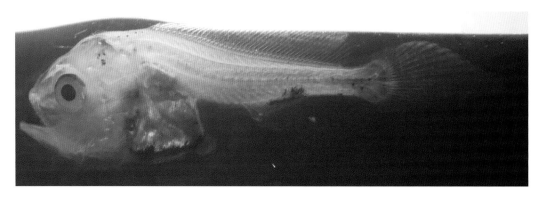

图 2‑16‑28 大黄鱼 18 日龄稚鱼

（2）20 日龄稚鱼。全长 9.68 mm，各鳍棘与鳍条已分化，肠分化 2 道弯曲，胃已分化，能够大量摄食生物饵料，如桡足类、大卤虫等（图 2‑16‑29）。

图 2‑16‑29 大黄鱼 20 日龄稚鱼

（3）25 日龄稚鱼。全长达到 15.13 mm，口径达到 2.13 mm，尾鳍、背鳍和臀鳍已全部齐备，已具有成鱼体形，但鳞片尚未形成；可摄食大型桡足类，对卤虫幼体的摄食量降低，出现同类相残的现象（图 2‑16‑30）。

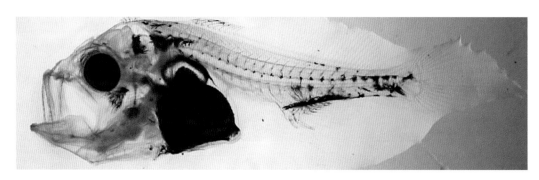

图 2‑16‑30 大黄鱼 25 日龄稚鱼

4. 幼鱼期

全长 23.30 mm，口径 3.00 mm，幽门盲囊 14 个，胆囊为长囊状，分布有稀疏的黑色素斑，腹腔隔膜形成。尾鳍条 29，背鳍条Ⅷ‑31，臀鳍Ⅱ‑8，胸鳍 15，腹鳍Ⅰ‑5，第一鳃弓鳃耙 8＋17，头背部棘突明显，腹鳍后方出现鳞片，侧线上鳞片开始出现，已基本具有成鱼的形态特征（图2‑16‑31）。

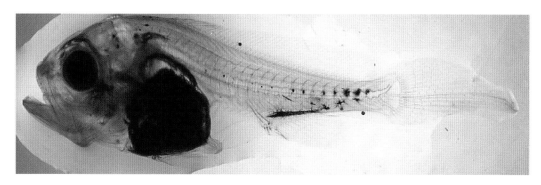

图2‑16‑31　大黄鱼幼鱼

十七、尖吻鲈

（一）概述

1. 名称

尖吻鲈 *Lates calcarifer* (Bloch，1790)，又称盲鰽、金目鲈、红目鲈。

2. 分类地位

脊索动物门 Chordata，硬骨鱼纳 Osteichthyes，辐鳍亚纲 Actinopterygii，鲈形目 Perciformes，鲈亚目 Percoidei，尖吻鲈科 Latidae，尖吻鲈属 *Lates*，尖吻鲈 *Lates calcarifer*。

3. 形态结构

体延长，侧扁，背腹缘皆钝圆。头大，吻尖。眼中等大，靠近吻端，眼间隔平坦约与眼径等宽。口中等大，稍倾斜，下颌突出稍长于上颌。眶前骨狭窄，边缘具锯齿。两颌齿细呈绒毛带状。犁骨与腭骨亦具绒毛齿。舌上无牙。前鳃盖骨后缘具细锯齿，隅角处有一大棘，下缘有 2～3 枚钝棘。第一鳃弓上鳃耙细长，最长鳃耙约等于眼径，鳃耙数 4～7+8～15。体被薄栉鳞，栉状齿细弱。颊部及鳃盖部被鳞。背鳍及臀鳍基底具一鳞鞘。侧线完全。背鳍 2 个，稍分离。第一背鳍鳍棘强大，最长鳍棘长于最长鳍条。臀鳍与第二背鳍相对。胸鳍宽短。腹鳍位于胸鳍基后下方。尾鳍圆形。体背部青灰色，腹部近银灰色（图 2 - 17 - 1）。

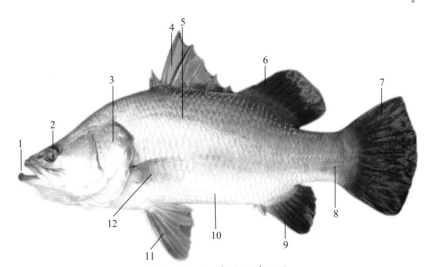

图 2 - 17 - 1　尖吻鲈外形图

1. 口　2. 眼睛　3. 鳃盖　4. 第一背鳍　5. 侧线鳞片　6. 第二背鳍
7. 尾鳍　8. 尾柄　9. 臀鳍　10. 腹部鳞片　11. 腹鳍　12. 胸鳍

4. 地理分布

尖吻鲈为热带与亚热带肉食性、广盐性鱼类，主要分布在印度洋及西太平洋地区，包括印度、斯里兰卡、缅甸、印度尼西亚、菲律宾、澳大利亚北部以及中国南海和台湾地区等海域。

5. 生态学特性

尖吻鲈具有高温广盐的特性，其最适温度范围为 20～34 ℃，适宜盐度范围为 0～35。养殖实验证明，尖吻鲈盐度范围广，淡水海水均可养殖，生长速度最快的盐度为 20～26，适宜高温，低于 15 ℃时停止摄食，生长速度较快温度范围为 26～30 ℃。工厂化养殖条件下，溶解氧要求达到 5 mg/L以上。具有口感好、生长速度快、饵料系数低等特点，既可深水网箱养殖，也可内陆池塘养殖。

尖吻鲈为肉食性鱼类，以其他鱼类、虾蟹类、贝类和蠕虫等为食。但其仔稚鱼阶段食性杂，摄食轮虫以及桡足类等浮游动物。在体长大于 20 cm 的个体中，其胃含物 100% 为动物性饵料：以甲壳类（虾、蟹）为主，小型鱼类为辅，主要是鳀鱼科和鲻科鱼类。在印度，尖吻鲈主要捕食鲻鱼、遮目鱼、多鳞鱚、印度海鲢、虾虎鱼、印度侧带小公鱼、银带鲱、鳉等鱼类，以及对虾、虾蛄、毛虾、长臂虾和米虾等甲壳动物。尖吻鲈也会在岩礁石上啃食，摄食双壳类如蚶类和贻贝等。

6. 繁殖习性

养殖尖吻鲈亲鱼通常在网箱中或室内海水养殖池内进行培育。成年亲鱼不会出现明显的性腺发育表观特征，在海水环境中可自然产卵，也可通过人工干预的方式进行人工催产。由于其广盐性，野生状态下甚至可洄游至河道中上游及其附属湖泊中，但其性腺在淡水中不发育，仅在海水中发育。3 岁龄性开始成熟，首先发育为雄鱼，后随着体型的增大逐渐转化为雌鱼，是性别可以转化的热带鱼，但雌鱼不会再转化为雄鱼。雌鱼繁殖能力强，每尾每年可产卵 100 万～1 000 万枚，生长速度快，1 岁龄可达 0.5～1.5 kg。

（二）发育

受精卵在平均水温 29 ℃，盐度 33 条件下，16 h 孵化出膜，82 h 鳔形成。胚胎发育过程分为受精卵、卵裂、囊胚、原肠胚、神经胚、器官形成及孵化出膜 7 阶段。以后经历仔鱼期、稚鱼期、幼鱼期 3 个发育阶段。

1. 胚胎发育

（1）受精卵。刚受精的卵，球形，卵表面有类似鳞片状花纹，细胞质分布均匀，受精卵中间有一球形油脂，属浮性卵（图 2‐17‐2）。

（2）卵裂期。

① 2 细胞期。受精后 30 min，受精卵开始卵裂。在动物极所在的半球发生第 1 次经裂，形成卵裂沟，胚盘逐渐由外向内缢裂，分裂成 2 个大小相似近半球形的卵裂球，总体构成 1 个椭圆（图 2‐17‐3）。

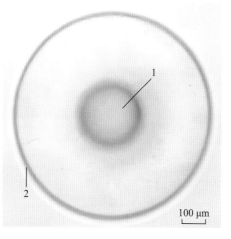

图 2‐17‐2　尖吻鲈受精卵
1. 油球　2. 卵壳

② 4 细胞期。受精后 40 min，出现第 2 卵裂沟，与第 1 卵裂沟相垂直形成 4 个大小形态相似的卵裂球，总体呈四角圆润的"品"形（图 2 - 17 - 4）。

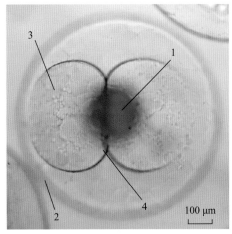

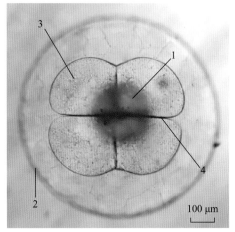

图 2 - 17 - 3　尖吻鲈 2 细胞期
1. 油球　2. 卵壳　3. 卵裂球　4. 分裂沟

图 2 - 17 - 4　尖吻鲈 4 细胞期
1. 油球　2. 卵壳　3. 卵裂球　4. 分裂沟

③ 8 细胞期。受精后 55 min，开始第 3 次卵裂，形成 2 条卵裂沟与第 1 次卵裂沟平行，将胚胎分成 8 个形状略有差异的卵裂球，排成两行，呈四角圆润的长方形，中间 4 个卵裂球形状相近，两端 4 个卵裂球形状相近（图 2 - 17 - 5）。

④ 16 细胞期。受精后 1 h 5 min，开始第 4 次分裂，形成 4 行排列，每排 4 个，中间 4 个形状相近，但与油球重叠度较高，不易观察（图 2 - 17 - 6）。

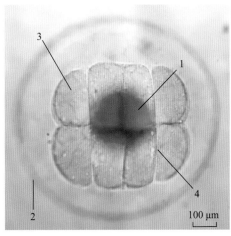

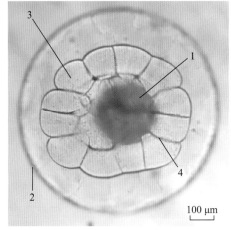

图 2 - 17 - 5　尖吻鲈 8 细胞期
1. 油球　2. 卵壳　3. 卵裂球　4. 分裂沟

图 2 - 17 - 6　尖吻鲈 16 细胞期
1. 油球　2. 卵壳　3. 卵裂球　4. 分裂沟

⑤ 32 细胞期。受精后 1 h 25 min，开始第 5 次卵裂，胎盘由方形向圆形靠近，卵裂球变得更小，进入 32 细胞期（图 2 - 17 - 7）。

（3）桑葚胚期。受精后 1 h 35 min，进入桑葚胚阶段，卵裂球越分越小，大小不一，且排列不规则，边缘卵裂界限较清晰（图 2 - 17 - 8）。

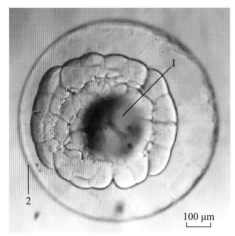
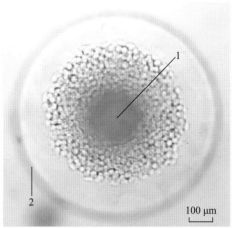

图 2-17-7　尖吻鲈 32 细胞期
1. 油球　2. 卵壳

图 2-17-8　尖吻鲈桑葚胚
1. 油球　2. 卵壳

（4）囊胚期。受精后 2 h 40 min，进入囊胚阶段，囊胚期胚盘细胞很小，半圆形囊胚层形成（图2-17-9）。

（5）原肠胚期。受精后 4 h 30 min，进入原肠胚阶段，囊胚层细胞逐渐增多，细胞层扩展并逐渐向植物极方向包裹，形成胚环（图 2-17-10）。

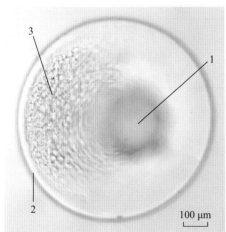
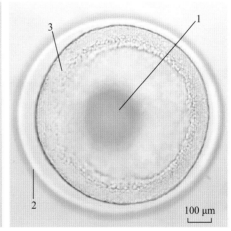

图 2-17-9　尖吻鲈囊胚期
1. 油球　2. 卵壳　3. 囊胚层

图 2-17-10　尖吻鲈原肠胚期
1. 油球　2. 卵壳　3. 胚环

（6）胚孔闭合期。受精后 6 h，囊胚层细胞扩展至卵黄囊右上，神经胚阶段开始，胚孔接近闭合，进入胚孔闭合前期（图2-17-11）。

（7）头部原基形成期。受精后 7 h，柱状胚体一端膨大发育，形成头部原基（图2-17-12）。

（8）眼基形成期（尾芽期）。受精后 7 h 15 min，器官形成阶段开始，头部两侧隆起眼原基，进入眼基形成期；柱状胚体一端发育为铲状，将来成为尾芽（图2-17-13）。

（9）眼囊形成期。受精后 7 h 30 min，眼囊膨胀形成，尾芽继续发育延长（图2-17-14）。

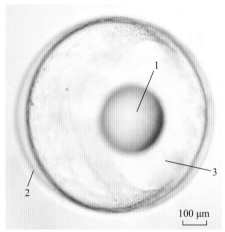
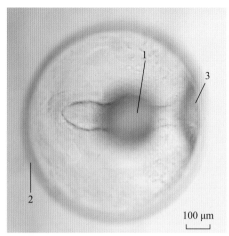

图2-17-11 尖吻鲈胚孔闭合期
1. 油球 2. 卵壳 3. 胚孔

图2-17-12 尖吻鲈头部原基形成期
1. 油球 2. 卵壳 3. 头部原基

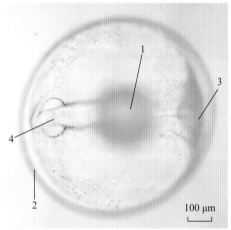

图2-17-13 尖吻鲈眼基形成期（尾芽期）
1. 油球 2. 卵壳 3. 头部原基 4. 尾芽

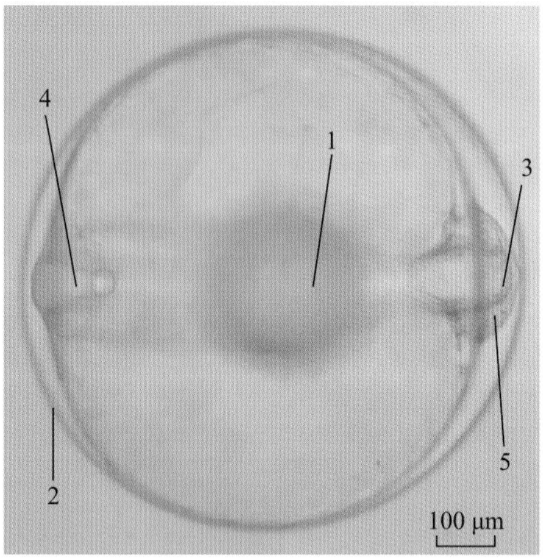

图2-17-14 尖吻鲈眼囊形成期
1. 油球 2. 卵壳 3. 头部原基 4. 尾芽 5. 眼囊

（10）心脏出现期。受精后10 h 40 min，心脏发育成长管状结构，出现在头部末端下方（图2-17-15）。

（11）晶状体形成期。受精后12 h 30 min，眼睛内部晶状体形成（图2-17-16）。

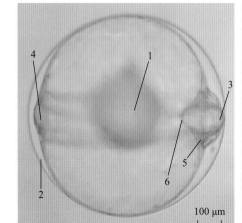
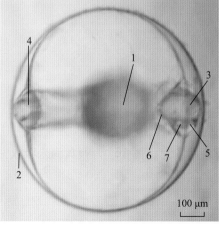

图2-17-15 尖吻鲈心脏出现期
1. 油球 2. 卵壳 3. 头部原基 4. 尾芽
5. 眼囊 6. 心脏

图2-17-16 尖吻鲈晶状体形成期
1. 油球 2. 卵壳 3. 头部原基 4. 尾芽
5. 眼囊 6. 心脏 7. 晶状体

（12）心跳期。受精后 12 h 30 min，心脏开始有节律地跳动（图 2 - 17 - 17）。

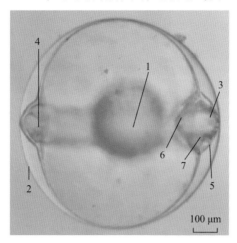

图 2 - 17 - 17　尖吻鲈心跳期

1. 油球　2. 卵壳　3. 头部原基　4. 尾芽　5. 眼囊　6. 心脏　7. 晶状体

（13）出膜前期。受精后 15 h 50 min，血液循环明显，身体在鱼卵中呈"C"形（图 2 - 17 - 18 和图 2 - 17 - 19）。

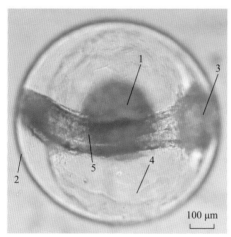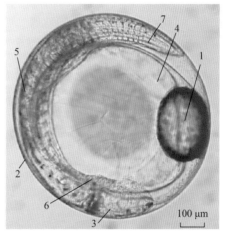

图 2 - 17 - 18　尖吻鲈出膜前
期（正面观）

1. 油球　2. 卵壳　3. 头部　4. 卵黄　5. 脊索

图 2 - 17 - 19　尖吻鲈出膜前期（侧面观）

1. 油球　2. 卵壳　3. 头部　4. 卵黄
5. 脊索　6. 心脏　7. 尾部

（14）出膜期。受精后 15 h 50 min，头部略弯曲，油球位于头部前方，身体有色素斑点，卵黄囊为椭圆形（图 2 - 17 - 20 和图 2 - 17 - 21）。

2. 仔鱼期

（1）前仔鱼期。受精后 16 h，卵黄尚未吸收完毕，还是主要营养来源；前期口未开，肠道不通，后期口张开，肠道开通；眼睛逐渐着色，视力提升；后期鳔开始充气（图 2 - 17 - 22 和图 2 - 17 - 23）。

（2）后仔鱼期。此期为受精后 4 d 自卵黄囊吸收完毕开始，至具有一定数量的鳍条为止。此期特征为肠道开通，可以主动摄食，随着生长，肠道弯折增多；身体半透明，自尾部开始色素沉积；胸鳍、腹鳍、臀鳍、尾鳍和背鳍快速发育，运动能力及捕食能力快速提升；中轴骨及附肢骨逐步骨化。此阶段是主动营养的早期阶段（图 2 - 17 - 24）。

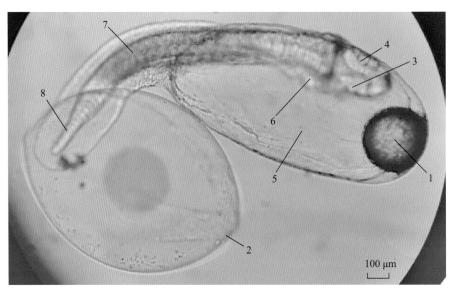

图 2 - 17 - 20　尖吻鲈出膜期
1. 油球　2. 卵壳　3. 眼睛　4. 头部　5. 卵黄　6. 心脏　7. 脊索　8. 尾部

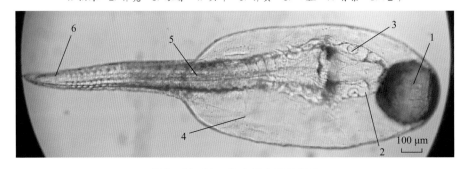

图 2 - 17 - 21　尖吻鲈出膜后仔鱼
1. 油球　2. 眼睛　3. 晶状体　4. 卵黄　5. 脊索　6. 尾部

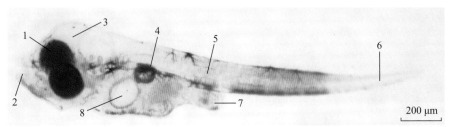

图 2 - 17 - 22　尖吻鲈前仔鱼期（侧面观）
1. 眼睛　2. 吻　3. 脑　4. 鳃　5. 脊索　6. 尾部　7. 泄殖孔　8. 油球

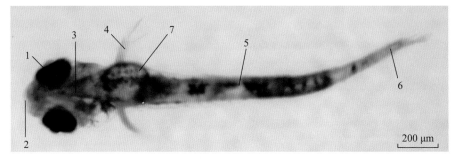

图 2 - 17 - 23　尖吻鲈前仔鱼期（背面观）
1. 眼睛　2. 吻　3. 脑　4. 胸鳍　5. 脊索　6. 尾部　7. 油球

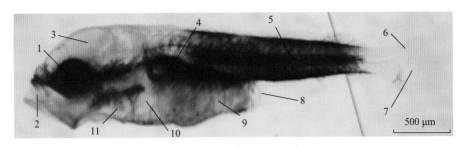

图 2 - 17 - 24　尖吻鲈后仔鱼期

1. 眼睛　2. 吻　3. 脑　4. 鳔　5. 脊索　6. 尾杆骨　7. 尾鳍　8. 泄殖孔　9. 消化道　10. 肝　11. 心脏

3. 稚鱼期

受精后 24 d 进入稚鱼期。外部形态上，从鳍的发育完毕开始至鳞发育完成为止。通常是指孵出不超过一个月的鱼体。此阶段尖吻鲈体表有色素沉积并构成花纹，但无色素沉积的部位仍然透明，此阶段生长速度加快，可以尝试进行饲料的驯化（图 2 - 17 - 25）。

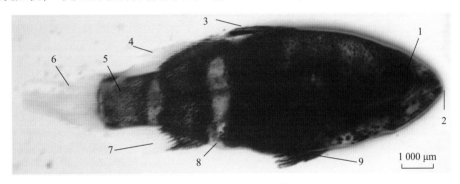

图 2 - 17 - 25　尖吻鲈稚鱼

1. 眼睛　2. 吻　3. 第一背鳍　4. 第二背鳍　5. 尾柄　6. 尾鳍　7. 臀鳍　8. 泄殖孔　9. 腹鳍

4. 幼鱼期

受精后 35 d，幼鱼期鱼体形态结构同成鱼基本相同，仅性腺没有发育。表现为身被鳞片（鳞片发育完全）；胸鳍、腹鳍、臀鳍、尾鳍、第二背鳍和第一背鳍发育完全；骨骼骨化完全；体色完全，背部淡青色，腹部白色；全长 15 cm 以下，残食严重（图 2 - 17 - 26）。

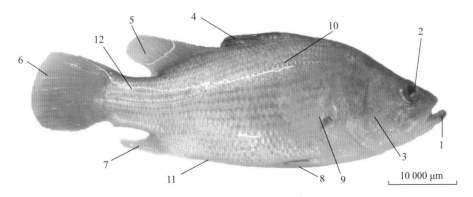

图 2 - 17 - 26　尖吻鲈幼鱼

1. 口　2. 眼睛　3. 鳃盖　4. 第一背鳍　5. 第二背鳍　6. 尾鳍　7. 臀鳍　8. 腹鳍　9. 胸鳍　10. 侧线　11. 腹部　12. 尾柄

十八、鳙

(一) 概述

1. 名称

鳙 *Aristichthys nobilis* (Richardson, 1844)，又称花鲢、麻鲢、胖头、胖头鱼、大头鱼。

2. 分类地位

脊索动物门 Chordata，脊椎动物亚门 Vertebrata，硬骨鱼纲 Osteichthyes，辐鳍亚纲 Actinopterygii，鲤形总目 Cyprinomorpha，鲤形目 Cypriniformes，鲤科 Cyprinidae，鲢亚科 Hypophthalmichthyinae，鳙属 *Aristichthys*，鳙 *Aristichthys nobilis*。

3. 形态结构

体形侧扁，较高，腹棱起自腹鳍基部至肛门。头大，前部宽阔，头长大于体高，头长约为体长的1/3。吻短而圆钝。口大，端位，下颌稍向上倾斜，下颌稍突出。眼较小，位于头侧中轴线下方。鳃耙细密，数目众多，排列极为紧密，但互不相连，具发达的螺旋状鳃上器。鳞细小，侧线完全，在胸鳍末端上方弯向腹侧，向后延伸至尾柄正中。体色稍黑，背部及体侧上半部稍黑，有不规则黑色斑点，腹部为灰白色，各鳍为灰色，上有许多黑色小斑点（图2-18-1）。

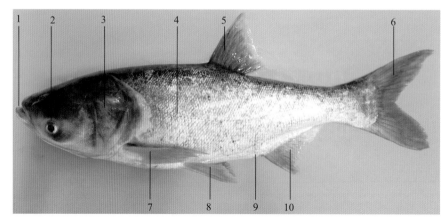

图2-18-1 鳙外形图

1. 口 2. 眼 3. 鳃盖 4. 侧线鳞 5. 背鳍 6. 尾鳍 7. 胸鳍 8. 腹鳍 9. 肛门 10. 臀鳍

4. 地理分布

分布范围广泛，南至海南岛、北到黑龙江的我国东部地区均有分布，但在黄河以北水体中数量分布较少，东北和西北地区均为人工迁入的养殖种类。

5. 生态学特性

鳙为典型性的滤食性鱼类，生活在水体的中上层，喜在营养丰富、浮游生物多的水体中栖息生活，喜群居。幼鱼及未成熟的个体通常在沿江湖泊和附属水体中生长，性成熟后到江中产卵，产卵后往往进入沿江湖泊中摄食肥育，在冬季湖泊水位跌落时，回到江河的深水区越冬，翌年上溯繁殖。性情温驯，行动迟缓，受惊也不逃窜，不跳跃，易捕捞。从鱼苗到成鱼均以浮游动物为主食，兼食浮游植物，是典型的浮游生物食性的鱼类。在人工养殖条件下，可以吃食豆饼、糠、麸等商品饵料和人工配合饲料。鳙生长速度较快。当年繁殖的鱼苗在养殖条件下可以生长到350~450 g/尾，第2年就可以长到2 kg/尾，第3年可达4 kg/尾以上。通常上市商品规格为1.5~3.0 kg/尾，养殖周期为2年。

6. 繁殖习性

鳙性成熟年龄一般为4~5龄，雄鱼最小为3龄，长江流域鳙雌性个体一般5龄性成熟，体重10 kg/尾以上；珠江流域雌性个体则4龄性成熟，黑龙江流域6龄性成熟，通常雄鱼比雌鱼早1年性成熟。个体大，最大个体可达35~40 kg。繁殖期在4—7月。产卵活动大多发生在水位陡涨的汛期，水位下跌，流速趋于平稳，产卵活动即行停止。产卵场多在河床起伏不一，流态复杂的场所。产漂浮性卵，受精卵吸水膨胀，呈透明状。

(二) 发育

1. 胚胎发育

鳙胚胎发育包括早期胚胎发育（受精、卵裂、桑葚胚、囊胚、原肠胚、胚孔闭合期、神经胚期）以及器官发生（肌节出现期、眼囊期、尾芽期、晶体出现期、肌肉效应期、心跳期、出膜期）共14个时期，在水温24 ℃条件下，历时28 h 30 min发育为仔鱼。

（1）受精卵。受精后卵膜吸水膨大，原生质开始向动物极流动集中，在卵黄的上方形成胚盘（图2-18-2）。

（2）卵裂期。鳙的卵裂为盘状卵裂，分裂只在胚盘上进行。卵黄部分不分裂。

① 2细胞期。受精后15 min，出现第1次卵裂，为纵裂，分裂沟将胚盘一分为二，在胚盘上方出现2个大小相似的细胞（图2-18-3）。

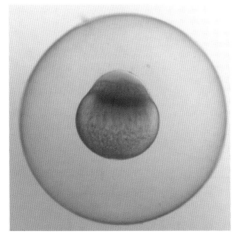 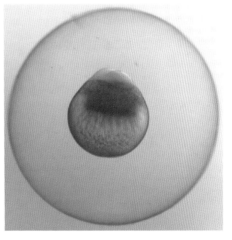

图2-18-2　鳙受精卵　　　　图2-18-3　鳙2细胞期

② 4 细胞期。受精后 25 min，进行第 2 次卵裂，第 2 个分裂面与第 1 个垂直，将胚盘等分为 4 个细胞（图 2 - 18 - 4）。

③ 8 细胞期。受精后 36 min，第 3 次卵裂，仍为纵裂，将胚盘等分为 2 排整齐的 8 个细胞（图 2 - 18 - 5）。

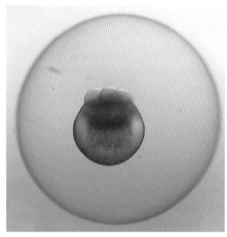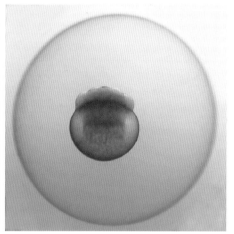

图 2 - 18 - 4　鲕 4 细胞期　　　　　　　　图 2 - 18 - 5　鲕 8 细胞期

④ 16 细胞期。受精后 48 min，胚盘在与之前 4 条分裂沟垂直的基础上形成第 5 条分裂沟，分裂沟与第 1 条和第 3 条分裂沟垂直，与第 2 条分裂沟平行，分裂结束形成 16 个细胞（图 2 - 18 - 6）。

⑤ 32 细胞期。受精后 1 h 12 min，胚盘经过 5 次分裂，出现 32 个分裂球，细胞排列方式为多层（图 2 - 18 - 7）。

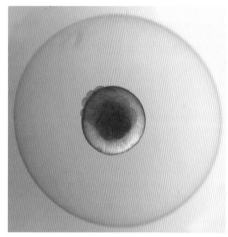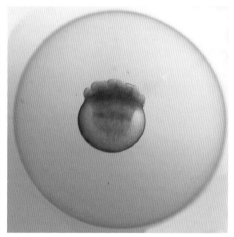

图 2 - 18 - 6　鲕 16 细胞期　　　　　　　　图 2 - 18 - 7　鲕 32 细胞期

⑥ 64 细胞期。受精后 1 h 24 min，进行第 6 次卵裂，形成 64 个细胞。从动物极看，细胞排列和 32 细胞期很相似。侧面观，上下两层细胞呈完全重叠状态（图 2 - 18 - 8）。

（3）桑葚胚。受精后 2 h 30 min，分裂球呈几何级数增长，胚盘上的分裂球越分越小，堆积形成桑葚状胚体（图 2 - 18 - 9）。

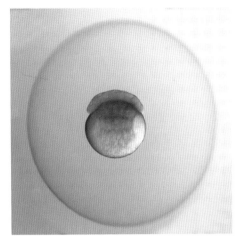 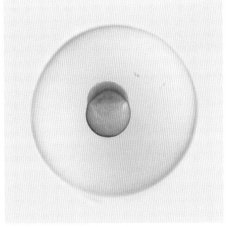

图 2-18-8　鳙 64 细胞期　　　　　　图 2-18-9　鳙桑葚胚

（4）囊胚期。受精后 4 h 12 min，细胞经多次分裂，体积越来越小，分裂球之间的间隙逐渐模糊，在卵黄上方形成囊胚层（图 2-18-10）。

（5）原肠胚期。受精后 7 h 30 min，胚层下包，部分细胞开始内卷、集合和延伸，产生了原始胚层和胚轴。胚盘细胞向卵黄端扩散，下包至整个胚胎的 1/3～1/2 处，由于胚盘边缘区域细胞分裂速度较快，细胞因集中而增厚，形成一圈明显的隆起，即为胚环。随后胚盘继续下包至 1/2～2/3 处，胚盾出现。胚盘细胞继续分裂，向卵黄端推移至 2/3～3/4 处，剩下裸露的卵黄叫作卵黄栓。胚环随着胚盘下包，逐渐缩小，改称为胚孔，而胚盾则不断延长逐渐变细（图 2-18-11）。

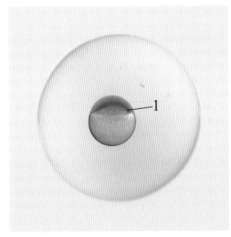 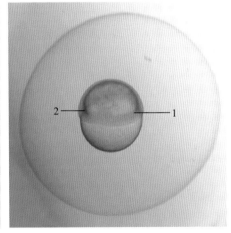

图 2-18-10　鳙囊胚期　　　　　　　图 2-18-11　鳙原肠胚期
1. 囊胚层　　　　　　　　　　　　　1. 胚环　2. 胚盾

（6）神经胚期。受精后 10 h 15 min，受精卵发育至神经轴胚期，此时胚盘下包至 3/4～4/5 处，胚盾逐渐向即将形成的胚体前端延伸，并在此形成胚胎主轴（图 2-18-12）。

（7）胚孔闭合期。受精后 11 h 10 min，胚胎发育进入胚孔封闭期，胚体的雏形已基本成形，此时胚孔闭合，胚胎的主轴逐渐清晰，发育成柱状，形成脊索（图 2-18-13）。

（8）肌节出现期。受精后 13 h 20 min，胚胎发育至肌节出现期。胚体前端向上隆起，形成突起，胚体中间区域出现少量肌节，胚体环抱卵黄囊（图 2-18-14）。

（9）眼囊期。受精后 16 h 10 min，胚胎头部出现一个清晰的形如豆瓣状眼囊，中间出现一条夹缝（图 2-18-15）。

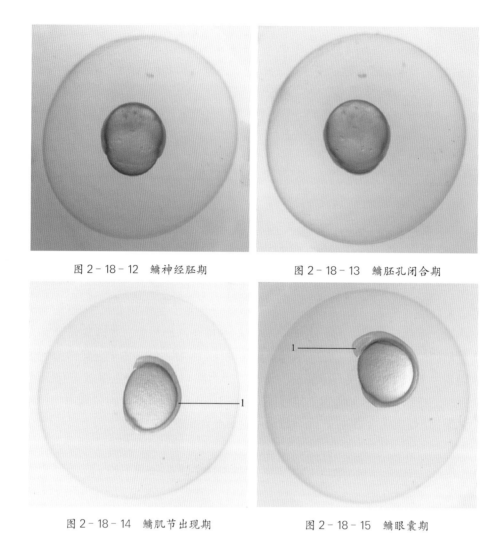

图 2-18-12　鳙神经胚期　　　　　图 2-18-13　鳙胚孔闭合期

图 2-18-14　鳙肌节出现期
1. 肌节

图 2-18-15　鳙眼囊期
1. 眼囊

（10）晶体出现期。受精后 22 h 40 min，眼囊逐渐变大形成晶体，此时为晶体出现期（图 2-18-16）。

（11）肌肉效应期。受精后 24 h 30 min，胚体中间区域肌节继续增加，并出现微弱无规律的蠕动（图 2-18-17）。

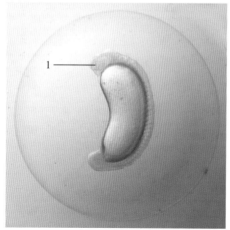

图 2-18-16　鳙晶体出现期
1. 晶体

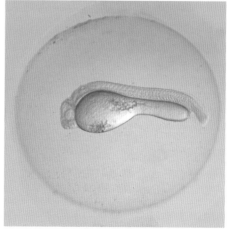

图 2-18-17　鳙肌肉效应期

（12）出膜期。受精后 28 h 30 min，胚胎发育至仔鱼形态，并在卵膜中不停摆动身体，在溶膜酶的作用下卵膜逐渐变薄变软，仔鱼破膜而出（图 2 - 18 - 18）。

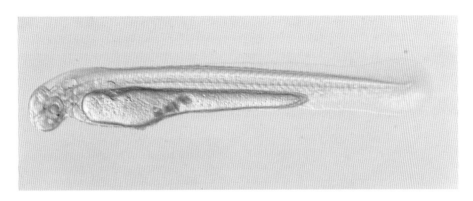

图 2 - 18 - 18 　鳙初孵仔鱼

2. 仔鱼期

在水温 24 ℃ 条件下，受精后 30 h 12 min，仔鱼期器官进一步分化，经过此阶段发育，出膜个体体表和眼球色素逐渐增加，开始出现血液循环，头前的口能开启，胸鳍近铲形，具有一定的游泳能力（图 2 - 18 - 19）。

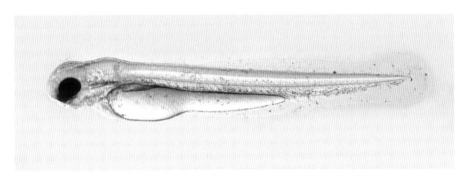

图 2 - 18 - 19 　鳙仔鱼

3. 稚鱼期

在水温 24 ℃ 条件下，约经 8 d，发育到稚鱼。此时卵黄囊消失，完全以浮游生物为食，进入外源性营养阶段。体表开始出现色素，鳍条初步形成，鱼鳔出现，可以吞食小型的浮游动物，鱼苗可以下塘养殖（图 2 - 18 - 20）。

图 2 - 18 - 20 　鳙稚鱼

4. 幼鱼期

从鳞片覆盖完毕到性成熟。全身被鳞，鳍条完全，胸鳍条末端分枝，侧线明显，体色和斑纹与成鱼相似，具有与成鱼一致的形态特征（图 2‐18‐21）。

图 2‐18‐21　幼　鱼

十九、鲢

（一）概述

1. 名称

鲢 *Hypophthalmichthys molitrix* （Cuvier *et* Valencinnes，1844），又称白鲢、鲢鱼、鲢子。

2. 分类地位

脊索动物门 Chordata，脊椎动物亚门 Vertebrata，硬骨鱼纲 Osteichthyes，辐鳍亚纲 Actinopterygii，鲤形总目 Cyprinomorpha，鲤形目 Cypriniformes，鲤科 Cyprinidae，鲢亚科 Hypophthalmichthyinae，鲢属 *Hypophthalmichthys*，鲢 *Hypophthalmichthys molitrix*。

3. 形态结构

体延长，侧扁，稍高，腹部扁薄，自胸鳍基部前下方至肛门间有发达的腹棱。吻短而钝圆。口宽大、端位，口裂稍向上斜。下颌略向前突出。无须。眼小，位于头侧中轴下方。鳃耙细密，彼此相连成多孔的膜质片，具发达鳃上器，呈螺旋形。左右鳃盖膜彼此相连而不与峡部相连。体被细小圆鳞。侧线完全，前部弯向腹侧，后部延至尾柄中轴。体侧上部银灰色、稍暗，腹侧银白色，各鳍灰白色（图2-19-1）。

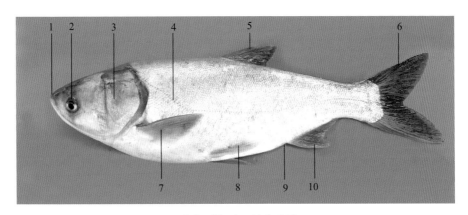

图2-19-1　鲢外形图

1. 口　2. 眼　3. 鳃盖　4. 侧线鳞　5. 背鳍　6. 尾鳍　7. 胸鳍　8. 腹鳍　9. 肛门　10. 臀鳍

4. 地理分布

在自然界分布范围极广，除青藏高原外，南至海南岛、北至黑龙江的我国各大江河、湖泊中均有分布。

5. 生态学特性

鲢是我国著名的四大家鱼之一，属于典型的滤食性鱼类。喜栖息于江河干流及附属水体的上层。性活泼，善跳跃，受到惊扰时跳跃出水面。鱼苗初期阶段以浮游动物为食，后转变为浮游植物为食，成鱼以浮游植物为食。鲢为生长较快的大型经济鱼类，长江流域 3～6 龄体重增长最快，黑龙江和珠江流域个体相对较小，最大体重可达 40 kg 以上。产卵群体在 4 月中旬开始集群，溯河洄游至产卵场繁殖。刚孵出的仔鱼随水漂流；幼鱼则主动游入河湾或湖泊中索饵。产卵后的成鱼通常进入饵料丰盛的湖泊中摄食。抗病力较强，易饲养，不需要额外投饵，养殖成本低，为重要的增养殖对象。

6. 繁殖习性

成熟年龄一般为 4 龄，最小为 3 龄。繁殖季节在 4—7 月，以 5—6 月较集中。4 月下旬水温达 18 ℃以上，江水上涨或流速加剧时开始产卵，产卵期持续到 7 月上旬。产漂浮性卵，受精卵吸水膨胀呈透明状，随水漂流发育。

(二) 发育

1. 胚胎发育

鲢胚胎发育包括早期胚胎发育（受精、卵裂、桑葚胚、囊胚、原肠胚、神经胚期、胚孔闭合期）以及器官发生（肌节出现期、眼囊期、尾芽期、晶体出现期、肌肉效应期、心跳期、出膜期）共 14 个时期，在水温 24 ℃条件下，历时 27 h 10 min 发育为仔鱼。

（1）受精卵。鲢受精卵为透明半浮性卵，受精后卵膜吸水膨大，卵径可达 4～6 mm（图 2-19-2）。

（2）卵裂期。鲢的卵裂为盘状卵裂，只在胚盘部分进行，卵黄不分裂。

① 2 细胞期。受精后 10 min，出现第 1 次卵裂，分裂沟将胚盘一分为二，在胚盘上方出现 2 个大小相似的分裂球。胞质分裂为部分分裂，在胚盘底部不完全分开，卵裂球仍通过胞质桥相连（图 2-19-3）。

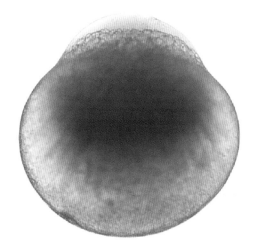

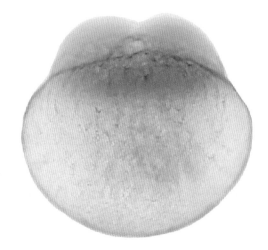

图 2-19-2　鲢受精卵　　　　　　　　　　图 2-19-3　鲢 2 细胞期

② 4 细胞期。受精后 30 min，第 2 条卵裂分裂沟与第 1 条分裂沟垂直，且第 1 条分裂沟延伸至赤道板附近，将胚盘等分为 4 个分裂球（图 2-19-4）。

③ 8 细胞期。受精后 40 min，第 3 次卵裂，在之前的 4 个分裂球上同时出现 2 条分裂沟，将胚盘等分为 2 排整齐的 8 个分裂球（图 2-19-5）。

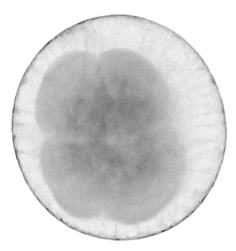
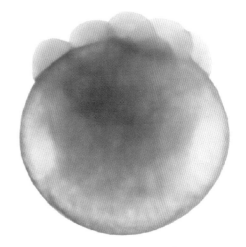

图 2-19-4　鲢 4 细胞期　　　　　　　　　　图 2-19-5　鲢 8 细胞期

④ 16 细胞期。受精后 1 h，胚盘在与之前 4 条分裂沟垂直的基础上形成第 5 条分裂沟，分裂沟与第 1 条和第 3 条分裂沟垂直，与第 2 条分裂沟平行，分裂结束形成 16 个细胞（图 2-19-6）。

⑤ 32 细胞期。受精后 1 h 20 min，胚盘经过 5 次分裂，出现 32 个分裂球，排列方式逐渐变多层（图 2-19-7）。

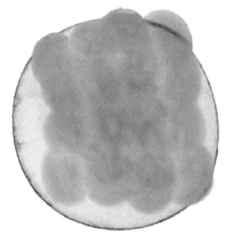
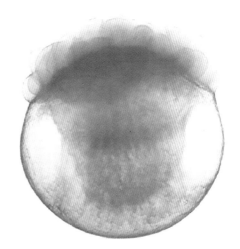

图 2-19-6　鲢 16 细胞期　　　　　　　　　　图 2-19-7　鲢 32 细胞期

⑥ 64 细胞期。受精后 1 h 30 min，64 细胞期细胞排列和 32 细胞期很相似，侧面观，细胞堆叠明显变高（图 2-19-8）。

（3）桑葚胚。受精后 2 h 30 min，胚盘经过多次卵裂，分裂球将呈几何级数增长，胚盘上的分裂球越分越小，堆积形成桑葚状胚体（图 2-19-9）。

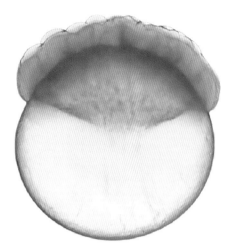

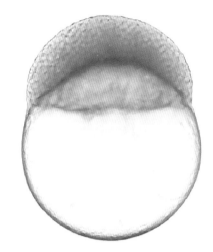

图 2-19-8　鲢64细胞期　　　　　　　图 2-19-9　鲢桑葚胚

（4）囊胚期。受精后 3 h 40 min，胚盘分裂促使分裂球体积逐渐缩小，分裂球之间的间隙逐渐模糊，胚盘所分裂的分裂球在卵黄上方形成一层突起的囊胚层（图 2-19-10）。

（5）原肠胚期。受精后 6 h 35 min，胚层下包，形态开始发生细胞的内卷、集合和延伸，产生了原始胚层和胚轴。胚盘细胞向卵黄端扩散，胚盘边缘区域细胞分裂速度较快，细胞因集中而增厚，形成一圈明显的隆起，即为胚环，随后胚盘继续下包，胚盾出现。胚盘细胞继续分裂，向卵黄端推移，剩下裸露的卵黄叫作卵黄栓，胚环随着胚盘下包，逐渐缩小，称为胚孔，而胚盾则不断延长逐渐变细（图 2-19-11）。

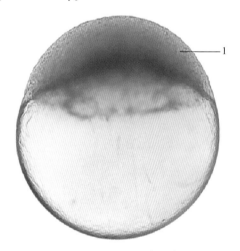

图 2-19-10　鲢囊胚期　　　　　　　图 2-19-11　鲢原肠胚期
　　　1. 囊胚层　　　　　　　　　　1. 胚环　2. 胚盾　3. 卵黄

（6）神经胚期。受精后 11 h 30 min，胚盾逐渐向即将形成的胚体前端延伸，并在此形成胚胎主轴（图 2-19-12）。

（7）胚孔闭合期。受精后 12 h 30 min，胚体的雏形已基本成形，此时胚孔闭合，胚胎的主轴逐渐清晰，发育成柱状，形成脊索（图 2-19-13）。

（8）肌节出现期。受精后 14 h 30 min，胚体前端向上隆起，形成突起，胚体中间区域出现少量肌节，胚体环抱卵黄囊（图 2-19-14）。

（9）眼囊期。受精后 15 h，胚胎头部出现一个清晰的豆瓣状眼囊，中间出现一条夹缝（图 2-19-15）。

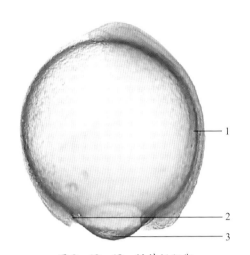

图 2-19-12 鲢神经胚期
1. 胚胎主轴 2. 胚孔 3. 卵黄栓

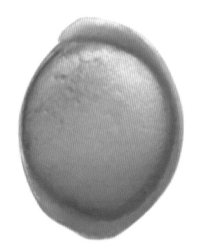

图 2-19-13 鲢胚孔闭合期

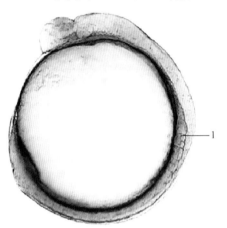

图 2-19-14 鲢肌节出现期
1. 肌节

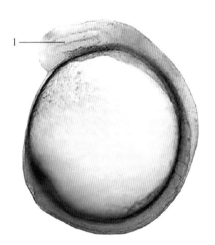

图 2-19-15 鲢眼囊期
1. 眼囊

（10）尾芽期。受精后 16 h 30 min，胚体中间区域肌节逐渐增加，胚轴后端或尾端形成膨出物，伸出芽状突起（图 2-19-16）。

（11）晶体出现期。受精后 18 h 30 min，眼囊逐渐变大形成晶体，此时为晶体出现期（图 2-19-17）。

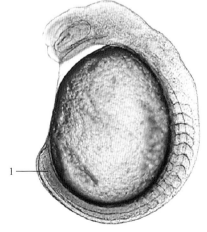

图 2-19-16 鲢尾芽期
1. 尾芽

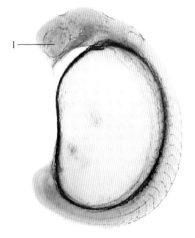

图 2-19-17 鲢晶体出现期
1. 晶体

（12）肌肉效应期。受精后 19 h 20 min，胚体中间区域肌节继续增加，并出现微弱无规律的抽动（图 2 - 19 - 18）。

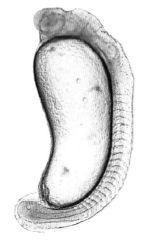
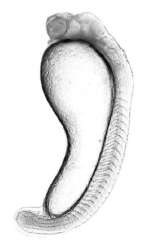

图 2 - 19 - 18　鲢肌肉效应期　　　　　图 2 - 19 - 19　鲢心跳期

（13）心跳期。受精后 22 h 10 min，心脏分为两房，可以微弱跳动，胚体在膜内可以左右摆动，少数可以在膜内做旋转运动（图 2 - 19 - 19）。

（14）出膜期。受精后 27 h 10 min，胚胎发育至仔鱼形态，并在卵膜中不停摆动身体，在溶膜酶的作用下卵膜逐渐变薄变软，仔鱼破膜而出（图 2 - 19 - 20）。

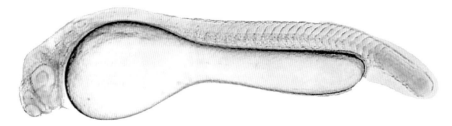

图 2 - 19 - 20　鲢出膜期

2. 仔鱼期

24 ℃水温条件下，受精后 30 h 12 min，初孵仔鱼一般身体透明，眼色素部分形成或未形成，血液常无色素。各鳍呈薄膜状，无鳍条，鳃未发育，口器和消化道发育不完全，营养来源依靠卵黄囊。随着卵黄消耗完毕，眼、鳍、口、肠等器官发育逐步趋于完善，开始发挥其功能，仔鱼开始从内源性卵黄营养向外界摄食营养过渡（图 2 - 19 - 21 和图 2 - 19 - 22）。

图 2 - 19 - 21　鲢初孵仔鱼

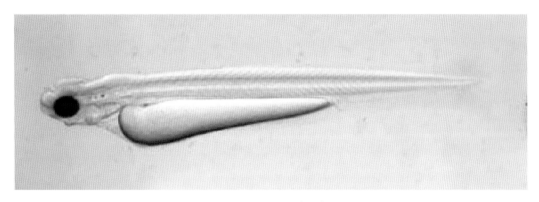

图 2-19-22　鲢仔鱼

3. 稚鱼期

24 ℃水温条件下，受精后 8 d，卵黄囊消失，完全以浮游生物为食，进入外源性营养阶段。体表开始出现色素，鳍条初步形成，鱼鳔出现，但滤食器官组织结构仍不完善，可以吞食小型的浮游动物，鱼苗可以下塘养殖（图 2-19-23）。

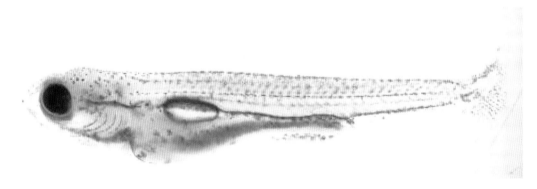

图 2-19-23　鲢稚鱼

4. 幼鱼期

24 ℃水温条件下，鲢幼鱼全身被鳞片，侧线明显，鳍条长全，胸鳍条末端分枝，外观与成体的基本特征相似（图 2-19-24）。

图 2-19-24　鲢幼鱼

二十、塔里木裂腹鱼

(一) 概述

1. 名称

塔里木裂腹鱼 *Schizothorax biddulphi* (Günther，1876)，曾用名尖嘴臀鳞鱼，地方名尖嘴鱼、新疆鱼。

2. 分类地位

脊索动物门 Chordata，脊椎动物亚门 Vertebrata，硬骨鱼纲 Osteichthyes，辐鳍亚纲 Actinopterygii，鲤形总目 Cyprinomorpha，鲤形目 Cypriniformes，鲤科 Cyprinidae，裂腹鱼亚科 Schizothoracinae，裂腹鱼属 *Schizothorax*，塔里木裂腹鱼 *Schizothorax biddulphi*。

3. 形态结构

体长形，稍侧扁，头锥形，吻部很尖。鼻孔近于眼，眼略小，侧上位，近于吻端。口下位，马蹄形或近似弧形；上颌长于下颌，下颌无角质缘；下唇窄，唇后沟中断。须2对，前须约达后须基部，后须约达眼后缘下方；下咽骨窄；咽齿柱状，顶端尖，具钩；鳃盖膜连于峡部。腹膜黑褐色。鳞小，排列整齐；胸部裸露或有鳞痕迹；臀鳞向前不达腹鳍基，肩鳞不明显，侧线鳞稍大，侧线完全，侧中位。背鳍起点距吻端小于或等于距尾鳍基之间距，最后硬刺后缘有锯齿20～30个，其长大于、等于或略小于头长；臀鳍不达或几乎达到尾鳍基部；胸鳍超过胸、腹鳍基之间距的1/2；腹鳍长约占腹、臀鳍基之间距的1/2，其起点位于背鳍起点的下方或稍后方；尾鳍叉形，上下两叶几乎等大（图2-20-1）。

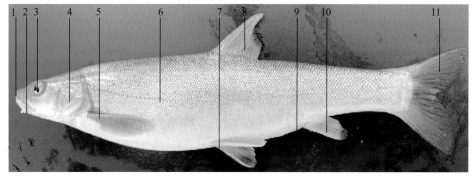

图2-20-1 塔里木裂腹鱼外形图

1. 口 2. 须 3. 眼 4. 鳃盖 5. 胸鳍 6. 侧线鳞 7. 背鳍 8. 腹鳍 9. 肛门 10. 臀鳍 11. 尾鳍

4. 地理分布

分布于塔里木河水系的车尔臣河、和田河、叶尔羌河、塔什库尔干河、喀什噶尔河、阿克苏河、库马力克河、托什干河、渭干河等水域。

5. 生态学特点

塔里木裂腹鱼是大型土著经济鱼类，水温适应范围较广。既可以栖息于水温变化范围较大的湖泊、水库中，也可以栖息于水温较低、沙砾底质的河流回水湾等缓水区。主要摄食水生昆虫和浮游植物，其次是水生植物、小型鱼类等。

6. 繁殖特点

塔里木裂腹鱼生长缓慢，个体性成熟晚，雄性性成熟年龄为 3～4 龄，雌性为 4～5 龄。雌性个体臀鳍相对较长，且手感肥厚；雄性个体臀鳍则明显较小。塔里木裂腹鱼是典型的溯河产卵鱼类，繁殖期在 4—6 月，繁殖水温 20 ℃以下，产微黏性卵于沙砾底质、水质清澈的河道缓水区。

(二) 发育

1. 胚胎发育

胚胎发育包括早期胚胎发育（受精、卵裂、桑葚胚、囊胚、原肠胚、神经胚期、胚孔闭合期）以及器官发生（肌节出现期、眼囊期、耳囊期、尾芽期、肌肉效应期、心跳期、出膜期）共 14 个时期，在水温 19～19.2 ℃条件下，历时93 h 36 min 发育为仔鱼。

（1）受精卵。受精后，经流水刺激 72 min，卵吸水膨胀至饱满，卵膜内饱满，卵径为（2.57±0.16）mm。极性不太明显，卵质分布较均匀，受精成功的卵粒呈半透明金黄色，未受精的卵粒则发白且浑浊（图 2-20-2）。

（2）卵裂期。塔里木裂腹鱼的卵裂为盘状卵裂，分裂只在胚盘上进行。卵黄部分不分裂。

① 2 细胞期。受精后 3 h 13 min 由隆起的胚盘处开始第 1 次分裂，形成 2 个相同大小的半圆球，体积减小为原来的 1/2（图 2-20-3）。

图 2-20-2 塔里木裂腹鱼受精卵

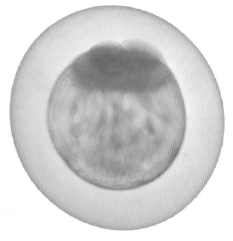
图 2-20-3 塔里木裂腹鱼 2 细胞期

②4细胞期。受精后5 h 27 min进行第2次分裂，将二分裂期的2个等大半球二分为4个等大的半球体，同时体积减小，进入4细胞期（图2-20-4）。

③8细胞期。受精后6 h 28 min进行第3次分裂，形成8个等大半球体，进入8细胞期（图2-20-5）。

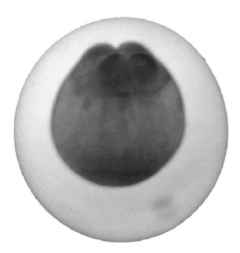 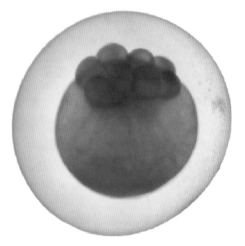

图2-20-4　塔里木裂腹鱼4细胞期　　　　　图2-20-5　塔里木裂腹鱼8细胞期

④16细胞期。受精后7 h 10 min进行第4次分裂，形成16个等大半球体，同时体积减小，进入16细胞期（图2-20-6）。

⑤32细胞期。受精后8 h 12 min进行第5次分裂，形成32个等大半球体，同时体积减小，进入32细胞期（图2-20-7）。

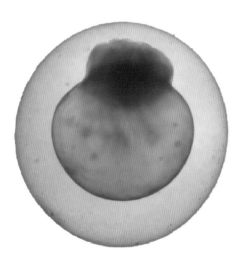 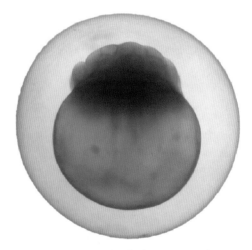

图2-20-6　塔里木裂腹鱼16细胞期　　　　　图2-20-7　塔里木裂腹鱼32细胞期

⑥64细胞期。受精后8 h 54 min进行第6次分裂，形成64个等大半球体，同时体积减小，进入64细胞期（图2-20-8）。

（3）桑葚胚。受精后10 h 49 min进行若干次分裂，分裂的细胞越来越小，并且开始堆叠在一起，在动物极渐渐形成一个桑葚状的凸起，进入多细胞期，又叫桑葚胚期（图2-20-9）。

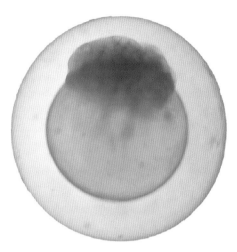
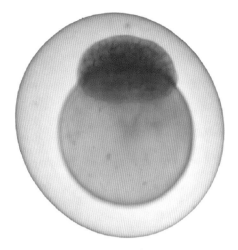

图 2 - 20 - 8　塔里木裂腹鱼 64 细胞期　　　　图 2 - 20 - 9　塔里木裂腹鱼桑葚胚期

（4）囊胚期。受精后 13 h 50 min，细胞继续分裂，数量成倍增加，胚盘高高隆起，形成山丘状突起，由于细胞数量太多，无法全部聚集在动物极，开始以动物极为中心向四周扩散。由于细胞数量越来越多，体积越来越小，从而导致细胞界限开始变得模糊不清，在卵黄上方形成囊胚层（图 2 - 20 - 10）。

（5）原肠胚期。受精后约 23 h 56 min，进入囊胚后期的细胞继续分裂并向下扩散，形成的细胞层继续向下包裹卵黄，胚盘边缘加厚，包住约 1/2 的卵黄的体积。由于胚盘边缘区域细胞分裂速度较快，细胞因集中而增厚，形成一圈明显的隆起，即为胚环。细胞继续增加，胚层细胞继续下包，胚盘细胞包住约 2/3 的卵黄体积，出现胚盾（图 2 - 20 - 11）。

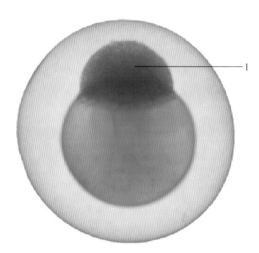
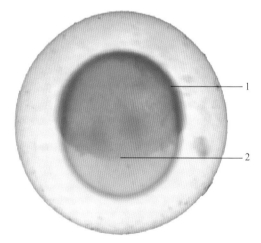

图 2 - 20 - 10　塔里木裂腹鱼囊胚期　　　　图 2 - 20 - 11　塔里木裂腹鱼原肠胚
1. 囊胚层　　　　　　　　　　　　　　　　1. 胚盾　2. 胚环

（6）神经胚期。细胞受精后 31 h 46 min，胚层细胞持续分裂并下包，包住约 4/5 的卵黄体积，此时仍然裸露在外的卵黄称为卵黄栓，胚层细胞近似完整的球体，而缺陷处则称之为胚孔，胚胎进入神经胚期（图 2 - 20 - 12）。

（7）胚孔闭合期。受精后 35 h 59 min 后，随着胚层细胞继续分裂，胚孔开始收缩，并逐渐闭合，胚胎进入胚孔封闭期（图 2 - 20 - 13）。

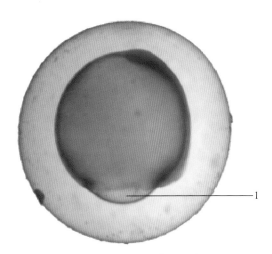

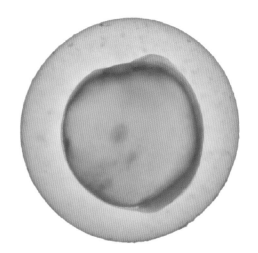

图 2-20-12 塔里木裂腹鱼神经胚期
1. 卵黄栓

图 2-20-13 塔里木裂腹鱼胚孔
封闭期

（8）肌节出现期。受精后 39 h 23 min，胚体前端出现空泡状隆起，卵黄囊开始由球体向椭球体转变，胚胎进入肌节出现期（图 2-20-14）。

（9）眼囊期。受精后 43 h 18 min，胚体前出现空泡状的囊腔，称为眼囊（图 2-20-15）。

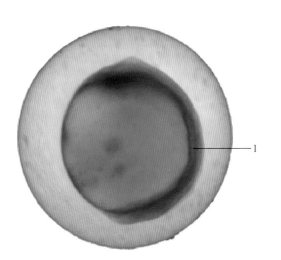

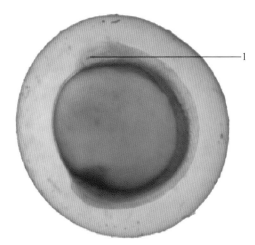

图 2-20-14 塔里木裂腹鱼肌节出现期
1. 肌节

图 2-20-15 塔里木裂腹鱼眼囊期
1. 眼囊

（10）耳囊期。受精后 47 h 59 min，胚体前段头部隆起，可分为前中后三个部分，耳囊也随之出现（图 2-20-16）。

（11）尾芽期。受精后 51 h 35 min，胚体头部各器官轮廓逐渐清晰，由于卵黄吸收消耗，卵黄由头的另一端自下而上呈曲线向内凹陷，卵黄整体呈蚕豆状，下端颜色较深，胚胎进入尾芽期（图 2-20-17）。

（12）肌肉效应期。受精后 56 h 7 min 后，由于卵黄囊的吸收，尾牙变长。肌节发育逐渐完成并开始有规律地做收缩运动，胚胎进入肌肉效应期（图 2-20-18）。

（13）心跳期。受精后 69 h 23 min 后，在头部正下方中间位置，出现一豆状颗粒，即为心脏，连接头与卵黄囊，可看到轻微的起搏，胚胎进入心跳期（图 2-20-19）。

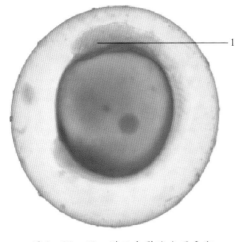

图 2 - 20 - 16　塔里木裂腹鱼耳囊期
1. 耳囊

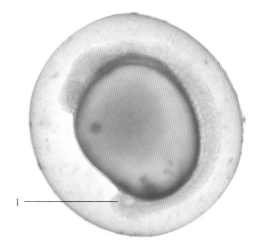

图 2 - 20 - 17　塔里木裂腹鱼尾芽期
1. 尾芽

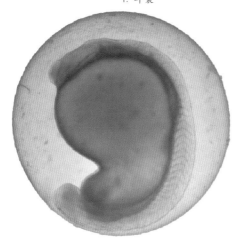

图 2 - 20 - 18　塔里木裂腹鱼肌肉效应期

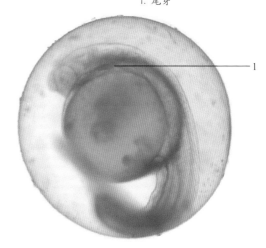

图 2 - 20 - 19　塔里木裂腹鱼心跳期
1. 心脏

（14）出膜期。受精后 93 h 36 min，胚体在卵膜内剧烈运动，以头部撞击卵膜（图 2 - 20 - 20），最终以尾最先破膜而出（图 2 - 20 - 21）。

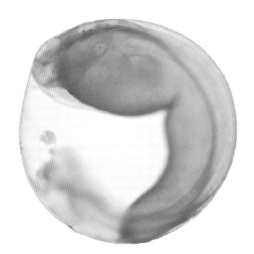

图 2 - 20 - 20　塔里木裂腹鱼出膜期

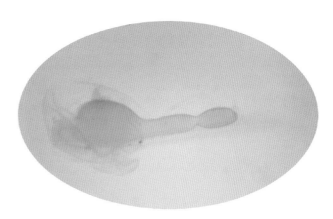

图 2 - 20 - 21　塔里木裂腹鱼出膜中

2. 仔鱼期

破膜后初期仔鱼侧躺在孵化盆底部，需要微流水的刺激，全长（7.56±0.63）mm（图2-20-22）。

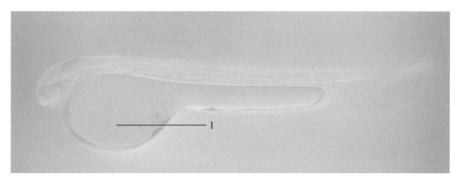

图2-20-22　塔里木裂腹鱼初孵仔鱼
1. 卵黄囊

3. 稚鱼期

在水温18～20 ℃条件下，约经36 d，发育到稚鱼。眼大，卵黄囊完全消失，胸鳍明显，头部黑色素积累明显，体表色素积累增多，鱼鳔延长，身体各器官发育基本完成，可以灵活游动。鱼全长为（20.05±0.96）mm（图2-20-23）。

图2-20-23　塔里木裂腹鱼稚鱼

4. 幼鱼期

鳍条完全，胸鳍条末端分枝，侧线明显，体色与成鱼相似，具有与成鱼一致的形态特征，处于性未成熟期（图2-20-24）。

图2-20-24　塔里木裂腹鱼幼鱼

二十一、新疆裸重唇鱼

(一) 概述

1. 名称

新疆裸重唇鱼 Gymnodiptychus dybowskii（Kessler，1874），又名重唇鱼、石花鱼、花鱼、裸黄瓜鱼。

2. 分类地位

脊索动物门 Chordata，脊椎动物亚门 Vertebrata，硬骨鱼纲 Osteichthyes，辐鳍亚纲 Actinopterygii，鲤形总目 Cyprinomorpha，鲤形目 Cypriniformes，鲤科 Cyprinidae，裂腹鱼亚科 Schizothoracinae，裸重唇鱼属 Gymnodiptychus，新疆裸重唇鱼 Gymnodiptychus dybowskii。

3. 形态结构

体侧扁，头圆锥形，吻部略尖。口下位，呈马蹄形。唇发达，下唇分左右两叶，唇后沟深，中断。下颌前缘没有锐利的角质边缘。须1对，较细长，伸达眼后缘。体几乎裸露，仅在胸鳍基部上方、肩带后缘有3~5行不规则的鳞片。肛门和臀鳍两侧各有1行大型鳞片。侧线完全，平直或稍弯向腹方。背鳍无硬刺。体背部暗灰色或灰褐色；头部、背部和侧面有棕黑色大小不一的斑点，腹侧淡黄带灰色，背鳍和尾鳍上具有许多不规则的小斑点（图2-21-1）。

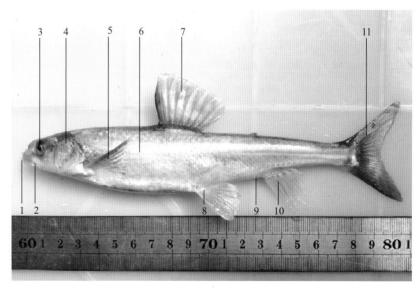

图2-21-1 新疆裸重唇鱼外形图

1. 口　2. 须　3. 眼　4. 鳃盖　5. 胸鳍　6. 侧线鳞
7. 背鳍　8. 腹鳍　9. 肛门　10. 臀鳍　11. 尾鳍

4. 地理分布

分布于新疆南疆开都河、和田河、车尔臣河、喀什河，北疆伊犁河流域、天山北坡准噶尔盆地诸水域；在中亚地区锡尔河、巴尔喀什湖支流上游等水体中也有分布。

5. 生态学特点

新疆裸重唇鱼是一种典型的高山水域生长的冷水性鱼类，大多分布在海拔 600～1 800 m 水域，常年生活在水温较低（7～15 ℃）的环境下，喜流水、大水域栖息，有时也在静水大水域生活。新疆裸重唇鱼为杂食性鱼类，偏肉食性，以浮游动物为主，如大型桡足类、摇蚊幼虫、小鱼以及大型水生昆虫，春冬季节浮游动物比较稀少时也摄食少量的水生植物嫩枝芽及浮游藻类等。

6. 繁殖特点

新疆裸重唇鱼生长缓慢，个体性成熟较晚，雄性性成熟年龄为 3～4 龄，雌性为 4～6 龄。一般同龄的雌鱼个体明显大于雄鱼。新疆裸重唇鱼是典型的短距离洄游性鱼类，2—3 月开始向上游游动，尤其集中在 4 月，繁殖季节一般为 4—8 月，多集中在 4—6 月，10 月中旬向下游迁徙。在繁殖季节雄性亲本头部及鱼鳍上会出现明显第二性征珠星，雌性臀鳞裂开。与大多数裂腹鱼相同，新疆裸重唇鱼产沉性卵，最初遇水产生轻微的黏性（水流冲洗可使其黏性消失），被水冲入砾石缝隙中进行胚胎发育。

(二) 发育

1. 胚胎发育

胚胎发育包括早期胚胎发育（受精、卵裂、桑葚胚、囊胚、原肠胚、神经胚期、胚孔闭合期）以及器官发生（肌节出现期、眼囊期、耳囊期、尾芽期、晶体出现期、肌肉效应期、心跳期、出膜期）共 15 个时期，在水温 10.5～13 ℃ 条件下，历时 268 h 30 min 发育为仔鱼。

（1）受精卵。受精后，经流水刺激约 40 min，卵吸水膨胀至饱满，卵膜内饱满，卵径为（4.16±0.25）mm。极性不太明显，卵质分布较均匀，受精成功的卵粒呈半透明金黄色，未受精的卵粒则发白且浑浊（图 2-21-2）。

（2）卵裂期。新疆裸重唇鱼的卵裂为盘状卵裂，分裂只在胚盘上进行，卵黄部分不分裂。

① 2 细胞期。受精后 4 h 4 min 由隆起的胚盘处开始第 1 次分裂，形成 2 个相同大小的半圆球，体积减小为原来的 1/2（图 2-21-3）。

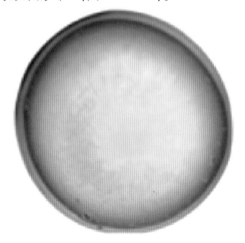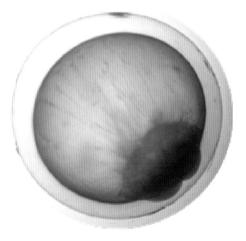

图 2-21-2 新疆裸重唇鱼受精卵　　　　图 2-21-3 新疆裸重唇鱼 2 细胞期

② 4 细胞期。受精后 5 h 38 min 进行第 2 次分裂，将二分裂期的 2 个等大半球二分为 4 个等大的半球体，同时体积减小，进入 4 细胞期（图 2‑21‑4）。

③ 8 细胞期。受精后 5 h 38 min 进行第 3 次分裂，形成 8 个等大半球体，进入 8 细胞期（图 2‑21‑5）。

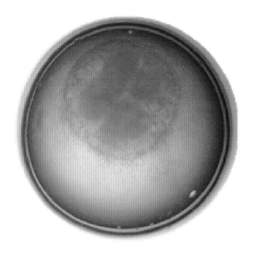
图 2‑21‑4　新疆裸重唇鱼 4 细胞期

图 2‑21‑5　新疆裸重唇鱼 8 细胞期

④ 16 细胞期。受精后 7 h 21 min 进行第 4 次分裂，形成 16 个等大半球体，同时体积减小，进入 16 细胞期（图 2‑21‑6）。

⑤ 32 细胞期。受精后 9 h 9 min 进行第 5 次分裂，形成 32 个等大半球体，同时体积减小，进入 32 细胞期（图 2‑21‑7）。

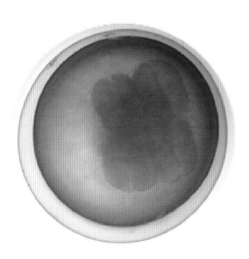
图 2‑21‑6　新疆裸重唇鱼 16 细胞期

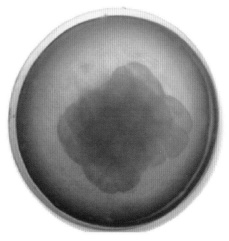
图 2‑21‑7　新疆裸重唇鱼 32 细胞期

⑥ 64 细胞期。受精后 10 h 54 min 进行第 6 次分裂，形成 64 个等大半球体，同时体积减小，进入 64 细胞期（图 2‑21‑8）。

（3）桑葚胚期。受精后 19 h 7 min 进行若干次分裂，分裂的细胞越来越小，并且开始堆叠在一起，在动物极渐渐形成一个桑葚状的突起，进入多细胞期，又叫桑葚胚期（图 2‑21‑9）。

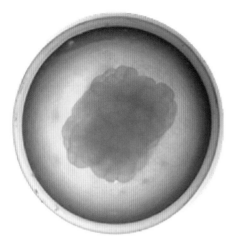

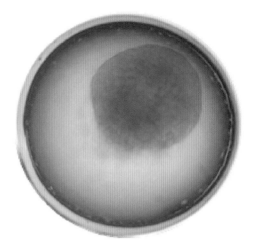

图 2 - 21 - 8　新疆裸重唇鱼 64 细胞期　　　　　图 2 - 21 - 9　新疆裸重唇鱼桑葚胚期

（4）囊胚期。受精后 22 h 48 min，细胞继续分裂，数量成倍增加，胚盘高高隆起，形成山丘状突起，由于细胞数量太多，无法全部聚集在动物极，开始以动物极为中心向四周扩散。由于细胞数量越来越多，体积越来越小，从而导致细胞界限开始变得模糊不清，在卵黄上方形成囊胚层（图 2 - 21 - 10）。

（5）原肠胚期。受精后约 42 h，进入囊胚后期的细胞继续分裂并向下扩散，形成的细胞层继续向下包裹卵黄，胚盘边缘加厚，包住约 1/2 的卵黄的体积。由于胚盘边缘区域细胞分裂速度较快，细胞因集中而增厚，形成一圈明显的隆起，即为胚环。细胞继续增加，胚层细胞继续下包，胚盘细胞包住约 2/3 的卵黄体积，出现胚盾。胚层细胞继续下包，直到包住约 3/4 的卵黄体积时，剩下裸露的卵黄叫作卵黄栓，胚环随着胚盘下包，逐渐缩小，改称为胚孔，而胚盾则不断延长逐渐变细（图 2 - 21 - 11）。

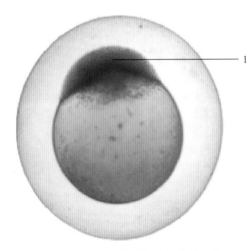

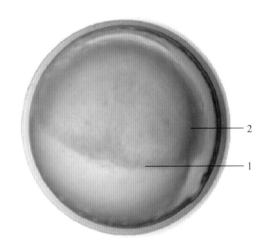

图 2 - 21 - 10　新疆裸重唇鱼囊胚期　　　　　图 2 - 21 - 11　新疆裸重唇鱼原肠胚期

1. 囊胚层　　　　　　　　　　　　　　　1. 胚环　2. 胚盾

（6）神经胚期。细胞受精后 63 h 51 min，胚层细胞持续分裂并下包，包住约 7/8 的卵黄体积，此时仍然裸露在外的卵黄称为卵黄栓，胚层细胞近似完整的球体，而缺陷处则称之为胚孔（图 2 - 21 - 12）。

226

（7）胚孔闭合期。受精后 73 h 28 min，随着胚层细胞继续分裂，胚孔开始收缩，并逐渐闭合，胚胎进入胚孔封闭期（图 2 - 21 - 13）。

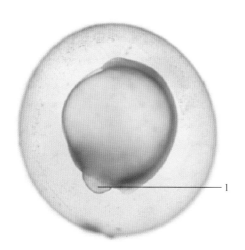

图 2 - 21 - 12　新疆裸重唇鱼神经胚期　　　　图 2 - 21 - 13　新疆裸重唇鱼胚孔闭合期
1. 卵黄栓

（8）肌节出现期。受精后 74 h 43 min，胚体一侧明显出现 3～5 对节带状突起，胚体前端出现空泡状隆起，卵黄囊开始由球体向椭球体转变（图 2 - 21 - 14）。

（9）眼囊期。受精后 78 h 14 min，胚体前出现空泡状的囊腔，称为眼囊（图 2 - 21 - 15）。

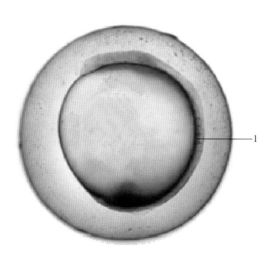

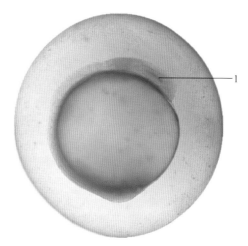

图 2 - 21 - 14　新疆裸重唇鱼肌节出现期　　　　图 2 - 21 - 15　新疆裸重唇鱼眼囊期
1. 肌节　　　　　　　　　　　　　　　　　　1. 眼囊

（10）耳囊期。受精后 85 h 34 min，胚体前段头部隆起，可分为前中后三个部分，耳囊也随之出现（图 2 - 21 - 16）。

（11）尾芽期。受精后 92 h 56 min，胚体头部各器官轮廓逐渐清晰，由于卵黄吸收消耗，卵黄由头的另一端自下而上呈曲线向内凹陷，卵黄整体呈蚕豆状，下端颜色较深（图 2 - 21 - 17）。

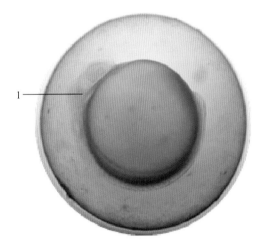

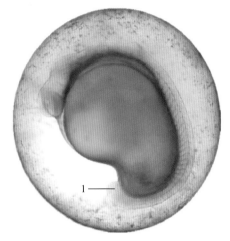

图 2-21-16　新疆裸重唇鱼耳囊期
1. 耳囊

图 2-21-17　新疆裸重唇鱼尾芽期
1. 尾芽

　　（12）晶体出现期。受精后 95 h 44 min，随着卵黄的吸收，尾芽越发明显，眼囊也逐渐扩大，与脑连接，发育成眼柄，眼囊继续扩大，扩出外胚层时受到诱导作用，开始向内凹陷形成眼杯，继续发育，最终在眼囊中形成晶体（图 2-21-18）。

　　（13）肌肉效应期。受精后 112 h 39 min，由于卵黄囊的吸收，尾牙变长。肌节发育逐渐完成并开始有规律地做收缩运动（图 2-21-19）。

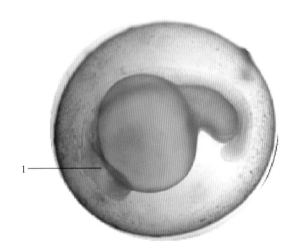

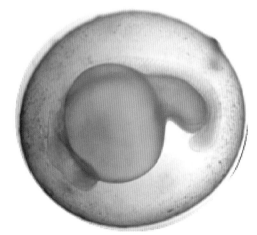

图 2-21-18　新疆裸重唇鱼晶体出现期
1. 晶体

图 2-21-19　新疆裸重唇鱼肌肉效应期

　　（14）心跳期。受精后 141 h 40 min，在头部正下方中间位置，出现一豆状颗粒，即为心脏，连接头与卵黄囊，可看到轻微的起搏，血液由动脉流出心脏，静脉流入血液循环（图 2-21-20）。

　　（15）出膜期。受精后 268 h 30 min，胚体在卵膜内剧烈运动，以头部撞击卵膜，最终以头或尾最先破膜而出（图 2-21-21）。

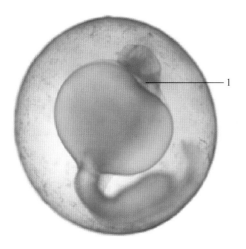 

图2-21-20 新疆裸重唇鱼心跳期　　　　图2-21-21 新疆裸重唇鱼出膜期
1. 心脏

2. 仔鱼期

破膜后初期仔鱼由于卵黄囊太大，无法移动，侧躺在孵化盆底部，需要微流水的刺激，促进身体摆动。全长（8.46±0.54）mm（图2-21-22）。

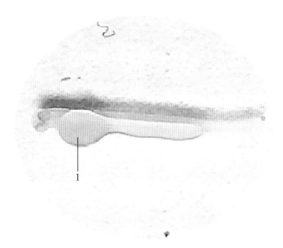

图2-21-22 新疆裸重唇鱼初孵仔鱼
1. 卵黄囊

3. 稚鱼期

在水温13℃条件下，约经15 d，发育到稚鱼。眼大，卵黄囊完全消失，胸鳍明显，头部黑色素积累明显，体表色素积累增多，鱼鳔延长，身体各器官发育基本完成，可以灵活游动。鱼全长为（15.38±0.36）mm（图2-21-23）。

图2-21-23 新疆裸重唇鱼稚鱼

4. 幼鱼期

鳍条完全，胸鳍条末端分枝，侧线明显，体色与成鱼相似，具有与成鱼一致的形态特征，处于性未成熟期（图2-21-24）。

图2-21-24　新疆裸重唇鱼幼鱼

二十二、翘 嘴 鲌

1. 名称

翘嘴鲌 *Culter alburnus* (Basilewsky，1855)，又名翘嘴红鲌 *Erythroculter ilishaeformis* (Bleeker，1871)，俗称白鱼。

2. 分类地位

脊索动物门 Chordata，脊椎动物亚门 Vertebrata，硬骨鱼纲 Osteichthyes，鲤形目 Cypriniformes，鲤科 Cyprinidae，鲌亚科 Cultrinae，鲌属 *Culter*，翘嘴鲌 *Culter alburnus*。

3. 形态结构

体长，侧扁，尾柄较长。头侧扁，头背平直，头长一般小于体高。口上位，口裂几乎与体轴垂直，下颌厚而上翘，突出于上颌之前，为头的最前端。无触须，鼻孔在眼的前上方。侧线鳞较平直，纵贯于鱼体中部。背鳍起点位于腹鳍基部的后上方，末根不分支鳍条为粗大而光滑的硬刺；背鳍起点距吻端较距尾鳍基为近或相等；胸鳍末端不达腹鳍起点；腹鳍位于背鳍的前下方，其长短于胸鳍；臀鳍起点位于背鳍基部末端后下方，该起点至腹鳍基较至尾鳍基略近，臀鳍基部长，无硬刺；尾鳍叉形；肛门靠近臀鳍；腹棱自腹鳍基部至肛门。体背略呈青灰色，体侧为银白色，各鳍灰色，末端和边缘灰黑色（图 2 - 22 - 1）。

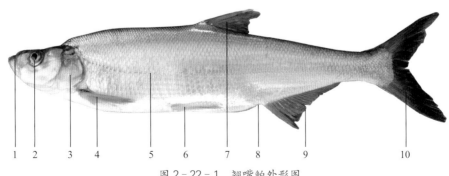

图 2 - 22 - 1　翘嘴鲌外形图

1. 口　2. 眼　3. 鳃盖　4. 胸鳍　5. 侧线　6. 腹鳍　7. 背鳍　8. 肛门　9. 臀鳍　10. 尾鳍

4. 地理分布

翘嘴鲌分布甚广，产于台湾地区及黑龙江、辽河、黄河、长江、钱塘江、闽江、珠江等水系的干、支流及其附属湖泊中。近年来，随着翘嘴鲌人工繁殖、养殖技术的成熟及推广，该鱼已成为中国特别是长江中下游地区的主要名特养殖品种之一。

5. 生态学特点

翘嘴鲌属广温性鱼类，其生长温度范围为 1.5～37.0 ℃，最适温度范围为 15.0～32.0 ℃。翘嘴鲌栖息在水的中上层，游动迅速，擅于跳跃，是一种凶猛肉食性鱼类，成鱼以中上层的小型鱼类为食，仔鱼、稚鱼主要摄食枝角类、桡足类和水生昆虫的幼虫。翘嘴鲌位于食物链的顶端，可以控制水体中的低价值鱼类，提高水体的利用率。翘嘴鲌生长迅速，体型较大，自然水域捕捞的个体可达 25 kg。在不同环境下，生长速度有所差别，但总体趋势相同。性成熟前生长迅速，性成熟后生长转缓。

6. 繁殖习性

天然水体的翘嘴鲌具有明显的溯河产卵习性，通常到与水库和湖泊相连的河流中产卵，产卵后受精卵和仔鱼顺水漂流而下到水库、湖泊生长。雌、雄翘嘴鲌的性成熟初始年龄不同，一般雄性初次性成熟早于雌性，不同水系的性成熟初始年龄存在差异。长江中下游地区雄性 1 龄开始性成熟，3 龄全部性成熟，雌性 2 龄开始性成熟，3 龄大部分个体性成熟。但兴凯湖翘嘴鲌雄性和雌性的性成熟年龄分别为 4 龄和 5 龄。翘嘴鲌一年成熟一次，分批产出。在自然条件下，一般每年 5 月开始逐渐进入性成熟阶段。长江中下游地区一般在 6 月 5—20 日进行繁殖，水温宜在 24～29 ℃之间。提早催产会增加鱼种培育时间，但过早催产会影响催产效果。翘嘴鲌成熟卵子呈圆球形，具墨绿色、青灰色、黄色 3 种颜色，为具黏性的沉性卵或微黏性的漂浮性卵。不同地理位置的卵的特性不同，黄河和太湖翘嘴鲌的卵为黏性的沉性卵，兴凯湖、庙湖和巢湖翘嘴鲌的卵为微黏性的漂浮性卵。

(二) 发育

1. 胚胎发育

根据外部形态特征可将胚胎发育过程分为 20 个时期。在水温 24～26 ℃范围内，胚胎在受精后 22 min 开始第 1 次卵裂，受精后 9 h 20 min 后肌节出现、器官形成，受精后 25 h 25 min 开始出膜。

（1）胚盘期。水温 24 ℃，受精后 15 min，受精卵吸水膨胀，原生质逐渐向动物极集中、形成胚盘并逐渐隆起（图 2 - 22 - 2）。

（2）卵裂期。翘嘴鲌卵裂仅局限于胚盘部分，卵黄不分裂，为典型的盘状卵裂。

① 2 细胞期。水温 24 ℃，受精后 22 min，胚盘顶部中央形成卵裂沟，经裂产生大小相等的 2 个细胞（图 2 - 22 - 3）。

② 4 细胞期。受精后 30 min，进行第 2 次卵裂。分裂沟与第 1 次垂直经裂成大小相等的 4 个分裂球（图 2 - 22 - 4）。

③ 8 细胞期。受精后 37 min，分裂球呈 2 行 4 列，分裂方向与第 1 次卵裂平行，原来 4 个细胞对称分裂为 8 个细胞（图 2 - 22 - 5）。

（3）桑葚胚期。水温 24.5 ℃，受精后 2 h，细胞持续分裂，分裂球越来越小，细胞团隆起呈桑葚状（图 2 - 22 - 6）。

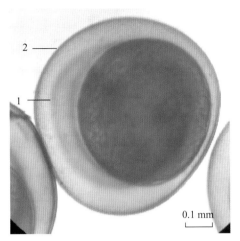

图 2-22-2　翘嘴鲌胚盘期

1. 胚盘　2. 受精膜

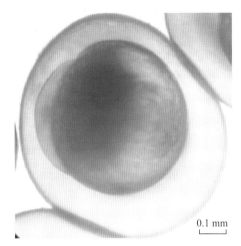

图 2-22-3　翘嘴鲌 2 细胞期

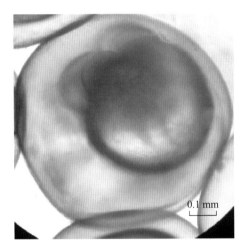

图 2-22-4　翘嘴鲌 4 细胞期

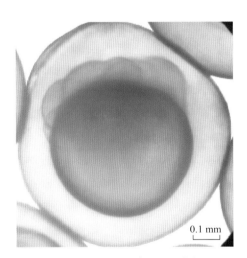

图 2-22-5　翘嘴鲌 8 细胞期

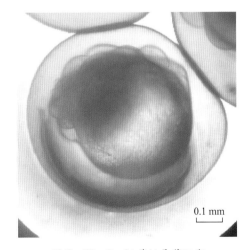

图 2-22-6　翘嘴鲌桑葚胚期

（4）囊胚期。水温 25 ℃条件下，受精后 2 h 30 min，进入囊胚期。囊胚期又可细分为早、中、晚

3个时期。

　　① 囊胚早期。胚盘卵裂球数渐增，卵裂球间的细胞界限渐变模糊，胚盘高矗于卵黄上，在解剖镜下能观察到一较"平坦"的区域即卵黄合胞体层（图2-22-7）。

　　② 囊胚中期。细胞界限消失，细胞数目逐增，胚盘变矮（图2-22-8）。

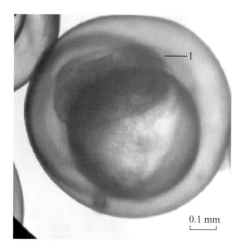
图2-22-7　翘嘴鲌囊胚早期
1. 胚盘

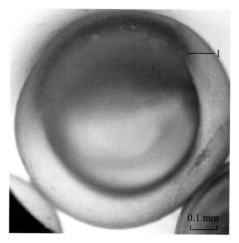
图2-22-8　翘嘴鲌囊胚中期
1. 胚盘

　　③ 囊胚晚期。囊胚表面细胞向卵黄部分下包，胚盘变成弓状，卵黄合胞体层变为钟形或圆顶形，预示原肠作用即将开始（图2-22-9）。

　　（5）原肠胚期。水温26℃条件下，经过5h5min达到原肠胚。此期又可细分为早、中、晚3个时期。

　　① 原肠早期。胚层下包约1/2，胚环出现，背唇呈新月状（图2-22-10）。

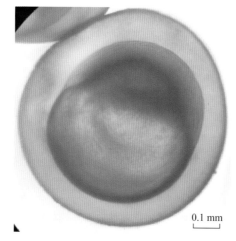
图2-22-9　翘嘴鲌囊胚晚期

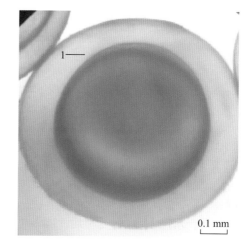
图2-22-10　翘嘴鲌原肠早期
1. 胚环

　　② 原肠中期。胚层下包约2/3，胚盾出现（图2-22-11）。
　　③ 原肠晚期。胚层下包约3/4，背唇明显（图2-22-12）。

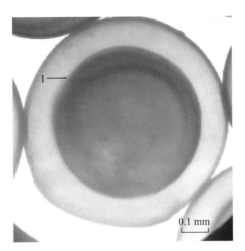 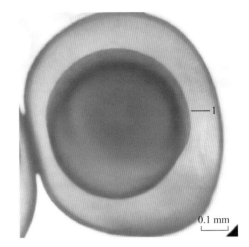

图 2-22-11 翘嘴鲌原肠中期   图 2-22-12 翘嘴鲌原肠晚期
1. 胚盾   1. 背唇

（6）神经胚期。水温 26 ℃条件下，受精后 7 h 15 min 发育到神经胚期。该期特征为胚层下包约 4/5，胚体侧卧，胚环变小，出现神经板雏形，胚体前端膨大，出现脑泡（图 2-22-13）。

（7）胚孔闭合期。水温 26 ℃条件下，受精后 8 h 15 min 到达胚孔闭合期。该期特征是胚层完全包围卵黄囊，胚层细胞汇合为突起状末球，神经板中线略下凹，但胚孔位置仍留有凹陷（图 2-22-14）。

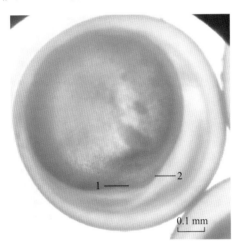 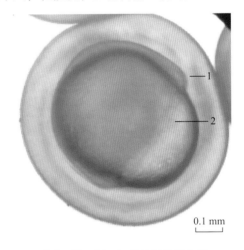

图 2-22-13 翘嘴鲌神经胚期   图 2-22-14 翘嘴鲌胚孔闭合期
1. 胚体雏形 2. 脑泡   1. 神经板 2. 卵黄栓

（8）肌节出现期。水温 26 ℃条件下，受精后 9 h 20 min，胚体中部出现 2～3 对体节，此为肌节出现期（图 2-22-15）。

（9）眼基出现期。水温 26 ℃，受精后 10 h 20 min，体节 6 对，头部出现 1 对肾形隆起，该隆起为眼基（图 2-22-16）。

（10）眼囊期。水温 26 ℃，受精后 11 h 5 min，进入眼囊期。此时体节 8 对，胚体前端两侧出现长椭圆形的眼囊（图 2-22-17）。

（11）嗅板期。水温 26 ℃，受精后 11 h 30 min，体节 10～11 对，眼囊中间出现凹线，眼前下方出现模糊的圆块，即嗅板（图 2-22-18）。

（12）尾芽期。水温 25.5 ℃，受精后 12 h 10 min，进入尾芽期。体节 13～14 对，眼囊变为椭圆形，胚体后部腹面出现尾芽，呈圆锥状，尾泡形成（图 2-22-19）。

235

（13）听囊期。水温 25.5 ℃，受精后 12 h 40 min，发育到听囊期。体节 15～16 对，在胚体前端约 1/4 处，后脑两侧出现"泡状"听囊（图 2-22-20）。

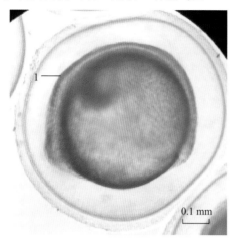

图 2-22-15　翘嘴鲌肌节出现期

1. 肌节

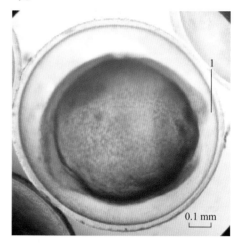

图 2-22-16　翘嘴鲌眼基出现期

1. 眼基

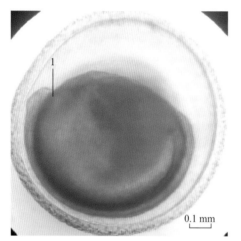

图 2-22-17　翘嘴鲌眼囊期

1. 眼囊

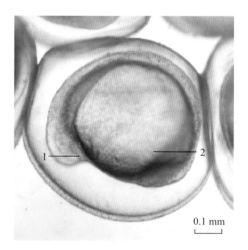

图 2-22-18　翘嘴鲌嗅板期

1. 嗅板　2. 卵黄囊

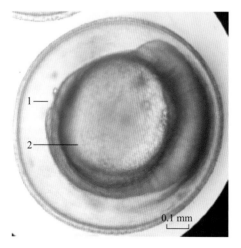

图 2-22-19　翘嘴鲌尾芽期

1. 尾芽　2. 卵黄囊

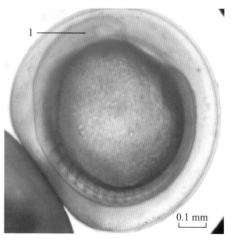

图 2-22-20　翘嘴鲌听囊期

1. 听囊

（14）尾鳍出现期。水温 25.5 ℃，受精后 13 h 50 min，体节 17～23 对，眼杯出现，尾芽隆起（图 2 - 22 - 21）。

（15）晶体出现期。水温 25 ℃，受精后 14 h 50 min，胚胎具体节 22～24 对，眼囊中可见圆形晶体（图 2 - 22 - 22）。

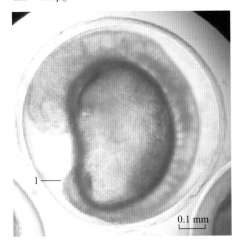

图 2 - 22 - 21　翘嘴鲌尾鳍出现期

1. 尾鳍

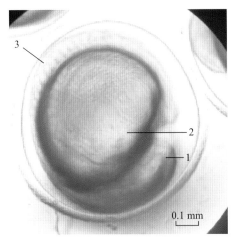

图 2 - 22 - 22　翘嘴鲌晶体出现期

1. 晶体　2. 卵黄囊　3. 体节

（16）心脏出现期。水温 25 ℃，受精后 15 h 20 min，体节 24 对，肌肉开始间歇性的微缩，出现肌肉效应。受精后 15 h 50 min，体节 29 对，在脊索前、眼下后方腹面形成心脏，腔内有串状的细胞团，为心脏原基，此时脑部扩大，分化清晰，此为心脏出现期。受精后 16 h 20 min，体节 31～32 对，因心腔扩大，嗅窝出现（图 2 - 22 - 23）。

（17）耳石期。水温 25 ℃，受精后 17 h 30 min，胚体尾部开始左右摆动，在耳囊里可看到发亮的圆形颗粒，即耳石（图 2 - 22 - 24）。

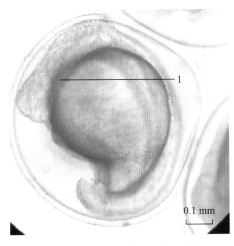

图 2 - 22 - 23　翘嘴鲌心脏出现期

1. 心脏

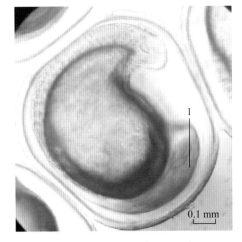

图 2 - 22 - 24　翘嘴鲌耳石期

1. 耳石

（18）心跳期。水温 25 ℃，受精后 21 h，心脏开始搏动；受精后 21 h 20 min，心脏开始有节律性地搏动，频率为 52～56 次/min；受精后 23 h，胚体尾部与卵黄囊分离约 1/2，胚胎在卵膜内开始不停地摆动伸缩（图 2 - 22 - 25）。

（19）出膜前期。水温 25 ℃，受精后 24 h 40 min，进入出膜前期。胚胎在卵膜内转动次数增加，临近出膜时，其尾部和头部不停地顶撞卵膜（图 2-22-26）。

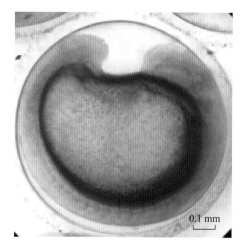

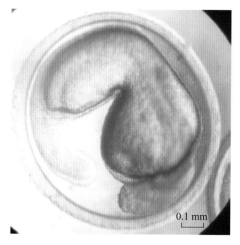

图 2-22-25　翘嘴鲌心跳期　　　　　　　图 2-22-26　翘嘴鲌出膜前期

（20）出膜期。水温 25 ℃，受精后 25 h 25 min，胚体开始出膜，大部分为尾部先出膜，也有部分头部先出膜。出膜时仔鱼全长平均为 4.10～4.67 mm，无色素，透明，具泄殖腔，体节 43～44 对，心跳约 70 次/min，卵黄囊在鱼体下方呈前粗后细的锥体，形如胡萝卜状，透明无色。此时仔鱼鳍发育不完全，只能间歇地垂直游动，仔鱼运动不活跃，一般侧卧于水底，偶尔做螺旋向上的冲游，然后身体平伸，自然下沉于水底（图 2-22-27）。

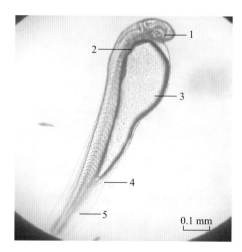

图 2-22-27　翘嘴鲌出膜期
1. 眼　2. 心脏　3. 卵黄囊　4. 泄殖腔　5. 发育不完全的鳍

2. 仔鱼期

孵出期至腹鳍形成期为翘嘴鲌仔鱼阶段，可分为 13 个时期：初孵仔鱼期、胸鳍原基期、鳃弧期、眼黄色素期、眼黑色素期、鳔雏形期、鳔一室期、卵黄吸尽期、背鳍分化期、尾椎上翘期、鳔二室期、背鳍和臀鳍形成期、腹鳍形成期。

以是否完全依赖外源性营养为界，仔鱼阶段又可划分为卵黄囊仔鱼和晚期仔鱼两个亚阶段，其中孵出期至卵黄吸尽期属早期仔鱼阶段即卵黄囊仔鱼阶段，同时具有胚胎和仔鱼的一些特征，历时 3～4 d；背鳍分化期至腹鳍形成期属晚期仔鱼阶段，完成了器官发育和形态变异，历时 7～8 d。

　　初孵仔鱼期至眼黑色素期，由于仔鱼活动能力较弱，还未开始摄食，此阶段最为脆弱。在人工繁殖时一般养殖在孵化设施中。待鳔开始形成，肠道贯通后，下塘培育。仔鱼阶段关键时期如下：

　　(1) 眼黑色素期。孵化后约33 h，全长5.32～5.48 mm，肛前体长3.45～3.60 mm，卵黄囊2.68 mm×0.33 mm，眼径0.24～0.26 mm，听囊0.32 mm×0.20 mm。卵黄囊仍呈棒状，但体积变小。听囊椭圆形，长径大于短径，两个耳石前小后大。身体的大部位仍无色素分布，眼下的黑点消失，眼眶内黑色素布满整个眼球，肉眼可见显著黑点。口位于头部腹面，下颌形成并偶尔可动。雏形鳃弓和鳃丝出现，鳃盖尚不能遮住第1对鳃弓。肠隐约可见，前段稍微膨大 (图2-22-28)。

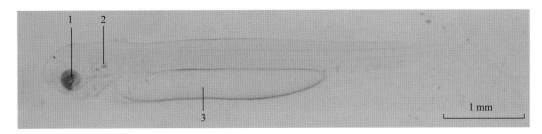

图2-22-28　翘嘴鲌眼黑色素期
1. 眼　2. 听囊　3. 卵黄囊

　　(2) 鳔雏形期。孵化后约66 h，全长5.60～5.62 mm，肛前体长3.72～3.74 mm，听囊0.25 mm×0.20 mm，眼径为0.23 mm。卵黄囊呈长楔形，向后逐渐变细。听囊分化明显，耳石大小差距越来越大。眼眶、晶体全部变为黑团。肠贯通，前端膨大，其内部出现褶皱。雏形鳔呈梭形。体两侧出现两行颜色浅淡的黑色星形色素点，自雏形鳔开始延伸至脊索末端。此外，腹下方、卵黄囊前部也有几片大的黑色星形色素分布。鳃丝扩大，鳃盖开始覆盖鳃弓。胸鳍扩大，延伸至第8、9对肌节。部分个体由侧卧改为直卧状态，并可以水平游动 (图2-22-29)。

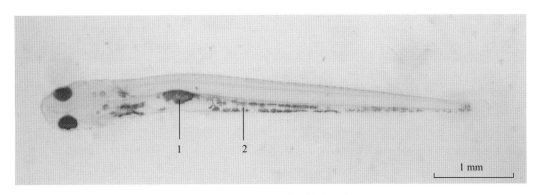

图2-22-29　翘嘴鲌鳔雏形期
1. 鳔　2. 卵黄囊

　　(3) 鳔一室期。孵化后约69 h，全长5.65～5.83 mm，肛前体长3.52～4.07 mm，鳔室0.38 mm×0.31 mm，眼径为0.27～0.29 mm。仔鱼头尾略向腹面弯曲，在鳔形成处略向背方突起。卵黄囊残存少许。鳔中室形成，近圆形，鳔周围为黑色，中间透明。肠管内褶皱明显，部分个体开始摄食。胸鳍发达，末端可达鳔室中间。鳃盖覆盖住了大部分鳃弓。嗅囊出现于吻的侧上端。体两侧黑色素显著增多，特别是卵黄囊前部、鳔的背面，肠管沿腹面至尾鳍分布有较多点状色素。肌节数增加不明显。大部分鱼苗可以水平游动，并具明显趋光性 (图2-22-30)。

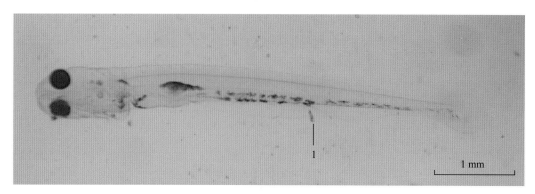

图 2 - 22 - 30　翘嘴鲌鳔一室期
1. 肛门

　　(4) 卵黄吸尽期。孵化后约 90 h，全长 6.11~7.05 mm，肛前体长 3.89~4.07 mm，眼径 0.25~
0.29 mm，鳔室为 0.46 mm×0.35 mm，卵黄吸收殆尽，肠内普遍有食物出现，仔鱼开始完全依靠外
源性营养。听囊后下方、心脏上方出现几颗面积较大的黑色素斑。至此，仔鱼阶段卵黄囊仔鱼亚阶段
结束 (图 2 - 22 - 31)。

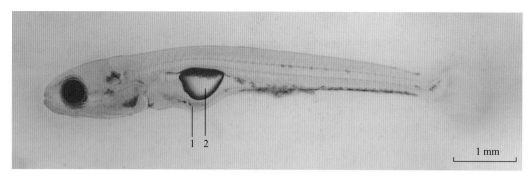

图 2 - 22 - 31　翘嘴鲌卵黄吸尽期
1. 肠　2. 鳔

　　(5) 背鳍分化期。孵化后约 119 h，全长 7.50~8.70 mm，肛前体长 4.79~5.64 mm，眼径 0.38~
0.45 mm，鳔室为 0.69 mm×0.39 mm。个体通体黄色。头部和胸部腹面色素增多，并趋向 "八" 字
形。尾鳍下叶出现黑色团状色素。背鳍褶前部隆起，背鳍原基出现。尾鳍末端微上翘，部分个体尾鳍
下叶形成 7~9 根雏形鳍条 (图 2 - 22 - 32)。

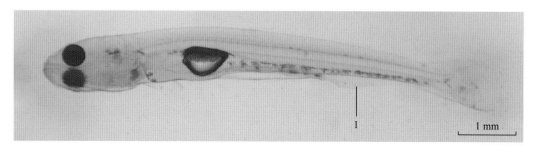

图 2 - 22 - 32　翘嘴鲌背鳍分化期
1. 臀鳍

（6）背鳍和臀鳍形成期。孵化后 200 h，全长 10.54～12.00 mm，体长 10.72～11.52 mm，肛前长 6.62～7.48 mm，鳔前室 0.84 mm×0.57 mm，鳔后室 1.28 mm×0.86 mm，眼径 0.63～0.68 mm。鱼体头部深黄色，上下颌和眼后有不规则成团的色素点，其他部位色素分布变化较小。背鳍形成 iii-7，臀鳍形成 ii-8。尾鳍出现分节。尾柄上下与尾鳍之间还有残存的鳍褶相连。腹鳍芽出现，呈扇形（图 2-22-33）。

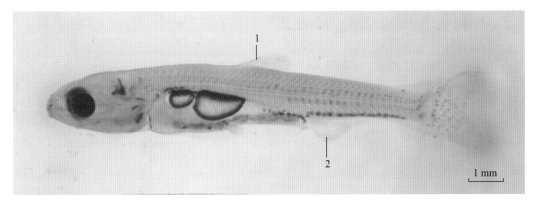

图 2-22-33　翘嘴鲌背鳍和臀鳍形成期
1. 背鳍　2. 臀鳍

（7）腹鳍形成期。孵化后 266 h，全长 12.50～15.35 mm，肛前体长 7.25～8.10 mm，眼径 0.67～0.70 mm。鱼体逐渐不透明，体表深黄色，其两侧上下缘及中部色素点呈条带状分布，吻端也出现点状色素分布。腹鳍形成 ii-8。尾鳍与尾柄交界处上下的鳍褶基本吸收完毕，腹鳍和臀鳍之间的鳍褶尚未吸收完毕（图 2-22-34）。

图 2-22-34　翘嘴鲌腹鳍形成期
1. 腹鳍

3. 稚鱼期

翘嘴鲌稚鱼阶段可分为 2 个时期：鳞片出现期、鳞片形成期。从鳞片出现开始，至器官发育基本完成，形体特征趋向稳定，历时 18～19 d。

（1）鳞片出现期。孵化后 427 h，全长 12.55～16.50 mm，肛前体长 7.32～9.10 mm，眼径 0.73～0.78 mm。鱼体已不透明，腹部银白色。吻端角质层明显，并有较多黑色素点。鳞片开始出现，自胸鳍基附近开始，逐渐向后上部延伸。侧线鳞尚未出现，各鳍完全形成。腹鳍和臀鳍之间尚有残存鳍褶存在（图 2-22-35）。

图 2-22-35 翘嘴鲌鳞片出现期

（2）鳞片形成期。孵化后 728 h，全长 30.33～35.48 mm，肛前长 14.84～17.29 mm，眼径 1.98～2.20 mm。后鳔室出现，鳔中室大于前室。鳞片逐渐长全，除体高/体长比相对较小之外，外部形态较成鱼基本无区别。至此，早期发育已完成（图 2-22-36）。

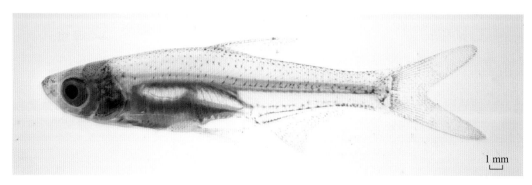

图 2-22-36 翘嘴鲌鳞片形成期

二十三、草 鱼

(一) 概述

1. 名称

草鱼 *Ctenopharyngodon idellus* (Cuvier *et* Valenciennes, 1844)，又名鲩鱼、草鲩。

2. 分类地位

脊索动物门 Chordata，脊椎动物亚门 Vertebrata，硬骨鱼纲 Osteichthyes，辐鳍亚纲 Actinoptery-gii，鲤形总目 Cyprinomorpha，鲤形目 Cypriniformes，鲤科 Cyprinidae，雅罗鱼亚科 Leuciscinae，草鱼属 *Ctenopharyngodon*，草鱼 *Ctenopharyngodon idellus*。

3. 形态结构

体长形，略呈圆筒形，尾部侧扁，腹部圆，无腹棱。头中等大，前部略平扁。吻宽钝。口端位，呈弧形，上颌稍长于下颌。无须。鳃耙很小，呈柱形，排列稀疏。鳞片较大，呈圆形，腹部鳞片稍小，侧线完全，位于体侧中央，前部呈弧形，后部平直。体色呈茶黄色，腹部灰白色，体侧鳞片边缘灰黑色，胸鳍、腹鳍灰黄色，其他鳍浅灰色 (图 2 - 23 - 1)。

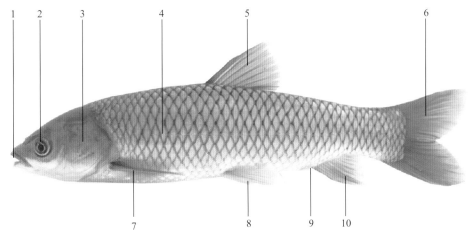

图 2 - 23 - 1 草鱼外形图

1. 口 2. 眼 3. 鳃盖 4. 侧线鳞 5. 背鳍 6. 尾鳍 7. 胸鳍 8. 腹鳍 9. 肛门 10. 臀鳍

4. 地理分布

广泛分布于除西藏和新疆外的我国云南元江至黑龙江，主要分布于长江、珠江和黑龙江水系及附属湖泊。

5. 生态学特性

草鱼常栖息于平原地区的江河湖泊，一般喜居于水的中下层和近岸多水草区域。性活泼，游泳迅速，常成群觅食，是典型的草食性鱼类。在鱼苗和苗种阶段摄食浮游动物、桡足类、无节幼体和藻类等；在成鱼阶段主要以水草为主食；人工饲养条件下，可吃食米糠、麦麸、豆饼和糟类，亦可吃配合饲料。生长快，最大个体可达 35 kg 左右。在干流或湖泊的深水处越冬。生殖季节亲鱼有溯游习性。草鱼是我国著名的四大家鱼之一，养殖产量稳居淡水养殖产量的首位。

6. 繁殖习性

成熟年龄一般为 4 龄，雄性比雌性早 1 年成熟。性成熟的草鱼具有明显的第二性征，雄鱼胸鳍粗糙，出现珠星，雌鱼腹部柔软、膨大且生殖孔周围边缘呈一圈微红色。草鱼的自然繁殖除内在的生理因素外，还需要一定的外界生态环境的作用，才能使成熟的亲鱼产卵排精，如适宜的河道形态、水流特征和水温等，这些环境因子都是草鱼繁殖所必需的。其繁殖适宜温度为 22~28 ℃。草鱼产漂浮性卵，卵的比重大于水，产卵受精到吸水膨胀的过程需要一定的水流条件，鱼卵随水漂流而不下沉的最小流速为 0.25 m/s。自然条件下，草鱼的繁殖具有很强的季节性，通常在长江流域繁殖期为 4—6 月，珠江流域稍早，黑龙江流域稍迟。

（二）发育

1. 胚胎发育

草鱼的胚胎发育包括早期胚胎发育（受精、卵裂、桑葚胚、囊胚、原肠胚、胚孔闭合期、神经胚期）以及器官发生（肌节出现期、眼囊期、尾芽期、晶体出现期、肌肉效应期、心跳期、出膜期）共 14 个时期，在水温 24 ℃ 条件下，历时 28 h 30 min 发育为仔鱼。

（1）受精卵。草鱼受精卵为透明半浮性卵，受精后卵膜吸水膨大，卵径可达 5 mm 左右。受精同时活化细胞质运动，原生质开始向动物极流动形成胚盘，丰富的卵黄集中在植物极（图 2-23-2）。

（2）卵裂期。草鱼的卵裂为典型的盘状卵裂。卵裂只在胚盘部分进行，卵黄部分不分裂。分为 2 细胞期、4 细胞期、8 细胞期、16 细胞期、32 细胞期、64 细胞期。

①2 细胞期。受精后 15 min，出现第 1 次卵裂，分裂沟将胚盘一分为二，在胚盘上方出现 2 个大小相似的分裂球。分裂只限在胚盘的顶部，底部没有完全分开，卵裂球仍通过胞质桥相连（图 2-23-3）。

②4 细胞期。受精后 24 min，进行第 2 次分裂。分裂沟与第 1 条分裂沟垂直，且第 1 条分裂沟延伸至赤道板附近，将胚盘等分为 4 个分裂球（图 2-23-4）。

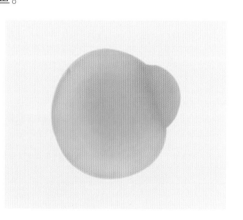

图 2-23-2　草鱼受精卵

图 2 - 23 - 3　草鱼 2 细胞期

图 2 - 23 - 4　草鱼 4 细胞期

③ 8 细胞期。受精后 36 min，进行第 3 次卵裂，在之前的 4 个分裂球上同时出现 2 条分裂沟，将胚盘等分为 2 排整齐的 8 个分裂球（图 2 - 23 - 5）。

④ 16 细胞期。受精后 48 min，胚盘在与之前 4 条分裂沟垂直的基础上形成第 5 条分裂沟，此次分裂为纬裂，将胚盘等分为上下 2 层，上、下层各为 8 个大小相似的分裂球，此时为 16 细胞期（图 2 - 23 - 6）。

图 2 - 23 - 5　草鱼 8 细胞期

图 2 - 23 - 6　草鱼 16 细胞期

⑤ 32 细胞期。受精后 1 h 10 min，胚盘经过 5 次分裂，出现 32 个分裂球，并呈多层排列（图 2 - 23 - 7）。

⑥ 64 细胞期。受精后 1 h 24 min，进行第 6 次卵裂，为纬裂。此时，从动物极看，64 细胞期细胞排列和 32 细胞期很相似；侧面观，细胞堆叠明显变高（图 2 - 23 - 8）。

图 2 - 23 - 7　草鱼 32 细胞

图 2 - 23 - 8　草鱼 64 细胞

（3）桑葚胚期。受精后 2 h 30 min，经过多次卵裂，分裂球呈几何级数增长，胚盘上的分裂球越分越小，堆积形成桑葚状胚体（图 2‑23‑9）。

（4）囊胚期。受精后 4 h 15 min，胚盘分裂促使分裂球体积逐渐缩小，分裂球之间的间隙逐渐模糊，分裂球堆积在卵黄上方形成囊胚层（图 2‑23‑10）。

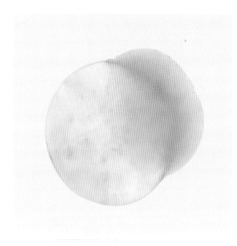

图 2‑23‑9　草鱼桑葚胚期　　　　　　图 2‑23‑10　草鱼囊胚期

（5）原肠胚期。受精后 7 h，通过外包、内卷、集合和延伸运动，产生了原始胚层和胚轴。胚盘细胞向卵黄端扩散，下包至整个胚胎的 1/3～1/2 处，由于胚盘边缘区域细胞分裂速度较快，细胞因集中而增厚，形成一圈明显的隆起，即为胚环，随后胚盘继续下包至 1/2～2/3 处，胚盾出现。胚盘细胞继续分裂，向卵黄端推移至 2/3～3/4 处，剩下裸露的卵黄叫作卵黄栓，胚环随着胚盘下包，逐渐缩小，称为胚孔，而胚盾则不断延长逐渐变细（图 2‑23‑11）。

（6）神经胚期。受精后 10 h 24 min，受精卵发育至神经胚期，此时胚盘下包至 3/4～4/5 处，胚盾逐渐向即将形成的胚体前端延伸，并在此形成胚胎主轴（图 2‑23‑12）。

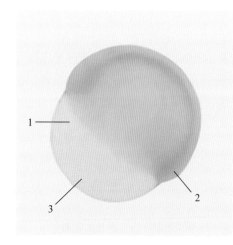
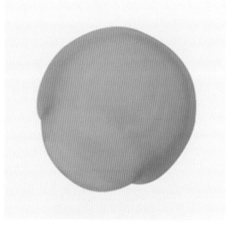

图 2‑23‑11　草鱼原肠胚期　　　　　　图 2‑23‑12　草鱼神经胚期
1. 胚环　2. 胚盾　3. 卵黄栓

（7）胚孔闭合期。受精后 11 h 30 min，胚胎发育进入胚孔封闭期，胚体的雏形已基本成形，此时胚孔闭合，胚胎的主轴逐渐清晰，发育成柱状，形成脊索（图 2‑23‑13）。

（8）肌节出现期。受精后 13 h 30 min，胚胎发育至肌节出现期。胚体前端向上隆起，形成突起，胚体中间区域出现少量肌节，胚体环抱卵黄囊（图 2 - 23 - 14）。

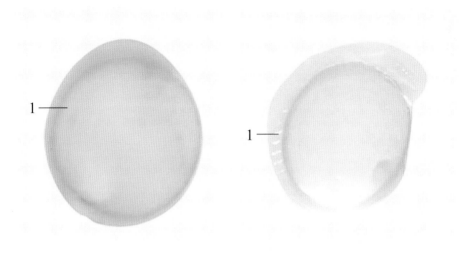

图 2 - 23 - 13　草鱼胚孔闭合期　　　　　图 2 - 23 - 14　草鱼肌节出现期
1. 胚胎主轴　　　　　　　　　　　　　1. 肌节

（9）眼囊期。受精后 15 h，胚胎头部出现一个清晰的豆瓣状眼囊，中间出现一条夹缝（图 2 - 23 - 15）。

（10）尾芽期。受精后 16 h 30 min，胚体中间区域肌节逐渐增加，胚轴后端或尾端形成膨出物，伸出芽状突起（图 2 - 23 - 16）。

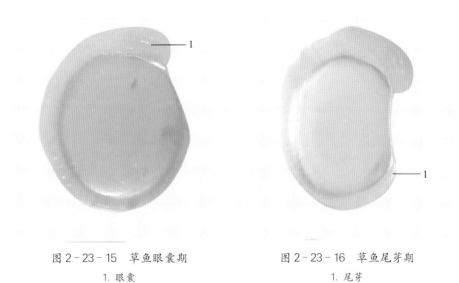

图 2 - 23 - 15　草鱼眼囊期　　　　　　图 2 - 23 - 16　草鱼尾芽期
1. 眼囊　　　　　　　　　　　　　　　1. 尾芽

（11）晶体出现期。受精后 18 h 42 min，眼囊逐渐变大形成晶体，此时为晶体出现期（图 2 - 23 - 17）。

（12）肌肉效应期。受精后 20 h 30 min，胚体中间区域肌节继续增加，并出现微弱无规律的抽动（图 2 - 23 - 18）。

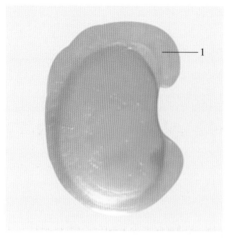

图 2 - 23 - 17 草鱼晶体出现期
1. 晶体

图 2 - 23 - 18 草鱼肌肉效应期

（13）心跳期。受精后 22 h 30 min，心脏分为两房，可以微弱跳动，胚体在膜内可以左右摆动，少数可以在膜内做旋转运动（图 2 - 23 - 19）。

（14）出膜期。受精后 28 h 30 min，胚胎发育至仔鱼形态，并在卵膜中不停摆动身体，在溶膜酶的作用下卵膜逐渐变薄变软，仔鱼破膜而出（图 2 - 23 - 20）。

图 2 - 23 - 19 草鱼心跳期

图 2 - 23 - 20 草鱼出膜期

2. 仔鱼期

受精后 30 h 12 min，发育到初孵仔鱼。初孵仔鱼一般体透明，眼色素形成或未形成，各鳍呈薄膜状，无鳍条，鳃未发育，口器和消化道发育不完全，营养来源依靠卵黄囊。随着卵黄消耗完毕，眼、鳍、口、消化道等器官发育逐步完成，仔鱼开始从内源性卵黄营养向外界捕食营养过渡（图 2 - 23 - 21

图 2 - 23 - 21 草鱼初孵仔鱼

和图 2-23-22)。

图 2-23-22　草鱼仔鱼

3. 稚鱼期

在水温 24 ℃条件下，约经 8 d，发育到稚鱼。此时卵黄囊消失，完全以浮游生物为食，进入外源性营养阶段。体表开始出现色素，鳍条初步形成，鱼鳔出现，可以吞食小型的浮游动物，鱼苗可以下塘养殖（图 2-23-23）。

图 2-23-23　草鱼稚鱼

4. 幼鱼期

全身被鳞，侧线明显，胸鳍鳍条末端分枝，体色和斑纹与成鱼相似，具有与成鱼一致的形态特征，性腺尚未发育成熟（图 2-23-24）。

图 2-23-24　草鱼幼鱼

二十四、大鲵

(一) 概述

1. 名称

大鲵 *Andrias davidianus* (Blanchard)，俗称娃娃鱼。

2. 分类地位

脊索动物门 Chordata，脊椎动物亚门 Vertebrata，两栖纲 Amphibia，有尾目 Caudata，隐鳃鲵亚目 Cryptobranchidae，隐鳃鲵科 Cryptobranchidae，大鲵属 *Andrias*，大鲵 *Andrias davidianus*。

3. 形态结构

大鲵成体分为头、躯干、四肢和尾 (图 2 - 24 - 1)。体表光滑湿润。头大扁阔，头部背腹面小疣粒成对排列；外鼻孔接近吻端，较小；眼睛位于背侧，眼间距大，眼小且无眼睑，眼眶周围有排列整齐的疣粒；口大，口后缘上唇唇褶清晰；有舌，且舌与口腔底部粘连；上下颚前缘有锐利而坚硬的锯状小齿。躯干粗壮扁平，有明显的颈褶，体侧有宽厚的纵行褶皱和若干圆形疣粒；四肢粗短，后肢略长，指、趾扁平，前肢有 4 指，后肢有 5 趾；肢体后缘有肤褶，与外体侧指、趾相连；蹼不发达，仅趾间有微蹼，指趾端光滑无爪。后腹部有泄殖孔。尾基部略呈柱状向后逐渐侧扁，尾背鳍褶高而厚，尾末端钝圆。大鲵体表的圆形疣粒在外界刺激下可分泌出略带臭味且黏性极强的白色浆状黏液。大鲵体色多变，有暗黑色、褐色、浅棕色以及金黄色等，有的体表有形状各异的花斑 (图 2 - 24 - 1)。

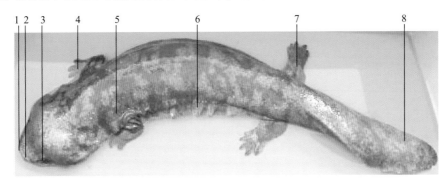

图 2 - 24 - 1　成年大鲵外形图

1. 吻　2. 鼻　3. 眼　4. 前肢　5. 疣粒　6. 褶皱　7. 后趾　8. 尾

4. 地理分布

大鲵主要分布于中国长江流域、黄河流域、珠江中下游和汉江流域的支流中，其中陕西、贵州、四川、湖北、湖南等省野生资源量较丰富。大鲵多栖息在海拔 200～1 200 m、全年水温 0～24 ℃的山区或峡谷山涧溪流。溪流水质清澈，河床及岸边以石块或卵石为主，底质含沙但量少，有跌水潭或回流水，水下有石块天然形成的洞穴，可作为大鲵的隐藏和产卵等场所。

5. 生态学特点

大鲵是中国特有的濒危两栖动物，被列入国家二级保护动物和国际濒危物种名录，在进化上处于水生动物到陆生动物的过渡类型。大鲵喜阴暗，怕强光、怕惊吓，昼伏夜出。大鲵为肉食性动物，食性广。幼鲵主要摄食孑孓等多种昆虫幼虫和水生浮游动物、虾蟹类幼体和水蜈蚣等；成体则以水中的鱼、蟹、虾、蛙、水生昆虫以及在水边活动的小鸟、鼠等为食。大鲵有变态过程，幼体以鳃呼吸为主，具有 3 对羽状外鳃；8～12 月龄幼体外鳃开始退化消失，变态为成体形态，以肺呼吸为主。大鲵有冬眠的习性，适宜生长水温 10～25 ℃，最佳生长水温 17～22 ℃。当水温低于 15 ℃时，食欲降低，生长缓慢，水温在 10 ℃以下时大鲵开始冬眠。大鲵生长的水体溶氧量一般不低于 5 mg/L，pH 为 6.5～7.5。

6. 繁殖习性

大鲵雌雄异体，体外受精，多精入卵，单精子受精。雄性大鲵的性成熟年龄为 5 龄，雌性为 6 龄。每年 6—9 月为大鲵的繁殖季节，7—9 月（水温 17～22 ℃）为繁殖盛期。在一个繁殖季节，雌性大鲵仅产卵一次，属一次产卵类型，卵径大小在 5～7 mm。大鲵的绝对怀卵量为 200～2 000 粒，初次性成熟大鲵的绝对怀卵量平均 300 粒左右，经产大鲵的怀卵量大多在 500～800 粒。

（二）发育

大鲵的发育分为胚胎发育和幼鲵发育及变态过程，胚胎发育分为受精卵、卵裂期（2 细胞期、4 细胞期、8 细胞期、多细胞期）、囊胚期、原肠胚期、神经胚期、尾芽期、鳃板期、前肢芽期、鳃血循环期、后肢芽期、尾血循环期和出膜期，共 12 个时期。在水温 19～20 ℃条件下孵化，历时 36～38 d 可出膜发育成幼鲵。幼鲵在 8～10 月后，完成以鳃为主呼吸到以肺为主呼吸的变态过程，发育为成鲵。大鲵的卵径较大，肉眼即可观察胚胎发育过程。

1. 胚胎发育

（1）受精卵。大鲵成熟的未受精的卵子为卵圆形，呈黄色或浅黄色，卵球与卵球之间有胶带相连，呈念珠状成串排列，间距不等。整个卵子从内到外分别由卵黄膜、内胶膜和外胶膜包裹。大鲵的卵也会出现多胞卵，如双胞、三胞、四胞，甚至更多。卵子直径的大小为 5～7 mm。受精后卵吸水膨胀，可见外包膜、胶体膜和卵黄膜三层膜。受精卵在静止水体中为沉性，在流动水体中呈漂浮性。受精卵在 18～20 ℃，溶解氧 5 mg/L 以上，pH 为 7.4～7.6 的条件下进行孵化。

（2）卵裂期。

① 2 细胞期。卵受精 15 h 后启动分裂。首先，在胚胎顶部的中央出现一个小的凹陷，随着时间推移，凹陷区点略有扩大，然后以凹陷为中心向两侧延伸形成沟状，使得受精卵表面的动物极平均分

为两半，这个过程一般最晚持续30 h结束（图2-24-2）。

②4细胞期。受精后23 h开始第2次分裂，与第1次2细胞期经裂垂直的第2次分裂将胚盘分裂成4个大小近乎相等的分裂相（图2-24-3）。

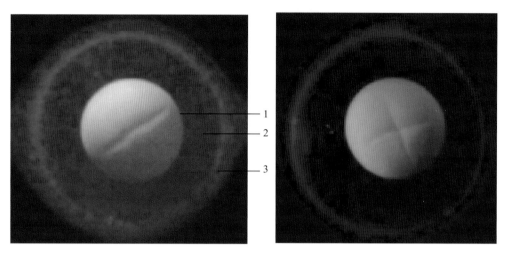

图2-24-2　大鲵2细胞期　　　　　　　　图2-24-3　大鲵4细胞期
1.卵黄膜　2.胶体膜　3.外包膜

③8细胞期。受精后约28 h出现第3次分裂，4条不规则的分裂沟在动物极呈"米"字形，将胚盘分裂成大小不同的8个细胞（图2-24-4）。

④多细胞期。受精后32 h，受精卵经过多次分裂后，分裂相越来越多，不仅细胞大小不同，其排列也无规律可循（图2-24-5）。

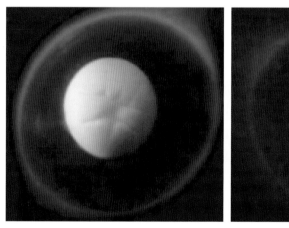

图2-24-4　大鲵8细胞期　　　　　　　　图2-24-5　大鲵多细胞期

（3）囊胚期。受精后50 h，细胞进入囊胚期，此过程可持续到受精后128 h。

①囊胚早期。受精卵从50 h开始，胎盘经过多次卵裂，分裂球越来越小，细胞数量越来越多且大小不等，导致分裂相出现非隆起的多层排列，分裂沟将细胞分裂成龟纹状（图2-24-6）。

②囊胚中期。由于大鲵卵黄多，随着分裂卵黄区域细胞越来越多，颜色接近白色半透明状，形成囊胚层（图2-24-7）。

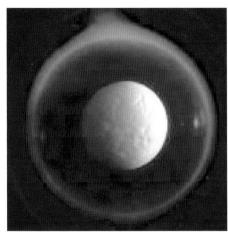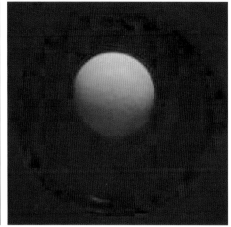

图 2-24-6 大鲵囊胚早期　　　　　图 2-24-7 大鲵囊胚中期

③ 囊胚晚期。受精卵的动物极和植物极界限逐渐模糊，肉眼几乎不能分清细胞界限，且在近动物极出现一个大的空腔，此即囊胚腔（图 2-24-8）。

（4）原肠胚期。受精后 50 h 开始进入原肠胚，整个发育过程持续至 242 h。

① 原肠胚早期。受精后 50 h，囊胚层细胞向胚胎内卷入，在赤道面稍下方形成一条浅浅的沟，形成胚唇（图 2-24-9）。

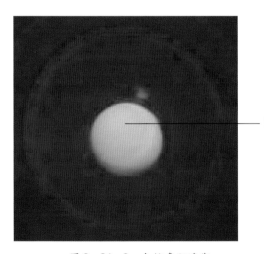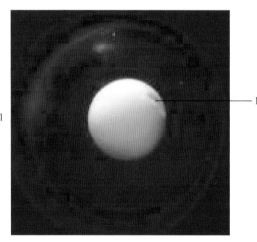

图 2-24-8 大鲵囊胚晚期　　　　　图 2-24-9 大鲵原肠胚早期
1. 囊胚腔　　　　　　　　　　　　　1. 胚唇

② 原肠胚中期。随着发育的进展，胚唇继续向下包裹延伸，形成胚孔（图 2-24-10）。

③ 原肠胚晚期。胚胎继续发育，背唇继续拉长形成大圆弧，转变为一端大一端小的梨形，胚轴逐渐转动，圆弧形的胚孔生长延伸到最后合并为环状。胚轴由先前的垂直逐渐转变为水平侧卧方向（图 2-24-11）。

（5）神经胚期。在受精后 242 h 受精卵进入神经胚期，此过程持续到受精后 298 h。

① 神经板期。胚胎背部出现前端宽大、后端细长的增厚的勺状神经板（图 2-24-12）。

② 神经沟期。神经板延伸内陷成沟，该沟继续延伸与原口相接，胚孔封闭。神经板增厚，边缘隆起出现神经褶，神经褶不断隆起，中间神经沟不断加深，两边神经褶生长开始逐渐融合（图 2-24-13）。

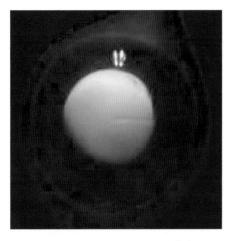

图 2-24-10　大鲵原肠胚中期

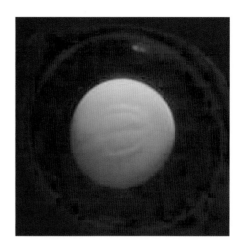

图 2-24-11　大鲵原肠胚晚期

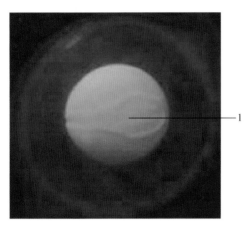

图 2-24-12　大鲵神经板期

1. 神经板

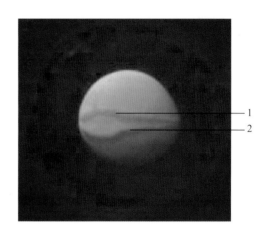

图 2-24-13　大鲵神经沟期

1. 神经褶　2. 神经沟

③ 神经管期。神经褶融合封闭形成神经管。神经管前方膨大突出卵的表面。在神经管两侧出现体节，胚胎远离神经管的底部变扁平（图 2-24-14）。

（6）尾芽期。受精后约 298 h，胚胎发育进入尾芽期，此过程可持续到受精后 356 h。

① 尾芽早期。神经管快速生长，胚体沿神经管向两端继续延伸并弯曲。前端膨大形成头部，后端延伸形成尾芽基部（图 2-24-15）。

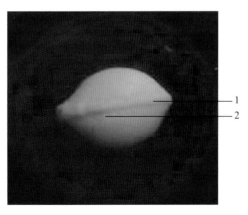

图 2-24-14　大鲵神经管期

1. 神经管　2. 体节

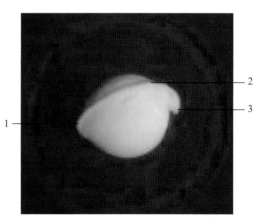

图 2-24-15　大鲵尾芽早期

1. 尾芽　2. 神经管　3. 头

②尾芽晚期。尾芽继续延伸增长变宽，并且出现成对的体节。胚胎头部明显增大，肉眼可见眼泡结构，卵黄出现下包，胚胎逐渐开始侧卧（图2-24-16）。

（7）鳃板期。受精后356h胚胎发育进入鳃板期，此过程持续到受精后约410h。卵黄向下包裹明显，胚体匍匐于大的卵黄囊上；眼泡突出；鳃板的基部加厚隆起，鳃板原基逐渐分化成鳃弓；尾芽末端变圆（图2-24-17）。

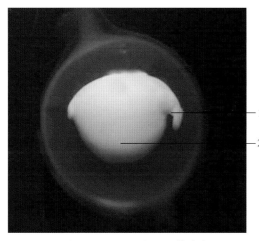

图2-24-16 大鲵尾芽晚期

1. 眼泡 2. 卵黄

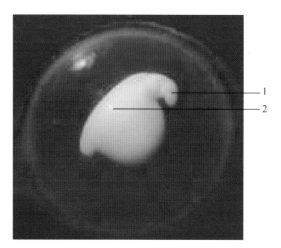

图2-24-17 大鲵鳃板期

1. 鳃板 2. 胚体

（8）前肢芽期。受精后约410h胚胎进入前肢芽期，此过程持续到受精后516h。前肢显现并生长；体表背部区域出现色素斑点；颈部肌肉初步形成；三对鳃枝继续增长；腹部血管明显；胚胎的尾芽生长变长（图2-24-18）。

（9）鳃血循环期。受精后约516h胚胎进入鳃血循环期，此过程在596h时结束。三对鳃枝分别长出细小的鳃丝，腹部大血管向后延伸生长并分支。随后鳃丝快速生长，不仅数目可数，而且毛细血管分布密集，使鳃丝显示淡红色。头部和背部色素沉着增加，显示黑褐色（图2-24-19）。

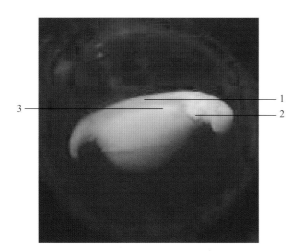

图2-24-18 大鲵前肢芽期

1. 体表色素 2. 鳃枝 3. 前肢

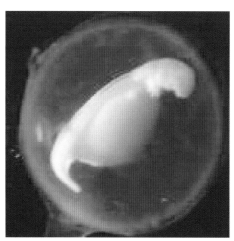

图2-24-19 大鲵鳃血循环期

（10）后肢芽期。受精后约596h胚胎进入后肢芽期，此过程在675h时结束。眼睛变黑，发亮；背部血管出现并向尾部延伸；胚胎露出新生的后肢芽（图2-24-20）。

（11）尾血循环期。受精后约675 h胚胎进入尾血循环期，此过程在890 h时结束。整个胚胎除卵黄部分外黑色素增加，头部、背部和尾部变成黑褐色；与卵黄分界面位置的尾部血管微红。胶膜变薄，胚胎在透明的胶膜内可进行跃动式的自由活动（图2-24-21）。

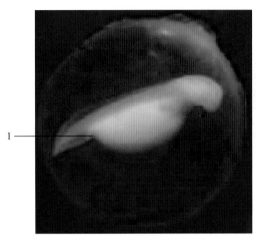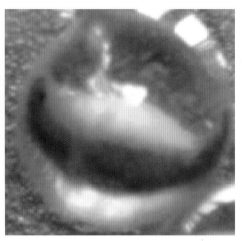

图2-24-20　大鲵后肢芽期　　　　　　　　图2-24-21　大鲵尾血循环期
1. 后肢芽

（12）出膜期。经过36~38 d的孵化，胚胎在膜内的活动频率增加，卵膜越变越薄，由最早的球形变得扁平，由于胚胎的不断运动，外包膜被顶撞出现裂口，胎体出膜。由于卵黄没有消失，刚出膜的幼鲵不能维持身体平衡，所以只能侧卧平游，由卵黄为其提供营养。刚出膜的幼体全长2.0~2.8 cm，呈黑褐色，尾部着色最浅。三对羽状外鳃血管丰富（图2-24-22）。

2. 胚后发育

（1）幼鲵发育期。出膜后的幼鲵以卵黄为营养，大约30 d后卵黄消耗殆尽，需要从外界摄食，这一时期称为开口期。开口饵料以孑孓等为主。头部明显增大，腹部到尾部逐渐细长。体色变得黑亮。随着卵黄囊的消失，身体可以平游，游动能力加强，喜聚集（图2-24-23）。

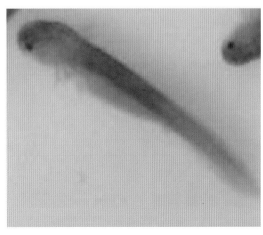

图2-24-22　大鲵出膜期　　　　　　　　　图2-24-23　幼鲵发育期

（2）变态期。大鲵幼鲵在发育到8~10个月后，随着肺部发育的完善，外鳃开始逐渐退化，完成以鳃为主到以肺为主的呼吸过程，此过程称为变态过程，随后幼鲵变为成鲵（图2-24-24）。

A   B

图 2 - 24 - 24　幼鲵变态为成鲵

A. 变态前　B. 变态后

二十五、中 华 鳖

1. 名称

中华鳖 *Pelodiscus sinensis*（Wiegmann，1834），又称甲鱼、团鱼等。

2. 分类地位

脊索动物门 Chordata，脊椎动物亚门 Vertebrata，爬行纲 Reptilia，龟鳖目 Testudinata，鳖科 Tironychidae，鳖属 *Pelodiscus*，中华鳖 *Pelodiscus sinensis*。

3. 形态结构

体躯扁平，呈椭圆形，背腹具甲；通体被柔软的革质皮肤，无角质盾片。体色基本一致，无鲜明的淡色斑点。头部粗大，前端略呈三角形。吻端延长呈管状，具长的肉质吻突，约与眼径相等。眼小，位于鼻孔的后方两侧。口无齿，脖颈细长，呈圆筒状，伸缩自如，视觉敏锐。颈基两侧及背甲前缘均无明显的瘰粒或大疣。背甲暗绿色或黄褐色，周边为肥厚的结缔组织，俗称"裙边"。腹甲灰白色或黄白色，平坦光滑。尾部较短。四肢扁平，后肢比前肢发达。前后肢各有5趾，趾间有蹼。内侧3趾有锋利的爪。四肢均可缩入甲壳内（图2-25-1）。

图 2-25-1　中华鳖外形图

A. 背面观　B. 腹面观

1. 头部　2. 前肢　3. 背甲　4. 裙边　5. 后肢　6. 腹甲黑斑　7. 腹甲　8. 尾

4. 地理分布

中华鳖分布广泛，在中国、越南、朝鲜、日本和俄罗斯等都有分布。目前中华鳖已被引入到马来西亚、新加坡、泰国、菲律宾、东帝汶、美国等地。

5. 生态学特点

中华鳖是变温动物，用肺呼吸，生活于淡水池塘、河流、湖泊和水库等水流平缓的水域。在安静、清洁、阳光充足的水岸边活动较频繁，有时上岸但不会离水源太远。素有"四喜四怕"的特性：①喜静怕惊：生性胆小，喜欢在安静的环境栖息，一旦发现意外的动静，如声响、水浪或晃动的影子，就会迅速潜入水中躲避。②喜净怕脏：喜欢在洁净的水中生活，特别爱在沙滩中活动。③喜阳怕风：喜欢在温暖的阳光下生活，在晴天无风天气常爬到岸边沙滩"晒背"。④喜热怕冷：喜欢在 30 ℃ 左右的水温环境中快速生长发育，水温降到 13 ℃ 以下开始潜入水底泥沙中冬眠。中华鳖的食性广泛，以动物性饵料为主。稚幼鳖阶段主要摄食大型浮游动物、虾苗、鱼苗、水生昆虫，也摄食鲜嫩的水草类、蔬菜心；成鳖喜食螺、蚌、鱼、虾、蚯蚓等动物及水草、蔬菜、瓜果等植物。

6. 繁殖习性

中华鳖为雌雄异体，体内受精，亲鳖雌雄性比常为（6～9）：1。自然条件下其性成熟年龄在热带和亚热带地区为 3 龄，在华南地区为 3～4 龄，在长江流域一般为 4～5 龄，在华北地区为 5～6 龄。人工养殖下一般会提早性成熟。3 龄以上的中华鳖逐渐性成熟，当水温上升到 20 ℃ 以上时，中华鳖开始发情交配。交配一般在傍晚进行，精卵在输卵管中结合。经过 2～3 周后再行交配。交配后，精子在输卵管中能存活半年，即一次交配多次产卵。中华鳖的产卵期为 5 月中旬至 9 月上旬，以 6—8 月为产卵盛期。一般选择能保温、保湿、适于孵化的沙地处天亮前进行分批产卵，每年产卵 2～4 次，每次产 8～25 个。受精卵孵化适宜的温度为 33～34 ℃，空气湿度为 82%～85%，孵化介质的湿度为 7%～8%。由于中华鳖卵为多黄卵，只有少量稀薄的蛋白质，卵中无蛋白系带，因而在孵化过程中不能随意翻动，否则胚体容易受伤，造成中途死亡。受精卵从产出到稚鳖孵化出壳，一般需时 45～70 d。

（二）发育

中华鳖体内受精，产出前鳖卵已在输卵管中停留了近一月，此时的受精卵已处于囊胚期或原肠胚期。产出的鳖卵大多呈圆形，卵径大多为 1.5～3 cm，卵重约为 2～6 g。鳖卵的受精与否主要是根据动物极和植物极进行鉴别。国际上大多根据龟鳖产出的鳖卵胚胎日龄及胚胎形态特征变化对整个胚胎发育过程进行分期，分期依据主要为头部、四肢、背甲及腹甲的变化。

1. 未受精卵

未受精的鳖卵不出现亮斑，或仅出现亮斑但不再扩大，没有动物极（图 2 - 25 - 2）。

图 2 - 25 - 2　中华鳖未受精卵

2. 受精卵

（1）孵化第 1 期。在水温 30 ℃ 条件下，受精 24 h，鳖卵表面洁白而富有光泽，产出数小时后，卵壳顶上出现一圆形的白色受精斑，并不断扩大成白色的亮区（动物极），和黄色区域（植物极）分界明显。受精斑大小约占鳖卵整体的 1/3 左右（图 2 - 25 - 3），受精卵去除蛋壳后如图 2 - 25 - 4 所示。

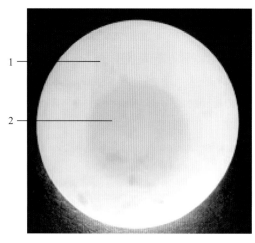
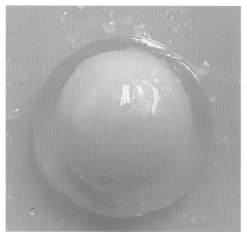

图 2 - 25 - 3　中华鳖受精卵　　　　　　图 2 - 25 - 4　中华鳖受精卵孵化第 1 期
1. 植物极　2. 动物极

（2）孵化第 2 期。在水温 30 ℃ 条件下，孵化第 3 d，受精斑范围增大，受精斑处中间壳膜的下方血管逐渐生成（图 2 - 25 - 5）。

（3）孵化第 3 期。孵化第 4 d，受精斑范围增大，胚盘呈椭圆形，左右对称，胚盘中部有胚体组织出现（图 2 - 25 - 6）。

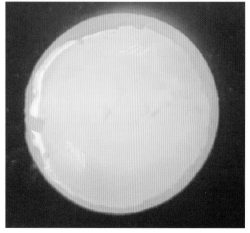
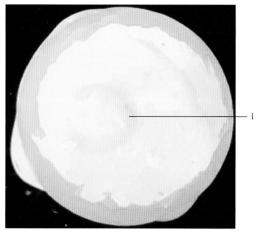

图 2 - 25 - 5　中华鳖受精卵孵化第 2 期　　　图 2 - 25 - 6　中华鳖受精卵孵化第 3 期
1. 胚盘

（4）孵化第 4 期。孵化第 5 d，头、躯干整体开始膨胀，头突明显，上颌突发生，特征尾部向腹部一侧弯曲，背曲增加，尾曲出现，胚体内血管较丰富（图 2 - 25 - 7）。

（5）孵化第 5 期。孵化第 6 d，胚盘呈椭圆形，左右对称，胚盘中部有胚体组织出现，胚体扁平细长稍弯曲，呈新月状，约占胚盘宽度的 1/3，颈曲出现。胚体两侧血管丰富（图 2 - 25 - 8）。

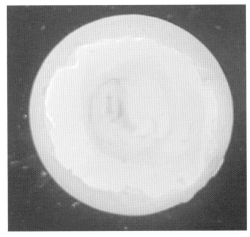
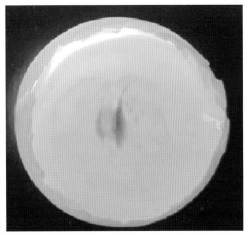

图 2 - 25 - 7　中华鳖受精卵　　　　　　　图 2 - 25 - 8　中华鳖受精卵
　　　　孵化第 4 期　　　　　　　　　　　　　　　孵化第 5 期

（6）孵化第 6 期。孵化第 7 d，网状血管从胚体辐射开来，以胚体为对称轴呈对称结构，胚体进一步加粗，颈曲增加，弯曲幅度加大，产生微弱心跳，眼点突出，眼睛黑色素几乎没有沉积，尾部向腹部一侧弯曲，背曲增加，尾芽伸长，尾芽基发生（图 2 - 25 - 9）。

（7）孵化第 7 期。孵化第 8 d，头突明显，上颌突发生，眼点加大，眼睛黑色素沉积明显，眼中间出现白色亮区。心跳更加强劲有力，肢芽微突，尾芽进一步伸长，背部明显，内部血管分布明显，可见血液流动（图 2 - 25 - 10）。

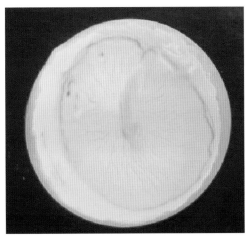
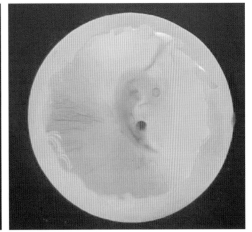

图 2 - 25 - 9　中华鳖受精卵　　　　　　　图 2 - 25 - 10　中华鳖受精卵
　　　　孵化第 6 期　　　　　　　　　　　　　　　孵化第 7 期

（8）孵化第 8 期。孵化第 9 d，头、躯干整体开始膨胀，眼睛仍未完全黑亮。胚体加粗，弯曲幅度加大，呈 "C" 状，尾部向腹部一侧弯曲，背曲增加，尾曲出现，胚体内血管丰富，血液循环加剧（图 2 - 25 - 11）。

（9）孵化第 9 期。孵化第 10 d，头部膨胀，血管明显可见，头突明显，眼部黑色素加深。胚体呈最大幅度弯曲，尾部完全向腹侧弯曲蜷缩；胚体内血管较丰富，心跳活跃（图 2－25－12）。

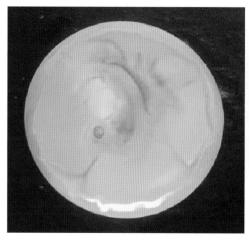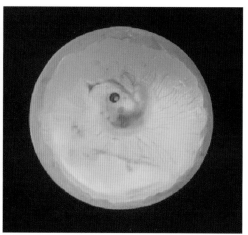

图 2－25－11 中华鳖受精卵孵化第 8 期　　　图 2－25－12 中华鳖受精卵孵化第 9 期

（10）孵化第 10 期。孵化第 11 d，头部膨胀，肢体屈曲增加，四肢增厚、伸长，尾增长，尿囊增大呈蚕豆状，内部充满血液，血液循环加剧，眼区扩大，色素沉积加重。心脏旁两对红色肺的原基出现（图 2－25－13）。

（11）孵化第 11 期。孵化第 12 d，胚体开始拉伸变粗，头部后脑明显发育并突起，颈曲伸长，背甲雏形开始出现，尾部向腹侧蜷缩。毛细血管丰富，血液循环进一步加剧（图 2－25－14）。

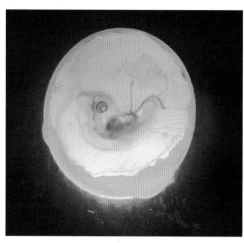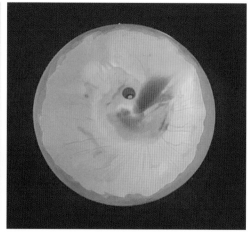

图 2－25－13 中华鳖受精卵孵化第 10 期　　　图 2－25－14 中华鳖受精卵孵化第 11 期

（12）孵化第 12 期。孵化第 13 d，头部进一步膨大，血管清晰可见，头尾距离明显增大。卵黄囊血管区直径加粗，胚体开始在羊水中浮动（图 2－25－15）。

（13）孵化第 13 期。孵化第 14 d，吻突明显，背甲出现，其长度约占胚体线轴的 1/3。指板发育良好，外周平滑不存在指间凹槽（图 2－25－16）。

（14）孵化第 14 期。孵化第 15 d，胚体开始在羊水中浮动，头部进一步膨大，血管清晰可见，背部开始有色素沉着，腹甲开始初显，四肢增大明显，前肢明显大于后肢，前肢弯曲明显（图 2－25－17）。

（15）孵化第 15 期。孵化第 16 d，胚体下移，靠近卵壳边缘处。后脑明显突出，头部血管更加明显，心脏相对缩入体内，头宽与体宽相当。背甲变大，背部色素沉着加深，背甲隐约可见背甲肋纹（图 2－25－18）。

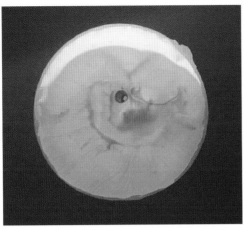 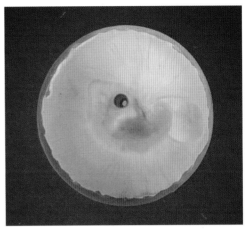

图 2-25-15　中华鳖受精卵孵化第 12 期　　　图 2-25-16　中华鳖受精卵孵化第 13 期

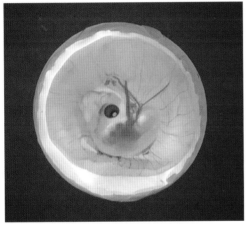 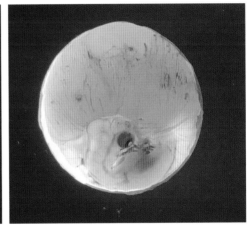

图 2-25-17　中华鳖受精卵孵化第 14 期　　　图 2-25-18　中华鳖受精卵孵化第 15 期

　　（16）孵化第 16 期。孵化第 18 d，胚体开始转动方向，体宽大于头宽，脐颈加粗，血管分布清晰可见，上下颌明显，吻突伸长。胚体前肢和后肢均明显加长变粗，后肢膝曲形成（图 2-25-19）。

　　（17）孵化第 17 期。孵化第 20 d，背甲长度约占胚体线轴的 1/2，背甲肋纹明显，脊柱明显并有轻微色素沉积，裙边开始出现；指板四周出现轻微锯齿状突起，头部小于身体部分，眼睛大而突出，下颚末端到达眼睛前端水平（图 2-25-20）。

 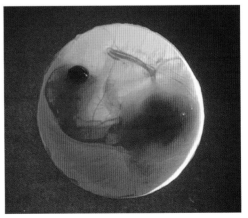

图 2-25-19　中华鳖受精卵孵化第 16 期　　　图 2-25-20　中华鳖受精卵孵化第 17 期

（18）孵化第 18 期。孵化第 22 d，脐颈血管加粗，背甲变宽大，其长度超过胚体线轴的 1/2，背甲肋纹分界清晰，脊柱明显且色素沉积更多，裙边明显，将尾部全部盖住；四肢可自由摆动，趾间以蹼相连，足趾细长明显；鼻突明显。四肢可以活动，尾部不再向腹部卷曲，胚体颜色尚为半透明，隐约可见内部脏器（图 2-25-21）。

（19）孵化第 19 期。孵化第 24 d，胚体变宽变厚，背甲约占胚体线轴 2/3，头尾具体占整个卵直径。脑囟发育完全，脑清晰可见，头部血管清晰，眼球突出明显，上下眼睑开始形成。脖子可自由伸缩，颈部有较模糊条纹出现，背甲色素沉积增多，腹纹明显，腹甲的良好发育逐渐遮挡了内部器官（图 2-25-22）。

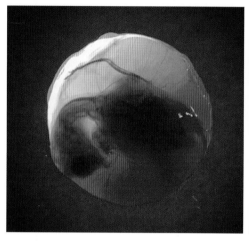 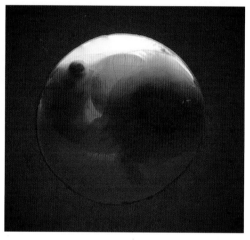

图 2-25-21　中华鳖受精卵孵化第 18 期　　　图 2-25-22　中华鳖受精卵孵化第 19 期

（20）孵化第 20 期。孵化第 26 d，眼睛膨大突出明显，颈部变宽变短，表皮开始出现褶皱，头颈分界更加明显，吻突明显并向上翘起。背甲骨变宽变长，背甲椎骨突出，边缘色素较浅，中部区域黑色素沉积增加。指甲延长变硬，四肢和脖颈开始有色素沉积（图 2-25-23）。

（21）孵化第 21 期。孵化第 28 d，卵壳几乎不透光，外壳稍发灰黑色，为稚鳖所在位置。胚体除头部外，整体透明度降低，卵黄变小，大小不及胚体，脖颈加粗，眼睑初现，放在培养皿四肢可动但头部尚不能支撑，颈部可向壳内收缩，背甲颜色均匀沉积为灰黑色，四肢可缩入壳内，内侧皮肤有褶皱出现，整个胚体色素沉积加深，稚鳖体型初步形成（图 2-25-24）。

 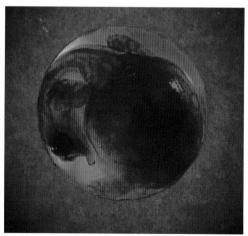

图 2-25-23　中华鳖受精卵孵化第 20 期　　　图 2-25-24　中华鳖受精卵孵化第 21 期

　　（22）孵化第 22 期。孵化第 30 d，卵壳外观呈暗灰黑色，胚体眼睑可以闭合，脖子伸缩能力加强可缩至鼻突，碰到外物刺激反应捷，爪上色素沉积加深，背甲颜色加深，尾部两侧有色素沉积，四肢伸缩更加有力，内侧皮肤褶皱增加，前肢和后肢显著增粗，色素沉积增多（图 2‑25‑25）。

　　（23）孵化第 23 期。孵化第 33 d，背甲色素沉积明显增加但还并没有接近黑色，四肢内侧背部出现皮肤褶皱增加，色素沉积加深，爪子更为粗长而明显；脖子自由伸缩明显有力，眼睛逐渐被眼睑覆盖而表现得不再突出；甲壳上可见细小的疣粒，背甲白色斑点（图 2‑25‑26）。

图 2‑25‑25　中华鳖受精卵孵化第 22 期　　　　图 2‑25‑26　中华鳖受精卵孵化第 23 期

　　（24）孵化第 24 期。孵化第 36 d，背甲白斑开始消失，黑色斑点出现，随着背甲色素沉积的增多，肋骨已看不见，腹部肚脐处肠道已缩回体内，只残留卵黄囊，卵黄逐渐被吸收进体内；整体非常灵活，身体明显大于卵黄大小；尾部裙边下塌、不坚挺（图 2‑25‑27）。

A　　　　　　　　　　　B

图 2‑25‑27　中华鳖受精卵孵化第 24 期

A. 背面　B. 腹面

　　（25）孵化第 25 期。孵化第 42 d，卵壳龟裂、变脆，卵黄明显减少，仅有少量未被吸收；头伸缩自如，颈能缩至壳内，在培养皿中可自由爬行和翻转身体，背甲白斑消失，黑色斑点明显；四肢进一步分化，爪变硬、变长，裙边宽厚，卷曲明显；整个胚体色素沉积增加，胚体大小、着色程度与孵出时相当（图 2-25-28）。

图 2-25-28　中华鳖受精卵孵化 25 期

A. 背面　B. 腹面

　　（26）孵化第 26 期。孵化第 45 d，稚鳖顶破卵壳，头部或前肢先出，绝大多数稚鳖已将卵黄全部吸收并在腹甲下方留有一个很小的脐孔，出壳后自行闭合，也有少数仍有微量的卵黄残留。稚鳖刚出壳时体表湿露，体色暗黑，卷曲的"裙边"在出壳 2～3 h 后自行舒展开（图 2-25-29）。1～3 d 脐带脱落，入水生活。孵化整个周期完成。

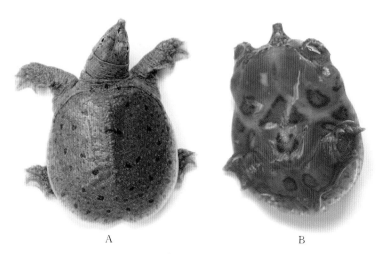

图 2-25-29　中华鳖受精卵孵化第 26 期

A. 破壳稚鳖背面　B. 破壳稚鳖腹面

参 考 文 献

常亚青，2004. 海参、海胆生物学研究与养殖 [M]. 北京：海洋出版社.

常亚青，丁君，宋坚，等，2012. 海参、海胆生物学研究与养殖 [M]. 北京：海洋出版社.

蔡英亚，张英，魏若飞，1995. 贝类学概论 [M]. 2版. 上海：上海科学技术出版社.

陈宽智，1992. 中国对虾的解剖（上）[J]. 生物学通报，10：21-23，29.

陈宽智，1992. 中国对虾的解剖（下）[J]. 生物学通报，11：5-7.

陈宽智，鲍鹰，何伟宏，1988. 东方对虾消化系统解剖和组织学的研究 [J]. 山东海洋学院学报，18（1）：43-53.

陈立江，宁淑香，李春茂，等，1999. 虾夷扇贝雄性生殖系统的组织学研究 [J]. 水产科学，18（2）：7-11.

陈俅，崔维喜，1986. 中国对虾雄性生殖系统的结构及发育 [J]. 动物学报，32（3）：255-259.

陈微，2015. 斑马鱼脑组织结构特征研究 [D]. 南京：南京农业大学.

陈小明，李佳凯，王志勇，等，2017. 基于简化基因组测序的大黄鱼耐高温性状全基因组关联分析 [J]. 水生生物学报，41：735-740.

陈宜瑜，2000. 中国动物志·硬骨鱼纲 [M]. 北京：科学出版社.

崔龙波，周雪莹，陆瑶华，2001. 栉孔扇贝消化系统的组织学研究 [J]. 烟台大学学报（自然科学与工程版），14（3）：185-188，200.

戴燕玉，陈蕾，方永强，1998. 鲈鱼脑垂体促性腺激素分泌细胞与性腺发育的关系 [J]. 台湾海峡，17（2）：139-142.

邓素贞，韩兆方，陈小明，等，2018. 大黄鱼高温适应的转录组学分析 [J]. 水产学报，42：1673-1683.

董聿茂，等，1982. 中国动物图谱·甲壳动物：第一册 [M]. 北京：科学出版社.

董卫军，李铭，徐加元，等，2007. 克氏原螯虾繁殖生物学的研究 [J]. 水利渔业，27（6）：27，104.

堵南山，1987. 甲壳动物学（上）[M]. 北京：科学出版社.

堵南山，1993. 甲壳动物学（下）[M]. 北京：科学出版社.

冯昭信，1979. 鱼类学 [M]. 北京：中国农业出版社.

费梁，胡淑琴，叶昌媛，等，2016. 中国动物志·两栖纲 [M]. 北京：科学出版社.

福建省海洋与渔业局，2005. 福建海水养殖 [M]. 福州：福建科学技术出版社.

福建省科学技术厅，2004. 大黄鱼养殖 [M]. 北京：海洋出版社.

高洁，杨泽，马甡，等，1986. 中国对虾（*Penaeus orientalis* Kishinouye）消化系统发生的初步研究 [J]. 山东海洋学院学报，16（4）：18-26.

顾志敏，朱俊杰，贾永义，等，2008. 太湖翘嘴红鲌胚胎发育及胚后发育观察 [J]. 中国水产科学，15（2）：204-214.

黄文浩，郭素敏，郑帆，1984. 鳙鱼胚胎发育早期内部形态变化的研究（一）[J]. 湛江水产学院学报，1：1-12.

黄文浩，郭素敏，郑帆，1986. 鳙鱼胚胎发育早期内部形态变化的研究（二）[J]. 湛江水产学院学报，1：27-36.

姜志强，等，1997. 水生观赏动物学 [M]. 北京：中国农业出版社.

姜玉声，2015. 辽宁沿海虾蟹类与增养殖 [M]. 沈阳：辽宁科学技术出版社.

雷霁霖，2005. 海水鱼类养殖理论与技术［M］. 北京：中国农业出版社.

李霞，张晓明，岳昊，2004. 海刺猬和中间球海胆性腺的组织学和组织化学［J］. 大连海洋大学学报，19（1）：1-5.

李霞，何幽峰，李华，等，1992. 正常和患红腿黄鳃病的中国对虾肝胰腺组织学研究［J］. 大连水产学院学报，7（1）：11-15.

李霞，2006. 水产动物组织胚胎学［J］. 北京：中国农业出版社.

李家乐，董志国，李应森，等，2007. 中国外来水生动植物［J］. 上海：上海科学技术出版社，1-178.

李承林，2004. 鱼类学教程［M］. 北京：中国农业出版社.

李佳凯，王志勇，刘贤德，等，2015. 高温对大黄鱼（Larimichthys crocea）幼鱼血清生化指标的影响［J］. 海洋通报，34：457-462.

梁华芳，2013. 虾蟹类生物学［M］. 北京：中国农业出版社.

林华英，姜明，1985. 不同生境中鲈鱼肾脏显微和亚微结构变化的初步研究［J］. 山东海洋学院学报，15（4）：64-70.

刘阳，温海深，黄杰斯，等，2019. 花鲈鳃与鳔器官发育的组织学与形态学观察［J］. 水产学报，43（12）：2476-2484.

刘荣臻，韩晓冬，1987. 草鱼卵及胚胎发育时期水溶性氨基酸的变化［J］. 水产学报，11（3）：255-257.

柳学周，庄志猛，等，2014. 半滑舌鳎繁育理论与养殖技术［M］. 北京：中国农业出版社.

柳学周，徐永江，刘新富，等，2009. 条斑星鲽（verasper moseri）的早期生长发育特征［J］. 海洋与湖沼，40（6）：699-707.

乐佩琦，罗云林，1996. 鲌亚科类系统发育初探（鲤形目：鲤科）［J］. 水生生物学报，20（2）：182-185.

孟彦，肖汉兵，田海峰，2014. 大鲵早期胚胎发育特征及受精率计算方法［J］. 淡水渔业，44（3）：108-111.

乔志刚，沈方方，刘淑琰，2016. 大鲵精子结构研究［J］. 四川动物，35（4）：534-540.

绳秀珍，任素莲，王德秀，等，2001. 栉孔扇贝消化管的组织学观察［J］. 海洋科学，25（3）：13-16.

孙瑞平，杨德渐，2004. 中国动物志·无脊椎动物［M］. 北京：科学出版社.

水柏年，赵盛龙，韩志强，等，2015. 鱼类学［M］. 上海：同济大学出版社.

王克行. 1997. 虾蟹类增养殖学［M］. 北京：中国农业出版社.

王波，2002. 光棘球海胆和中间球海胆早期发育的形态差异［J］. 齐鲁渔业，19（9）：3.

王宝锋，张伟杰，胡方圆，等，2019. 高腰海胆胚胎及幼体发育过程［J］. 大连海洋大学学报，34（4）：526-530.

王如才，王昭萍，等，2008. 海水贝类养殖学［M］. 青岛：中国海洋大学出版社.

王子臣，常亚青，1997. 虾夷马粪海胆人工育苗的研究［J］. 中国水产科学，1：60-67.

王新栋，孙雪婧，赵巧雅，等，2019. 斑马鱼心脏的显微与超微结构［J］. 水产学报，43（8）：1733-1748.

文兴豪，冯怀亮，李文武，等，1991. 草鱼早期胚胎发育观察［J］. 兽医大学学报，11（1）：71，90.

温久福，蓝军南，曹明，等，2020. 盐度对花鲈幼鱼鳃、脾及肌肉组织结构的影响［J］. 渔业科学进展，41（1）：112-118.

魏青山，1985. 武汉地区克氏原螯虾的生物学研究［J］. 华中农学院学报，4（1）：16-24.

肖红，周作红，张晖，等，2012. 鳜鱼和鲈鱼主要消化器官显微结构的比较［J］. 江西水产科技，129（1）：11-15.

谢忠明，隋锡林，高绪生，2004. 海参海胆增养殖技术［M］. 北京：金盾出版社.

谢从新，2010. 鱼类学［M］. 北京：中国农业出版社.

薛凌展，许震，樊海平，等，2015. 长丰鲢胚胎发育的初步观察［J］. 福建水产，37（6）：441-446.

薛俊增，堵南山，2009. 甲壳动物学［M］. 上海：上海教育出版社.

徐增洪，周鑫，水燕，等，2014. 克氏原螯虾繁殖行为生态学的实验研究［J］. 中国水产科学，21（2）：382-389.

薛俊增，吴惠仙，张丽萍，1998. 克氏原螯虾外部形态和各器官系统的解剖［J］. 杭州师范学院学报，6：67-70.

叶富良，1983. 鱼类学［M］. 北京：高等教育出版社.

姚一彬，周伟，肖调义，等，2013. 中国大鲵胚胎发育形态特性比较研究［J］. 湖南文理学院学报（自然科学版），25（2）：33-56.

赵鑫，2007. 海胆性腺发育研究概况 ［J］. 北京水产（6）：48－54.

赵发箴，1965. 对虾幼体发育形态 ［M］. 北京：农业出版社.

张鹏，2004. 马粪海胆（*Hemicentrotus pulcherrimus*）早期发育及成体能量代谢的研究 ［D］. 青岛：中国海洋大学.

张国范，闫喜武，2010. 蛤仔养殖学 ［M］. 北京：科学出版社.

周正，米武娟，许元钊，等，2020. 克氏原螯虾两种养殖模式的食物网结构及其食性比较 ［J］. 水生生物学报，44（01）：133－142.

周一兵，杨大佐，赵欢，2020. 沙蚕生物学：理论与实践 ［M］. 北京：科学出版社.

Agatsuma Y，2013. Strongylocentrotus intermedius ［J］//John M L，Developments in Aquaculture and Fisheries Science Volume 38，Sea Urchins：Biology and Ecology. Third edition. USA：Elsevier，437－447.

Chapman D C，George A E，2011. Developmental Rate and Behavior of Early Life Stages of Bighead Carp and Silver Carp：U. S. Geological Survey Scientific Investigations Report：2011－5076.

Crandall K A，Buhay J E，2008. Global diversity of crayfish（Astacidae，Cambaridae，and Parastacidae－Decapoda）in freshwater ［J］. Hydrobiologia，595：295－301.

Danguy A，2009. Atlas of Fish Histology ［M］. Enfield，NH，USA：Science Publishers.

Gene F，Terwinghe E，Stanford University，2018. Sea Urchins for Education fertilization and development in the classroom ［OL］. https：//seaurchineducation. stanford. edu/

George A E，Chapman D C，2015. Embryonic and Larval Development and Early Behavior in Grass Carp，*Ctenopharyngodon idella*：Implications for Recruitment in Rivers ［J］. PLOS ONE，10（3）：e0119023.

Ghisaura S，Loi B，Biosa G，et al. ，2016. Proteomic changes occurring along gonad maturation in the edible sea urchin Paracentrotus lividus ［J］. Journal of Proteomics，144：63－72.

Hobbs H H，1974. A checklist of the North and Middle American crayfishes（Decapoda：Astacidae and Cambaridae）. Smithsonian Contributions to Zology，166：1－161.

Huner J V，Romaire R P，1978. Size at sexual maturity as a means of comparing populations of *Procambarus clarkii* from different habitats. In：Laurent PJ（Editor），Proc. 3rd Intl. Crayfish Symp. ，Thonon les Bains，France，53－65.

Kilambi R V，A Zdinak，2006. Comparison of early developmental stages and adults of grass carp，Ctenopharyngodon idella，and hybrid carp（female grass carp×male bighead Aristichthys nobilis）［J］. Journal of Fish Biology，19：457－465.

Kroh A，Mooi R，2020. World Echinoidea Database. Strongylocentrotus intermedius（A Agassiz，1864）［OL］. World Register of Marine Species ［2020－09－29］. http：//www. marinespecies. org/aphia. php? p＝taxdetails＆id＝513570

Mokhtar D M，2017. Fish Histology（From cells to organs）［M］. Oskville，ON L6L 0A2 Canada：Apple Academic Press Inc.

Stanford University，2018. Sea Urchins for education fertilization and development in the classroom ［OL］. https：//seaurchineducation. stanford. edu/

图书在版编目（CIP）数据

水产动物组织学与胚胎学彩色图谱 / 李霞等著.—
北京：中国农业出版社，2021.12
（现代兽医基础研究经典著作）
国家出版基金项目
ISBN 978 - 7 - 109 - 28393 - 0

Ⅰ.①水…　Ⅱ.①李…　Ⅲ.①水产动物－动物胚胎学
－组织（生物学）－图谱　Ⅳ.①S917.4 - 64

中国版本图书馆 CIP 数据核字（2021）第 118004 号

中国农业出版社出版
地址：北京市朝阳区麦子店街 18 号楼
邮编：100125
责任编辑：杨晓改　郑　珂　杨　春　　文字编辑：李善珂　冀　刚
版式设计：王　晨　　责任校对：周丽芳
印刷：北京通州皇家印刷厂
版次：2021 年 12 月第 1 版
印次：2021 年 12 月北京第 1 次印刷
发行：新华书店北京发行所
开本：880mm×1230mm　1/16
印张：17.5
字数：500 千字
定价：298.00 元